introdução à
abstração de dados

⇢ o autor

Daltro José Nunes é professor titular do Instituto de Informática da Universidade Federal do Rio Grande do Sul. É engenheiro eletrônico pela UFRGS, mestre em ciências em informática pela PUC-RJ, doutor em Naturwissenschaften – Informatik pela Universidade de Stuttgart/Alemanha com pós-doutorado pela mesma universidade. Leciona nos cursos de graduação em ciência da computação e em engenharia de computação e no Programa de Pós-graduação em Computação da UFRGS. Suas áreas de pesquisa são engenharia de software, métodos formais e semântica formal. Participa de grupos de trabalho de educação em computação tanto na Sociedade Brasileira de Computação, na construção de currículos de referência, quanto nos órgãos governamentais, na definição das diretrizes curriculares da área de computação.

```
N972i   Nunes, Daltro J.
           Introdução à abstração de dados / Daltro J. Nunes. –
        Porto Alegre : Bookman, 2012.
           xxi, 258 p. : il. ; 23 cm.

           ISBN 978-85-407-0078-9

           1. Ciência da computação. 2. Programação. I. Título.

                                                     CDU 004.42
```

Catalogação na publicação: Fernanda B. Handke dos Santos – CRB 10/2107

daltro j. nunes

introdução à
abstração de dados

bookman

2012

Copyright © 2012, Artmed Editora S.A.

Capa e projeto gráfico interno: *Tatiana Sperhacke*

Imagem da capa: ©*iStockphoto.com/GuidoVrola*

Leitura final: *Susana de Azevedo Gonçalves*

Assistente editorial: *Viviane Borba Barbosa*

Gerente editorial – CESA: *Arysinha Jacques Affonso*

Editoração eletrônica: *Techbooks*

Reservados todos os direitos de publicação, em língua portuguesa, à
ARTMED® EDITORA S.A.
(BOOKMAN® COMPANHIA EDITORA é uma divisão da ARTMED® EDITORA S. A.)
Av. Jerônimo de Ornelas, 670 – Santana
90040-340 – Porto Alegre – RS
Fone: (51) 3027-7000   Fax: (51) 3027-7070

É proibida a duplicação ou reprodução deste volume, no todo ou em parte, sob quaisquer formas ou por quaisquer meios (eletrônico, mecânico, gravação, fotocópia, distribuição na Web e outros), sem permissão expressa da Editora.

Unidade São Paulo
Av. Embaixador Macedo Soares, 10.735 – Pavilhão 5 – Cond. Espace Center
Vila Anastácio – 05035-000 – São Paulo – SP
Fone: (11) 3665-1100   Fax: (11) 3667-1333

SAC 0800 703-3444 – www.grupoa.com.br

IMPRESSO NO BRASIL
PRINTED IN BRAZIL

*Ao meu orientador de doutorado,
Prof. Dr. Rul Gunzenhäuser, da Universidade
de Stuttgart, Alemanha, pelas suas
qualidades científicas e humanas.*

*À Suzana e a nossos filhos, Gustavo, Ingrid
e Matthias, pelo tempo cedido do convívio
familiar para a escrita deste livro.*

apresentação

A série *Livros Didáticos* do Instituto de Informática da Universidade Federal do Rio Grande do Sul tem como objetivo a publicação de material didático para disciplinas ministradas em cursos de graduação em computação, ou seja, para os cursos de bacharelado em ciência da computação, de bacharelado em sistemas de informação, de engenharia de computação e de licenciatura em computação. A série é desenvolvida tendo em vista as Diretrizes Curriculares Nacionais do MEC e é resultante da experiência dos professores do Instituto de Informática e dos colaboradores externos no ensino e na pesquisa.

Os primeiros títulos, *Fundamentos da matemática intervalar* e *Programando em Pascal XSC* (esgotados), foram publicados em 1997 no âmbito do Projeto Aritmética Intervalar Paralela (ArInPar), financiados pelo ProTeM – CC CNPq/Fase II. Essas primeiras experiências serviram de base para os volumes subsequentes, os quais se caracterizam como livros-texto para disciplinas dos cursos de computação.

Em seus títulos mais recentes, a série *Livros Didáticos* tem contado com a colaboração de professores externos que, em parceria com professores do Instituto, estão desenvolvendo livros de alta qualidade e valor didático. Hoje a série está aberta a qualquer autor de reconhecida capacidade.

O sucesso da experiência com esses livros, aliado à responsabilidade que cabe ao Instituto na formação de professores e pesquisadores em computação, conduziu à ampliação da abrangência e à institucionalização da série.

Em 2008, um importante passo foi dado para a consolidação e ampliação de todo o trabalho: a publicação dos livros pelo Grupo A, por meio do selo Bookman. Hoje são 22 títulos publicados – a lista, incluindo os próximos lançamentos, encontra-se nas orelhas desta obra –, ampliando a oferta aos leitores da série. Sempre com a preocupação em manter o nível compatível com a elevada qualidade do ensino e da pesquisa desenvolvidos no âmbito do Instituto de Informática da UFRGS e no Brasil.

Prof. Paulo Blauth Menezes
Comissão Editorial da Série Livros Didáticos
Instituto de Informática da UFRGS

prefácio

Este livro tem origem em textos apresentados aos alunos da disciplina de especificação formal, do quinto semestre do curso de ciência da computação da Universidade Federal do Rio Grande do Sul. Ao notar a carência de obras em português relacionadas à especificação formal, sob o enfoque que é exigido atualmente de um profissional da área de computação, as notas de aula foram organizadas em um volume que vem, assim, preencher esta lacuna.

Muitos professores ensinam, na disciplina de estrutura de dados, apenas a implementação de tipos (normalmente, usando Java, C ou Pascal). Há vários livros didáticos orientados para essa forma de ensino, tais como: Projetos de algoritmos com implementações em Java e C++, de Ziviani (2007); Estruturas de dados usando C, de Tanenbaum, Langsam e Augenstein (1995); Estrutura de dados, de Edelweiss e Galante (2009); e Data structures & algorithm analysis in C++, de Weiss (1999). Entretanto, uma abordagem moderna da disciplina deve considerar a especificação e a implementação de tipos abstratos. A especificação de tipos abstratos atende às Diretrizes Curriculares Nacionais do MEC. Especificação e implementação de tipos podem ser trabalhadas de forma sequencial, como em (a), na figura abaixo, ou de forma paralela (à medida que tipos são especificados, são também implementados) como em (b).

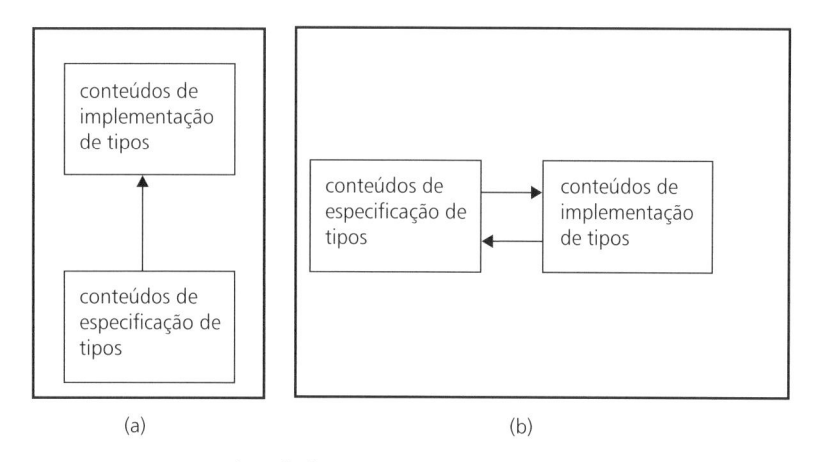

Formas de trabalhar a disciplina de estrutura de dados.

Prefácio

Este livro apresenta uma linguagem de especificação algébrica e suas aplicações, entre outras, na especificação de tipos de dados abstratos. Conhecimentos gerais de matemática discreta (Menezes, 2010) e de lógica (Huth; Ryan, 2008) são suficientes para a compreensão dos conteúdos apresentados neste livro.

O capítulo 1 introduz os principais conceitos de especificação algébrica de tipos de dados abstratos, com base na especificação do tipo TRUTH-VALUES. O capítulo 2 mostra como termos são reescritos (computados). O capítulo 3 mostra como tipos podem ser estendidos com novas operações. O capítulo 4 mostra a especificação algébrica do tipo NATURALS, ao mesmo tempo em que introduz novos conceitos, como equações condicionais e declaração de variáveis privativas às equações. O capítulo 5 introduz novos conceitos, como subsortes e espécies (termos errados), importantes para o tratamento de erros. O capítulo 6 introduz os tipos parametrizados. Nesse capítulo, sortes são parâmetros, no capítulo 7 termos são parâmetros e, no 8, operações são parâmetros. O capítulo 9 mostra como tipos podem ser estendidos para implementar outros tipos. O primeiro exemplo mostra como o tipo LISTS pode ser estendido para implementar o tipo QUEUE. O capítulo 10 mostra como a especificação de tipos pode ser usada para dar semântica a linguagens de programação. O capítulo 11 mostra como dar semântica aos tipos de dados. Todo tipo de dado pode ser representado por uma álgebra, dando-lhe semântica. O capítulo 12 é mais avançado, mostrando como teoremas, $t1 \equiv t2$, onde $t1$ e $t2$ são termos, podem ser provados usando um processo indecidível e usando um processo decidível, este desenvolvido por Knuth e Bendix (1970).

A obra é colocada à disposição do público, formado pelos alunos e professores que trabalham esse tema nas instituições de ensino superior que têm as disciplinas de estrutura de dados e especificação formal nas grades curriculares de seus cursos.

Coloco-me à disposição para receber críticas, sugestões e comentários que possam acrescentar melhorias para o uso deste livro em sala de aula, bem como para uma segunda edição revisada e ampliada, se for do interesse dos leitores.

Aproveito para agradecer aos alunos da disciplina de especificação formal, que em sucessivos semestres ajudaram a refinar as notas de aula. Também agradeço à Profª Helena Noronha Cury pela revisão criteriosa e paciente deste livro.

Daltro José Nunes
daltro@inf.ufrgs.br

sumário

1 → **especificação de tipos primitivos tipo TRUTH-VALUES** — 1

- **1.1** conceito de assinatura 2
- **1.2** conceito de termo 5
- **1.3** ambiguidade 7
- **1.4** conceito de subtermo 12
- **1.5** conceitos de operador gerador e sorte 13
- **1.6** conceito de equação: definição dos operadores 14
- **1.7** operações totais e parciais 15
- **1.8** definição das operações do tipo TRUTH-VALUES 16

2 → **reescrita de termos** — 19

- **2.1** troca de iguais por iguais 20
- **2.2** instanciação de variáveis e substituição 21
- **2.3** unificação 22
- **2.4** casamento (*matching*) 25

2.5	reescrita de termos 25
2.6	relação de equivalência. fecho de instanciação, de troca de termos, simétrico, transitivo e reflexivo 27
2.7	estratégia de reescrita 30
2.8	operações ocultas ou auxiliares 35

3 ⇢ extensão de tipos primitivos — 37

| 3.1 | conceitos de consistência e completeza .... 40 |
| 3.2 | hierarquia de inclusão .... 41 |

4 ⇢ especificação de tipos primitivos: tipo NATURALS — 45

4.1	termos do sorte natural 47
4.2	novos termos do sorte truth-value (operadores: _<_, _>_ e _is_) .. 48
4.3	equações 48
4.4	interpretação das equações 48
4.5	declaração de variáveis locais (privadas) 50
4.6	equações condicionais 51
4.7	fecho de instanciação, de troca de termos, simétrico, transitivo e reflexivo 53
4.8	efeitos da estratégia de reescrita 58
4.9	especificações predefinidas (*built-in*) do Maude 58

5 espécies — 61

5.1 subsortes 62

5.2 componente ligado 67

5.3 conceito de espécie (*kind*) 68

5.4 conceito de axioma de pertinência (*membership*) 75

5.5 equações e pertinências condicionais 77

5.6 operadores polimórficos 81

5.7 operadores de comparação 82

5.8 predicado de pertinência 82

5.9 OWISE (*Otherwise*) 84

6 tipos parametrizados: sortes como parâmetros — 87

6.1 tipo ORDERED-PAIRS 88

6.2 instanciação 89

6.3 operações com mesmo símbolo 95

6.4 extensão de tipos parametrizados 98

6.5 representação gráfica dos sortes 99

6.6	tipo união disjuntiva 107
6.7	tipo `LISTS` 118
6.8	sortes estruturados 125
6.9	tipo `ARRAYS` 128
6.10	equações 129
6.11	visões parametrizadas 130
6.12	tipo `STACKS` 135
6.13	tipo `QUEUES` 136

7 → tipos parametrizados: termos como parâmetros — 139

| 7.1 | tipo `P-STACKS` .... 141 |
| 7.2 | tipo `SPARSE-ARRAYS` .... 143 |

8 → tipos parametrizados: operadores como parâmetros — 147

8.1	tipo `MAPPINGS` 151
8.2	tipo `SETS` 153
8.3	tipo `BTREES` 158
8.4	visões (mapeamentos) entre teorias 160

9 → implementação abstrata de tipos abstratos de dados — 171

9.1 tipo SYMTABS 178

10 → especificação algébrica e linguagens de programação — 185

11 → álgebras — 199

11.1 álgebra inicial.. 206

11.2 lixo e confusão 210

12 → prova de teoremas — 217

12.1 algoritmo de prova de teoremas 219

12.2 variáveis decorativas 221

12.3 prova de teoremas 227

12.4 complexidade de termos: relação de ordenação 227

12.5 relação de redução 229

12.6 termos críticos e prova de reescrita................................ 231

12.7 relação de subsunção 237

12.8	confluência	245
12.9	forma canônica	247
12.10	sistema de regras Church-Rosser	247
12.11	limitações	247

| ⇢ referências | 251 |

| ⇢ índice | 253 |

introdução

Para motivar e melhor compreender o que são tipos de dados abstratos,[1] recorre-se a entidades do mundo real, como, por exemplo, departamentos de universidades e empresas. Os departamentos são formados por coordenadores, professores, disciplinas, etc. Em algum momento, uma operação é realizada para **criar** um novo departamento, já de início com coordenadores, professores e disciplinas ou, simplesmente, vazio. Outras operações têm como objetivo **lotar** professores, **criar** novas disciplinas, **atribuir** uma disciplina a um professor, entre outros. Assim, os departamentos sofrem mudanças ao longo do tempo. As operações são responsáveis pelas mudanças de estado dos departamentos e são realizadas quando certo evento acontecer. Por exemplo, **lotar** professores somente pode acontecer quando o departamento receber novas vagas para professores. Se cada alteração do departamento gerar uma "fotografia", ter-se-á uma sequência de fotografias, cada uma representando um estado do departamento (valor). A **descrição dos eventos** responsáveis pelo desencadeamento das operações é chamada de descrição comportamental e foge ao escopo deste trabalho.[2]

Certamente existem outras entidades do mundo real que, abstraindo o contexto, realizam as mesmas operações descritas acima para os departamentos. A tarefa é, então, abstrair os detalhes e criar um modelo abstrato que possa ser **adequado** para qualquer entidade que tenha operações como as que são realizadas sobre os departamentos. Essa estrutura abstrata é chamada de **tipo abstrato**. O departamento, neste exemplo, é um tipo **concreto**, real, rico em detalhes.

---

[1] Abstract Data Types

[2] Existem métodos formais que reúnem as duas características: descrevem o comportamento e descrevem as operações a serem realizadas. LOTOS (Logrippo; Faci; Haj-Hussein, 1992), por exemplo, é uma ferramenta que permite a descrição de tipos, com suas operações, e comportamentos.

Para possibilitar a especificação de tipos abstratos complexos, relações de hierarquia entre tipos podem ser estabelecidas. Então, há necessidade, inicialmente, de serem especificados alguns tipos básicos, primitivos.

Os tipos abstratos podem ser primitivos ou compostos. Os tipos primitivos são assim chamados porque seus valores são atômicos e não podem ser decompostos em valores mais simples. Os tipos compostos são assim chamados porque seus valores são compostos por valores de outros tipos.

A especificação de um tipo composto pode ter origem na instanciação de um tipo parametrizado. Por exemplo, o tipo GAVETA pode ser especificado sem preocupação com seu conteúdo, que pode ser lápis, borracha, etc. GAVETA é, portanto, um tipo parametrizado, podendo ter operações como abrir gaveta, fechar gaveta, retirar um objeto da gaveta, pôr um objeto na gaveta, verificar se a gaveta está vazia, entre outras. É importante notar que a definição dessas operações independe de seu conteúdo. Um tipo composto pode ser obtido a partir de um tipo parametrizado, fornecendo um parâmetro real, LAPIS, por exemplo, obtendo-se assim o tipo composto GAVETA DE LAPIS. O processo de aplicar um parâmetro real a uma especificação parametrizada é chamado de **instanciação**.

Um tipo parametrizado pode ser chamado, também, de genérico, e um tipo composto, dele derivado, de real (ou ordinário).

Muito embora um tipo composto possa ser especificado diretamente sem ter origem em um tipo parametrizado, os tipos parametrizados (ou genéricos) são também referenciados como tipos compostos, pois a definição de suas operações independe de seu conteúdo.

Um tipo abstrato é caracterizado, então, por um conjunto de valores e por uma coleção de operações, incluindo algumas constantes. Uma linguagem coloquial, como o português, por exemplo, pode ser usada para descrever tipos. No entanto, o uso de uma linguagem coloquial causa problemas de comunicação, como **ambiguidades de interpretação**. Entretanto, nos estágios iniciais da construção de tipos, uma descrição informal, usando a linguagem coloquial, facilita a formalização dos tipos.

A especificação algébrica de tipos de dados abstratos, do ponto de vista teórico, não é abordada neste livro; apenas é apresentada uma introdução, que pode também ser encontrada em livros como: The specification of complex systems, de Cohen, Harwood e Jackson (1986), e Programming language: syntax and semantics, de Watt e Thomas (1991). Um tratamento rigoroso é dado por Ehrig e Mahr (1989), em Fundamentals of algebraic specification, volumes 1 e 2; Horebeek e Lewi (1989), em Algebraic specifications in software engineering; Klaeren (1983), em Algebraische specifikation; Wirsing (1990), em Algebraic specification; Palsberg (2009), em Semantics and algebraic specification; e Bergstra, Heering e Klint (1985; 1990), em Algebraic specification.

A especificação de tipos, sem uma sintaxe e uma semântica rigorosas, poderia tornar o estudo menos interessante, não permitindo a realização de trabalhos práticos. Assim, optou-se pela especificação de tipos usando uma linguagem que tem sintaxe e semântica rigorosas: Maude.

Um conjunto de valores, juntamente com uma coleção de funções, é uma *álgebra*. Assim, seria razoável usar álgebras para descrever, ou melhor, para especificar tipos. Melhor ainda seria usar uma **linguagem**, de fácil entendimento, que descreva (especifique) álgebras. As sentenças dessa linguagem (de programação) algébrica são chamadas de especificações algébricas de tipos de dados abstratos. Nessa linguagem, **sortes** podem ser interpretados como conjuntos de valores que recebem um nome, e as **operações** como funções. Sendo uma linguagem de programação, é possível construir um interpretador para executar as especificações da linguagem. A especificação de tipos de dados, na área de engenharia de *software*, é chamada de protótipo. São exemplos de linguagens de descrição de álgebras: MAUDE (Bidoit; Mosses, 2004; Clavel et al., 2007), família OBJ (Goguen; Grant, 2000; The OBJ..., 2005) e ACT ONE (Classen; Ehrig; Wolz, 1993).

Assim, a maneira natural de dar significado a tipos abstratos é usar álgebras. Dada, então, a especificação de um tipo abstrato, deve ser encontrada uma álgebra que lhe dê significado. Uma álgebra representa, então, a especificação ou dá a ela significado. Normalmente, várias álgebras podem representar uma mesma especificação, como é apresentado no capítulo 11.

A especificação algébrica conceitua o tipo de dado independe de representação dos valores, permite provar propriedades do tipo e independe de requisitos funcionais e não funcionais, como legibilidade, eficiência, complexidade, etc. Assim, para entender um tipo abstrato, deve ser analisada sua especificação e não sua implementação (código). São bastante conhecidos os tipos (abstratos) tais como pilhas, filas, árvores, tabelas, entre outros.

A figura 1 mostra dois caminhos usados na formalização da solução de um problema descrito informalmente,[3] ou seja, na construção de um programa. Nenhum dos caminhos pode ser seguido automaticamente. O primeiro caminho, usando uma linguagem de especificação Algébrica-*LA*, como, por exemplo, MAUDE, formaliza a solução, produzindo, inicialmente, uma especificação formal da solução *spec*[4] que **independe** de implementação. Verificação de modelo (*Model Checking*) consiste na definição e prova de propriedades de *spec*, validando a especificação. Depois, usando criatividade, um programa *prog* é construído, usando uma linguagem de programação-*LP*, como, por exemplo, Java. Verificação de equivalência (*Equi-*

---

[3] Esta descrição informal é chamada, na área de engenharia de *software*, de especificação de requisitos.

[4] *spec* pode ser visto como um "protótipo" do programa. Validação é o processo de executar *spec* e de verificar se os resultados são consistentes com a solução informal.

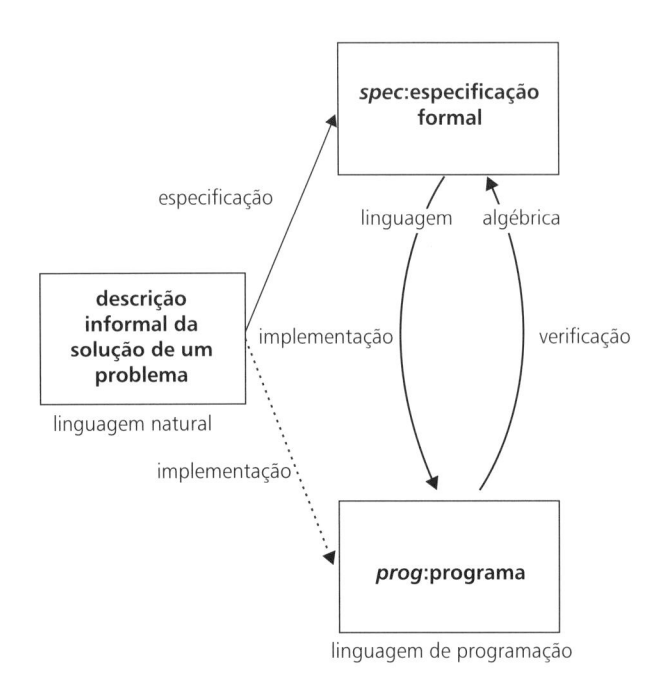

figura I.1 Processo de construção de programas.

valence checking) consiste na prova de que o programa `prog` satisfaz a especificação `spec`. Essas provas são complexas para serem feitas a mão, e provadores automáticos p são usados.

```
p: Prog Spec -> Bool
```

O segundo caminho formaliza diretamente a solução, produzindo o programa *prog*. O problema reside na interpretação ambígua da descrição informal da solução do problema. Testes[5] são necessários para verificar se a implementação está correta. Entretanto, em se tratando de sistemas críticos, tais como controle de centrais nucleares, sistemas de monitoramento de pacientes e balísticas, testes, mesmo com uma boa cobertura, não são suficientes.

Verificação de modelos e testes de programas não são tratados neste livro. No Capítulo 12 é apresentada uma pequena amostra da verificação de equivalência. Uma boa introdução sobre verificação em geral pode ser obtida em Lógica em ciência da computação, de Huth e Ryan (2008).

---

[5] Um teste não é um método totalmente seguro de correção de programas.

A linguagem algébrica é apresentada por meio de exemplos, e as especificações podem ser executadas usando a ferramenta MAUDE. Para editar especificações, a ferramenta usa editores de textos simples. Assim, neste livro, alguns símbolos são escritos de maneira diferente na especificação e no texto. Por exemplo, na especificação é usada a letra v para representar um operador[6] enquanto que, no texto, é usado o símbolo ∨ para representar o mesmo operador. Na especificação, palavras-chave da linguagem são colocadas em negrito apenas para chamar atenção.

---

[6] As especificações Maude são escritas usando o conjunto de caracteres do código ASCII.

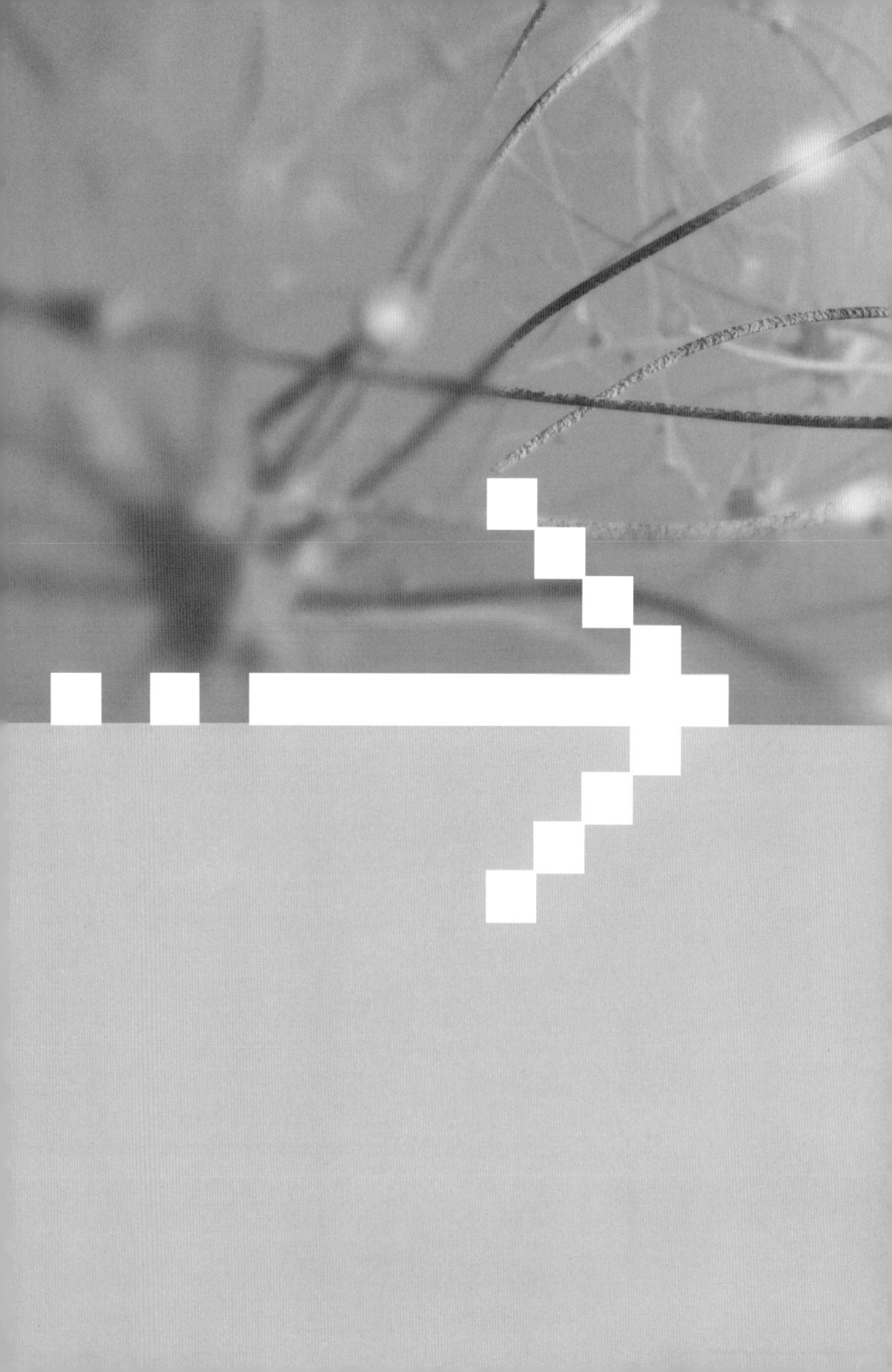

capítulo 1

especificação de tipos primitivos
tipo TRUTH-VALUES

■ ■ A computação usa de forma recorrente o conceito matemático de álgebra[1] para formalizar sua ciência: máquinas, gramática, autômatos, métodos formais, processos, banco de dados, *software*, *hardware*, etc. Entretanto, em vez de definir, na formalização, uma álgebra diretamente, pode-se fazer uso de uma linguagem que a descreve. Os "programas" dessa linguagem são chamados de especificações algébricas. Essa linguagem pode ser usada, também, com grandes vantagens para especificar tipos de dados, como visto na introdução, pois existe uma relação quase direta entre tipo de dado e álgebra.

---

[1] Mais recentemente, tem-se usado também a teoria das categorias na modelagem.

A seguir, é visto o primeiro tipo de dado, o tipo TRUTH-VALUES[2] (figura 1.1). A **especificação algébrica** começa pela palavra-chave[3] fmod (módulo funcional), é seguida do nome do tipo que está sendo especificado, TRUTH-VALUES, e termina com a palavra chave endfm, sendo composta por duas partes: a primeira, chamada de assinatura, e a segunda, de sentenças[4]. Os conjuntos de valores[5] são classificados em sortes e espécies[6].

1.1 conceito de assinatura

A primeira parte da especificação, a **assinatura**, é composta pela declaração dos sortes e dos operadores. Sortes podem ser interpretados como conjuntos de valores que recebem um nome, como é visto mais adiante. O tipo TRUTH-VALUES é caracterizado pelo sorte Truth-Value, definido mais adiante, e por seis operações:[7] disjunção _∨_, verdadeiro true, falso false, negação not_, conjunção _∧_ e implicação _=>_.

Por exemplo,

op _∧_ : Truth-Value Truth-Value -> Truth-Value [**comm assoc prec** 30] .

é a declaração de um dos operadores na assinatura da especificação TRUTH-VALUES. A declaração começa pela palavra chave op e termina por um ponto (.).

_∧_ é o nome do operador, onde "_" é chamado de marcador de lugar. A lista de sortes, logo após os dois pontos (:), Truth-Value Truth-Value, é chamada de **domínio do operador**. O sorte Truth-Value, colocado após a seta (->), é chamado de **contradomínio do operador**. Finalmente, vêm os **atributos do operador**. A declaração do operador denota, na álgebra, uma relação especial, uma função, onde _∧_ é o nome da relação.

Existe uma correspondência de um para um entre os sortes do domínio do operador e os marcadores de lugar. Assim, o primeiro sorte corresponde ao primeiro marcador de lugar, o segundo sorte corresponde ao segundo marcador de lugar e assim por diante.

A sintaxe e a semântica operacional informal da especificação de tipos de dados são mostradas abaixo, usando a especificação do tipo TRUTH-VALUES como exemplo.

---

[2] Na especificação, em qualquer linha do texto, todo o texto que vem depois de três asteriscos (***), ou depois de três hífens (---), até o final da linha é ignorado pelo Maude e pode ser usado para fazer comentários. Maude ignora, também, todo o texto representado pelos três pontos (...) na construção ***(...), podendo envolver várias linhas. Se ... contém um número ímpar de "abrir" ou "fechar" parênteses, isso torna a especificação sintaticamente errada.

[3] Na especificação, algumas palavras-chave (fmod, op, var, eq, etc.) são escritas em **negrito** somente para fins de legibilidade.

[4] *Statement*

[5] Valores são também chamados de dados.

[6] O conceito de espécie é introduzido no capítulo 5.

[7] Toda operação tem um nome – como adição, multiplicação, etc. – e um operador, também chamado de símbolo de operação – como _+_, _*_, etc. – que, muitas vezes, é o próprio nome da operação.

```
fmod TRUTH-VALUES is
```

```
***************************ASSINATURA********************************
*** Declaracao dos Sortes
sort Truth-Value .
*** Declaracao dos operadores
op true :                              -> Truth-Value [ctor] .
op false :                             -> Truth-Value [ctor] .
op not _ : Truth-Value                 -> Truth-Value [prec 20 ] .
op _ ^ _ : Truth-Value Truth-Value     -> Truth-Value [comm assoc prec 30 ] .
op _ v _ : Truth-Value Truth-Value     -> Truth-Value [comm assoc prec 40 ] .
op _ => _ : Truth-Value Truth-Value    -> Truth-Value [prec 50 ] .
***************************SENTENCAS*********************************
*** Declaracao das variaveis
vars    t u : Truth-Value .
*** Definicao das operações
*** Definicao da operacao de negação (not_)
eq not true       =     false  .                        (1)
eq not false      =     true   .                        (2)
*** Definicao da operacao de conjunção (_^_)
eq t ^ true       =     t      .                        (3)
eq t ^ false      =     false  .                        (4)
***   eq t ^ u    =     u ^ t  .                        (5)
*** Definicao da operacao de disjunção (_v_)
eq t v true       =     true   .                        (6)
eq t v false      =     t      .                        (7)
***   eq t v u    =     u v t  .                        (8)
*** Definicao da operacao de implicação (_=>_)
eq t => u         =     (not t) v u .                   (9)
```

```
endfm
```

figura 1.1 Especificação do tipo TRUTH-VALUES.

Formalmente, um operador, na assinatura da especificação, é declarado de acordo com a seguinte sintaxe:

$$\text{op} \langle \text{OpName} \rangle : \langle \text{Sort-1} \rangle \ldots \langle \text{Sort-k} \rangle \to \langle \text{Sort} \rangle \; [\langle \text{OperatorAttributes} \rangle] \; .\;^{8}$$

onde:

⟨OpName⟩ é o nome[9] do operador;
⟨Sort-1⟩ ... ⟨Sort-k⟩ é uma lista de sortes[10] chamada de domínio[11] do operador;
⟨Sort⟩ é um sorte chamado de contradomínio[12] do operador; e
[⟨OperatorAttributes⟩] é, opcionalmente, uma lista de atributos do operador.

Quando o domínio, a imagem e os atributos de operadores são os mesmos, pode-se declará-los todos juntos, usando a palavra chave **ops**. Exemplo: `ops true false : -> Truth-Value` . **op** e **ops** não são sinônimos. Se a lista de operadores **ops** `op1 op2 ... opn : -> s1 s2 ... sn -> s` causar ambiguidade, então eles podem ser colocados entre parênteses da seguinte maneira:

$$\textbf{ops}\;(op1)\;(op2)\;\ldots\;(opn)\;:\;s1\;s2\;\ldots\;sn \to s\;.$$

Os operadores podem ser declarados na forma padrão do Maude, a forma prefixada (*prefix*), que é uma sequência de **identificadores**.[13] Exemplo: `id1 id2 id3`[14]. **op** `op : s1 s2 -> s` . é um

---

[8] Esta notação (simplificada), chamada de Forma de Backus-Naur (BNF), é interpretada assim: a declaração de um operador começa pela palavra-chave **op**, seguida de branco, seguido do nome do operador, seguido de branco, seguido de dois pontos (:), seguido de uma lista de sortes, seguida de uma seta ->, seguida, opcionalmente, de uma lista de atributos do operador entre colchetes, seguida de branco e seguido de ponto (.).

[9] Toda operação tem um nome e um operador, que é também chamado de símbolo de operação, como, por exemplo, _*_, _+_, etc. _*_, por exemplo, é o operador de multiplicação.

[10] A lista pode ser vazia.

[11] Chamada também de aridade do operador.

[12] Chamado, também, de coaridade ou, ainda, de imagem do operador.

[13] Nomes são dados às diversas entidades do Maude (módulos, sortes, teorias, visões, operadores, etc.). Nomes são formados por uma sequência de identificadores. Um nome pode também ser formado por um **identificador simples** quando a sequência de identificadores é unitária. Um identificador é uma sequência de caracteres (strings) do código ASCII, observadas as seguintes regras:

- São identificadores natos os seguintes caracteres: '(', ')', '{', '}', '[', ']' e ','.
- Strings, formados com os caracteres do código ASCII, não contendo os identificadores natos, o caractere branco ' ', também chamado de espaço, ou o abre aspas ' ' são identificadores. Exemplo: `abc`, `cdef:` e `e%g$hi` são identificadores. Mas, `abc{xyz}def` é uma sequência de cinco identificadores `abc`, `{`, `xyz`, `}` e `def`.
- Os identificadores natos podem perder suas funções para integrar um identificador. Isso é possível com o uso do caractere abre aspas ' ' da seginte maneira:
  - O caractere abre aspas, precedendo um identificador nato, integra o caractere ao identificador. Exemplos: `abc'[jkm]pq` e `'(')`. O resultado do primeiro é o identificador simples `abc[jkm]pq` e o do segundo, o identificador simples `()`.
- O caractere que abre aspas entre dois strings não vazios de caracteres integra o caractere branco ao identificador. Exemplo: `abc'cde`. O resultado é o identificador simples `abc cde`.
  - Caracteres brancos ' ' separam identificadores. Exemplo: `Instituto de Computacao` é uma sequência de três identificadores: `Instituto`, `de` e `Computacao`. Em alguns casos, o Maude transforma (internamente) uma sequência de identificadores, como `Instituto de Computacao`, em um identificador simples, `Instituto'de'Computacao`.

[14] `idi` são identificadores.

exemplo da declaração do operador `op` prefixado. Alternativamente, podem ser declarados na forma posfixada (*postfix*), infixada (*infix*) ou em qualquer combinação mixfixada (*mixfix*). Na forma mixfixada, a sintaxe dos operadores é uma sequência de identificadores e marcadores de lugar (_). Exemplo: `_ id1 _ id2 id3 _ id4`. Devem existir tantos marcadores de lugar quantos forem os sortes do domínio do operador. Se o identificador vem depois dos marcadores de lugar, então se trata de um operador posfixado (exemplo: `_!`) e, se no meio, infixado (exemplo: `_;_`). Os operadores podem ser declarados sem identificadores (sintaxe vazia), como, por exemplo: `op _ _ : s1 s2 -> s .`[15], onde `op` é o operador e `s1`, `s2` e `s` são sortes. Os operadores mixfixados mostram como termos, definidos mais adiante, devem ser construídos e são, então, unidades sintáticas.

Esta facilidade oferecida pelo Maude é particularmente importante para melhorar a legibilidade. Exemplo: `hoje`, `dia _ de _ de _`.[16] Os operadores que não possuem domínio são chamados de **constantes**. É o caso dos operadores `true` e `false`

Para efeitos teóricos, a declaração dos operadores tem a seguinte forma genérica: `op : s1 s2 ... si ... sn -> s`, que é a forma prefixada.[17]

Na assinatura da especificação TRUTH-VALUES, os nomes dos operadores são declarados na forma mixfixada.

1.2 ⇢ conceito de termo

Enriquecendo a assinatura da especificação com as variáveis declaradas na seção das sentenças, **termos** são construídos com operadores e variáveis. Termos do sorte s são construídos, indutivamente, por três regras:

1. Toda variável v, assim declarada, **var** `v:s .`, é um termo do sorte s ;
2. Toda constante c de imagem s é um termo do sorte s ; e
3. Todo operador `op(_, _, ..., _)` de imagem s, onde seu i-ésimo marcador de lugar é ocupado por um termo ti do sorte s_i, assim como `op(t1, ..., ti, ..., tn)`, é um termo do sorte s. Diz-se que si é o sorte do argumento ti do operador `op`.

Um termo t de sorte s é denotado por $t:s$. T_s denota o conjunto de termos do sorte s .

Seguem alguns exemplos de termos do conjunto $T_{\text{Truth-Value}}$:

t	pela (regra 1)	$t \vee u$	pela (regra 3)
u	pela (regra 1)	`true => false`	pela (regra 3)
`true`	pela (regra 2)	`not false`	pela (regra 3)
`false`	pela (regra 2)	$t \vee u$ `=> false`	pela (regra 3)

---

[15] No mínimo, dois marcadores de lugar.
[16] Exemplo de aplicação: `hoje, dia 20 de Agosto de 2020`.
[17] Conforme a sintaxe dos operadores, a declaração do operador `op: ...` é equivalente a `op '( _ ', ... ', _ ') : ...` e `op(_, ..., _) : ...` é equivalente a `op' (_', ... ',_'): ... `.

A especificação de nome **VARIAVEIS**,[18] mostrada a seguir, é construída com o único objetivo de declarar as variáveis (r s p q x y z) : Truth-Value. As variáveis t e u, declaradas em TRUTH-VALUES, são inacessíveis.

fmod VARIAVEIS **is**
protecting TRUTH-VALUES .
vars r s p q x y z: Truth-Value .
endfm

Assim, termos podem ser construídos com essas variáveis e com a assinatura de TRUTH-VALUES. Exemplos de termos do sorte Truth-Value:

x	pela (regra 1)	not false	pela (regra 3)
y	pela (regra 1)	true ∨ false	pela (regra 3)
z	pela (regra 1)	p ∨ false	pela (regra 3)
r	pela (regra 1)	r ∧ s	pela (regra 3)
s	pela (regra 1)	not false ∨ true	pela (regra 3)
p	pela (regra 1)	false ∨ not false ∨ true	
q	pela (regra 1)		pela (regra 3)
true	pela (regra 2)	p ∧ q => false ∨ not false ∨ true	
false	pela (regra 2)		pela (regra 3)
r ∧ true	pela (regra 3)	r ∧ s	pela (regra 3)
true => false	pela (regra 3)	r ∧ false	pela (regra 3)
r ∧ z	pela (regra 3)	s ∧ r	pela (regra 3)
r ∨ s ∧ z	pela (regra 3)	r ∨ true	pela (regra 3)
not true	pela (regra 3)	r ∨ false	pela (regra 3)
s ∨ r	pela (regra 3)	r ∨ s	pela (regra 3)
not r ∨ s	pela (regra 3)	r => s	pela (regra 3)

Se um operador é declarado na forma prefixada, como, por exemplo, **op** op : s1 s2 -> s., os termos construídos com este operador são escritos da seguinte forma: operador op seguido de "(", seguido de uma lista de argumentos separados por vírgula, um para cada sorte do domínio do operador, seguido de ")". Por exemplo, op(t1, t2), onde op é o operador, t1 e t2 seus argumentos, onde t1:s1 e t2:s2. A declaração prefixada **op** op : s1 s2 -> s. é equivalente à declaração **op** op (_, _) : s1 s2 -> s., ou ainda a **op** op ' (_ ', _ ') : s1 s2 -> s

O comprimento da lista de sortes do domínio dos operadores determina sua aridade: nulária, unária, binária, etc.

---

[18] A declaração **protecting** TRUTH-VALUES inclui TRUTH-VALUES na especifição. Métodos de inclusão são vistos no capítulo 12.

1.3 ambiguidade

Termos podem ser representados graficamente na forma de **árvore**. Genericamente, uma árvore é vazia[19] ou formada por um nodo, chamado nodo pai, e por uma **lista**[20] de subárvores. Cada subárvore é, por sua vez, uma árvore (que pode ser vazia). Os nodos das subárvores são chamados nodos filhos.[21] Existe um nodo, que é somente pai, chamado nodo raiz da árvore. Quando a lista de subárvores é vazia, diz-se que a árvore é uma folha. Uma árvore pode ser representada graficamente. Os nodos filhos são desenhados abaixo do nodo pai. Uma aresta liga o nodo pai a cada nodo filho. Na figura 1.2, (a) é um nodo, (b) é uma árvore vazia e (c) é uma árvore qualquer.

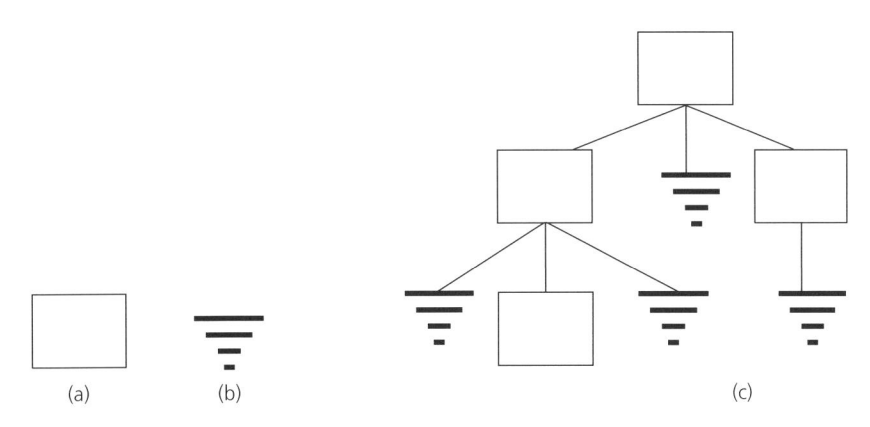

figura 1.2 Representação gráfica de árvores.

Cada nodo da **árvore de termos** é rotulado por um operador ou por uma variável. Supondo que $op(t1, \ldots ti, \ldots, tn)$ é um termo, op rotula o nodo pai. Como cada argumento ti é da forma $op'(\ldots)$, op' rotula um nodo filho. O nodo pai possui n nodos filhos. Os nodos filhos são ordenados,[22] sendo op' o rótulo do i-ésimo nodo. Como cada argumento de op' é um termo, esse processo continua até chegar aos nodos folhas da árvore. Os nodos folhas são rotulados por constantes ou variáveis, ambos tendo uma lista vazia de subárvores.

Termos podem ter **interpretações ambíguas** quando incluem operadores mixfixados, pois não é conhecido o histórico de sua construção. A representação gráfica de um termo ambíguo dá a ele uma única interpretação. Por exemplo, $v \vee t \wedge u$ é um termo ambíguo, pois dele podem ser construídas duas árvores: uma tem o operador _$\wedge$_ na raiz, mostrada em (a) na figura 1.3, e a outra tem o operador _$\vee$_ na raiz, mostrada em (b) na mesma figura.

---

[19] Um tipo especial de árvore.
[20] Podendo ser uma lista vazia (não tem subárvores).
[21] Como a árvore é ordenada, faz sentido falar no primeiro, segundo, ... filho.
[22] Desenhados da esquerda para a direita.

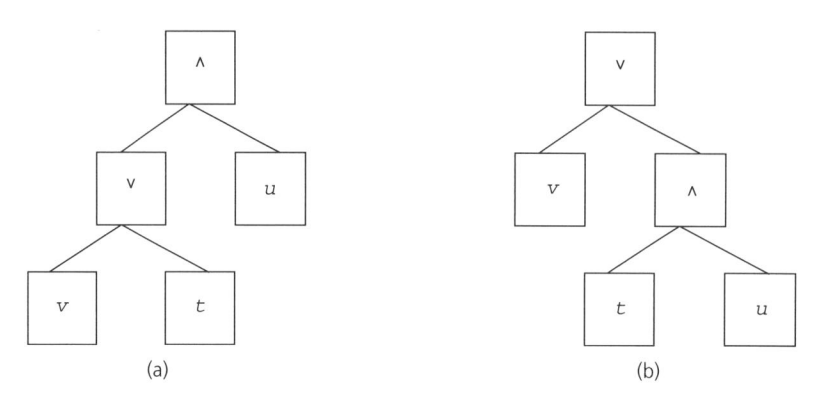

figura 1.3 Duas interpretações para o termo $v \vee t \wedge u$.

O termo `t ∧ u => false ∨ not false ∨ true` tem, também, várias interpretações, sendo uma delas representada pela árvore da figura 1.4.

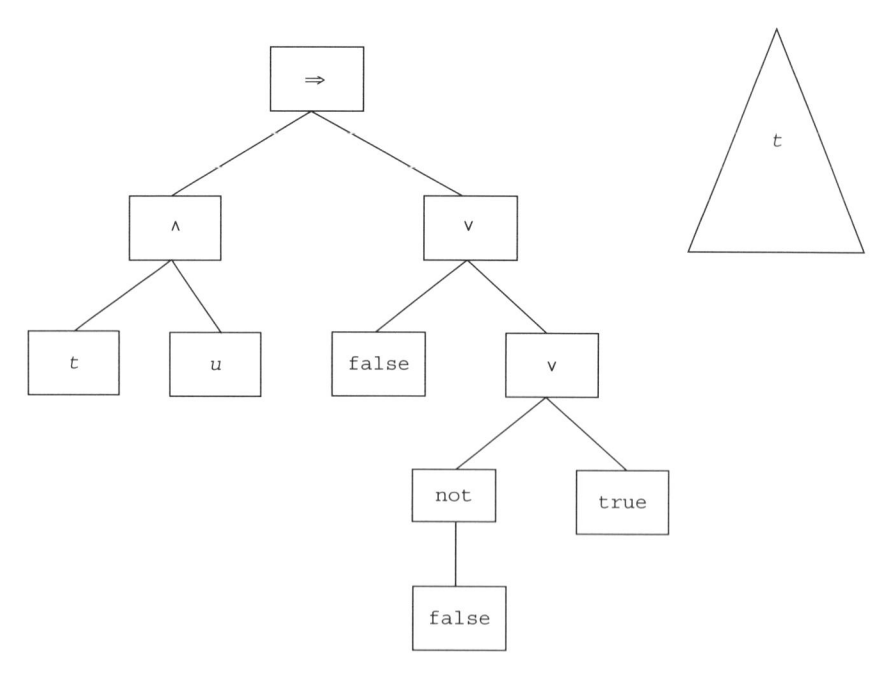

figura 1.4 Representação gráfica de um termo.

O triângulo, exibido ao lado direito da árvore da figura 1.4, representa, simbolicamente, um termo t qualquer na forma de árvore.

Mas as linguagens, incluindo Maude, não aceitam termos representados na forma gráfica, somente na forma de texto. Parênteses podem ser usados para retirar a ambiguidade. Por exemplo, o termo $v \vee t \wedge u$,[23] se interpretado pela árvore (a), é escrito assim: `(v ∨ t) ∧ u` ; o mesmo termo, se interpretado pela árvore (b), é escrito assim: `v ∨ (t ∧ u)`. Para os leitores, o uso excessivo de parênteses torna o texto confuso, pois, para eliminar a ambiguidade, o termo deve estar totalmente parentizado. Assim, novos recursos devem ser oferecidos para retirar a ambiguidade introduzida pelos operadores mixfixados.

É conhecido das linguagens de programação que a multiplicação `_*_` é calculada **antes** da operação de adição `_+_`, como mostra a representação gráfica na figura 1.5 para a expressão aritmética `3 + 4 * 7`. **Primeiro**, é calculada a multiplicação e **depois** a adição. O resultado da avaliação dessa expressão é `31`. Diz-se que o operador de multiplicação tem uma **precedência** maior que o operador de adição e, por isso, deve ser calculado **antes**.

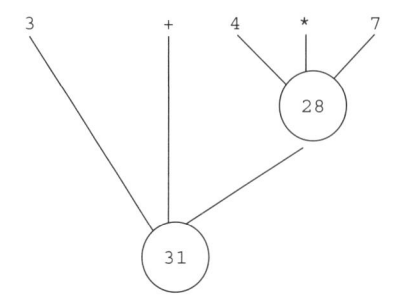

figura 1.5 Ordem de avaliação de uma expressão aritmética.

A seguir, são apresentados os atributos de operadores: valor de precedência `prec` e padrões de agrupamento `gather`, recursos para retirar a ambiguidade.

Para retirar a ambiguidade pode ser usado o conceito de **valor de precedência** dos operadores. Esse valor é dado por um número natural, em que um valor **menor** indica que deve ser avaliado antes ou que tem maior prioridade de avaliação. A figura 1.1 mostra a declaração de precedência dos operadores, como atributo dos operadores. Se estabelecido que o operador de conjunção `_∧_` tem valor de precedência **maior** que o operador de disjunção `_∨_`, então o

---

[23] Parênteses podem, também, ser usados para tornar um termo mais claro, mais legível.

termo $v \vee t \wedge u$ não é mais ambíguo e é interpretado assim: $v \vee (t \wedge u)$. Quanto maior o valor de **precedência do operador**, mais próximo da raiz da árvore de termos fica situado,[24] conforme figura 1.6. O operador `_∧_` está desenhado abaixo do operador `_∨_` porque o operador `_∧_` tem uma precedência maior.

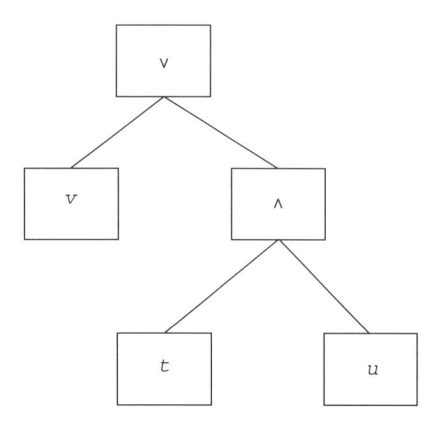

figura 1.6 Representação gráfica do termo $v \vee t \wedge u$.

Parênteses podem sempre ser usados para quebrar a precedência. Assim, os parênteses, no termo $(v \vee t) \wedge u$, desabilitam os valores de precedência dos operadores.

Nas ferramentas algébricas, se a precedência dos operadores não for especificada, então a precedência *default* é aplicada.

- Em Maude, as variáveis e os operadores na forma padrão (constantes e operadores prefixados)[25] sempre têm valor de precedência `0`, independente do que for estabelecido pelo usuário.
- Operadores mixfixados que não comecem e nem terminem por um marcador de lugar, têm valor de precedência `0`. Exemplos: `(_)`, `[_]`, `<_:_|_>`, e `if_then_else_fi`.
- Operadores mixfixados que comecem ou terminem por um marcador de lugar têm valor de precedência 15, para operadores unários, e de 41 para os demais operadores. Exemplos: `not_`, `_!` ou `to_:_`.
- Operadores mixfixados que comecem e terminem por um marcador de lugar têm valor de precedência 41. Exemplos: `_ _`, `_+_`, `_*_`, e `_?_:_`.

Valores de precedência não são suficientes para retirar ambiguidades. Termos como $t \vee u \vee v$ são, ainda, ambíguos. A ferramenta Maude permite estabelecer a propriedade associativa (`assoc`) dos operadores. Se atribuída ao operador `_∨_` a propriedade associativa, então o termo $t \vee u \vee v$ é interpretado assim: $t \vee (u \vee v)$. (Ver declaração do operador `_∨_` na figura 1.1).

---

[24] Indicando que o cálculo é postergado. O cálculo começa pelas folhas.
[25] Formas padrão do Maude.

Os **padrões de agrupamento** restringem os valores de precedência dos termos permitidos como argumentos dos operadores. O valor de precedência de um argumento (termo) é dado pelo valor de precedência do operador raiz da árvore do argumento. Se um argumento de um operador `op` tem valor de agrupamento "`E`", então o valor de precedência do argumento deve ser **menor ou igual ao valor de precedência do operador** `op`, se tem valor "`e`", então o valor de precedência do argumento deve ser **estritamente menor do que a precedência do operador** `op` e, se tem o valor "`&`", então o operador `op` **não tem restrição** quanto à precedência de seu correspondente argumento.

Seja `op _op_ : s1 s2 -> s` . a declaração de um operador e `t1 op t2` um termo, onde `t1:s1` e `t2:s2` são argumentos de `_op_` . Se `_op_` tem o valor de precedência `n` e o padrão de agrupamento do operador é `gather (E e)`, assim declarado,

    `op _ op _ : s1 s2 -> s`   `[prec n gather (E e)]` .

então a precedência do argumento `t1` deve ser menor ou igual a `n`, e a precedência do argumento `t2` deve ser estritamente menor do que `n`. Exemplos:

Sejam

 `op _∨_ :Truth-Value Truth-Value -> Truth-Value` [**prec** 33 **gather** (`E e`)] .
 `op _∧_ :Truth-Value Truth-Value -> Truth-Value` [**prec** 31 **gather** (`E e`)] .
 `op not _ :Truth-Value  -> Truth-Value` [**prec** 15 **gather** (`e`)] .

declarações dos operadores `_∨_`, `_∧_` e `not_` em Maude. O termo `true ∨ false ∧ true` tem somente a seguinte interpretação: `true ∨ (false ∧ true)`. O termo `false ∧ true ∨ true` tem somente a seguinte interpretação: `(false ∧ true) ∨ true`. O termo `true ∨ not false ∧ true` tem somente a seguinte interpretação: `true ∨ ((not false) ∧ true)`.

Para dar, por exemplo, ao operador `_∨_` a propriedade associativa à esquerda, a declaração do operador é:

   `op _ ∨ _ : Truth-Value Truth-Value -> Truth-Value` [**prec** 33 **gather** (`E e`)] .

O termo `i ∨ j ∨ k` é interpretado como: `(i ∨ j) ∨ k`.

Quando os valores dos agrupamentos-padrão não forem especificados na declaração dos operadores, então valores de *default* são tomados conforme regras abaixo:

- Todos os argumentos dos operadores prefixados têm o valor de agrupamento `&`, independente do que for estabelecido pelo usuário.
- Se o marcador de lugar correspondente a um argumento não é adjacente a outro marcador de lugar nem é o primeiro nem o último marcador de lugar, então seu valor de agrupamento vale `&`. Por exemplo, o padrão de agrupamento *default* para o operador `if_then_else_fi` é (`& & &`), para o operador `_ and then _` é (`& &`), e para o operador `(_)` é (`&`).
- Se o marcador de lugar correspondendo a um argumento é adjacente a outro marcador de lugar, ou se ocupa o primeiro ou o último marcador de lugar do operador, então o valor de agrupamento *default* para tal argumento é (`E`). Por exemplo, o padrão de agrupamento *default* do operador `_?_:_` é (`E & E`), para o operador `_+_` é (`E E`) e para o operador `_ _` é (`E E`).

- Os operadores que começam com um marcador de lugar, que terminam com um marcador de lugar e que possuem um valor de precedência maior que 0 são tratados como casos especiais. Em um dos casos, o padrão de agrupamento *default* é (e E) se o operador possui o atributo de associatividade (**assoc**), declarado explicitamente. Por exemplo, os seguintes operadores encontram-se nessa categoria:

  op _+_ : Natural Natural -> Nat [**assoc**] .
  op _*_ : Natural Natural -> Nat [**assoc**] .
  op _ _ : NatList NatList -> NatList [**assoc**] .

Outros casos especiais podem ser consultados nos manuais da ferramenta Maude.

Se um termo ambíguo for submetido à ferramenta Maude, ela acusa a ambiguidade e adota, arbitrariamente, uma interpretação.

1.4 conceito de subtermo

Um termo t é um **subtermo** de si mesmo e, ainda, se um termo t é da forma $op(t_1, t_2, \ldots, t_i, \ldots, t_n)$, onde op é o operador, então qualquer subtermo de t_i é também um subtermo de t. Logo, t_i é, também, um subtermo de t. O conjunto de subtermos (subt) de $op(t_1, t_2, \ldots, t_i, \ldots, t_n)$ é definido por:

1. subt(v) = { v }, se v é uma variável;
2. subt(c) = { c }, se c é uma constante; e
3. subt $op(t_1, \ldots, t_i, \ldots, t_n)$ = { $op(t_1, \ldots, t_i, \ldots, t_n)$ } $\cup \bigcup_{i=1}^{n}$ subt(t_i)

O conjunto de subtermos do termo $t \wedge u \Rightarrow$ false $\vee$ not false $\vee$ true, representado graficamente na figura 1.4, é: {$t \wedge u \Rightarrow$ false $\vee$ not false $\vee$ true, $t \wedge u$, t, u, false $\vee$ not false $\vee$ true, false, not false $\vee$ true, not false, true}.

■ exercícios propostos 1.1

1. Construir cinco termos com ocorrência de todos os operadores de TRUTH-VALUES, usando parênteses para retirar a ambiguidade, se necessário.
2. Desenhar as árvores correspondentes aos termos construídos no exercício 1.
3. Quais são as condições necessárias para que a cardinalidade do conjunto de termos T_s de um sorte qualquer seja finita? Justifique.
4. Qual é a cardinalidade de $T_{\text{Truth-Value}}$? Justifique.
5. Desenhar a árvore que representa o termo $x \vee y \wedge z \vee$ not $r \wedge s$.
6. Termos gerados do operador _v_ são de que sorte? Por quê?
7. O termo true no termo $t \wedge u \Rightarrow$ false $\vee$ not false $\vee$ true, interpretado de acordo com a figura 1.4, é um subtermo de quais termos?

1.5 ⋯⇢ conceitos de operador gerador e sorte

Na especificação de um novo tipo de dado abstrato, com um sorte s, inicialmente a concentração deve estar nos operadores geradores (ou construtores) que geram termos do sorte s, chamados de **valores**.

O especificador pode dar a um operador o atributo `ctor` (construtor),[26] conforme mostra a figura 1.1 na declaração dos operadores true e false. A declaração do operador true é, então: **op** true : -> Truth-Value [**ctor**]. Maude usa esse atributo para verificar se, em uma extensão, há violação do sorte (introdução de lixo ou confusão), como é visto no capítulo 11.

Os termos construídos com esses operadores são os valores do sorte s. O sorte s pode ser interpretado por um conjunto (de valores). Na especificação do tipo TRUTH-VALUES, os operadores geradores são true e false. Os termos, no caso, os valores construídos com esses dois operadores, são eles mesmos true e false, uma vez que os operadores que os geram são constantes. Esses valores formam um conjunto chamado **sorte**. Todo sorte recebe um nome, no caso, Truth-Value, pela declaração **sort** Truth-Value. Truth-Value, portanto, é um nome de um **sorte**. true e false são valores do sorte Truth-Value ou, simplesmente, são valores Truth-Value. TRUTH-VALUES é um tipo abstrato com um conjunto finito de valores, true e false. Os demais operadores são chamados de **observadores**.

A figura 1.7 mostra que o sorte s, construído com os operadores geradores e interpretado como um conjunto de valores, está contido no conjunto de termos T_s.

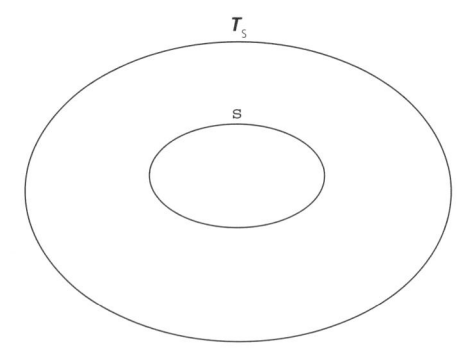

figura 1.7 Termos e valores do sorte Truth-Value.

Um tipo abstrato é dito primitivo quando o domínio e a imagem dos operadores geradores têm o mesmo sorte. Formalmente, se $op : s_1 \ s_2 \ ... \ s_i \ ... \ s_n \ \text{->} \ s$ é a declaração de um operador gerador de um **tipo primitivo**, então, para qualquer sorte s_i, s_i é igual a s. O tipo TRUTH-VALUES é, portanto, um tipo primitivo. Os tipos primitivos têm pelo menos um operador constante como gerador, caso contrário valores não podem ser gerados.

---

[26] Um operador binário f pode ser declarado idempotente [**idem**]. Logo, $f(n, n) = n$

1.6 ⋯→ conceito de equação: definição dos operadores

Usando uma linguagem algébrica-*LA*, as especificações de um tipo de dado são descrições de álgebras e são muito semelhantes às próprias álgebras. Uma função da matemática pode ser declarada assim: `f : ℝ ℝ → ℝ`, onde ℝ é o conjunto dos números reais. Um termo dessa declaração pode ser `f(3.0, 6.0)`. Os sortes da especificação são os conjuntos da matemática. As operações da especificação são as funções da álgebra. A função `f` pode ser **definida** assim: `f(x, y) = (x + y)/x`, onde $x, y \in \mathbb{R}$. As equações da especificação têm como objetivo **definir as operações**, como é visto a seguir. `x` e `y` são chamadas de variáveis formais.

A segunda parte da especificação, chamada **sentenças da especificação**, é composta da **declaração das variáveis** e de um conjunto de sentenças da lógica (equações ou axiomas)[27] que define o significado (ou a semântica, o comportamento ou, ainda, as propriedades) das operações.

A palavra-chave `eq` (equations) nas sentenças da especificação álgebra do tipo TRUTH-VALUES introduz as equações. Cada linha é uma sentença, numerada para fins de referência. Uma **equação** é um **par de termos** ⟨`t1, t2`⟩ do mesmo sorte, usualmente denotado por `t1 = t2`. Variáveis formais podem ocorrer na equação e devem ser declaradas para representar valores dos sortes.

`v : s`[28] deve ser lido assim: `v` é uma variável do sorte `s` ou `v` é uma variável `s`. Variáveis declaradas, como, por exemplo, `x : s1, y : s2, e z : s3`, podem ocorrer em ambos os lados da equação `t1 = t2`.

`t1 = t2` deve ser lido assim: para todo **valor** `s1 x, s2 y e s3 z, t1 e t2` têm o mesmo significado.[29] Por exemplo, a equação `t ∨ false = t` é lida assim: "para todo valor Truth-Value `t`, `t ∨ false` e `t` têm o mesmo significado".

As equações têm o objetivo de **definir** as operações `op: s₁ ... sᵢ ... sₙ -> s`, declaradas na assinatura, e têm a seguinte forma:

$$op(t_1, \ldots, t_i, \ldots, t_n) = t$$

onde t_i é do sorte s_i e t do sorte s.

O termo `op(t₁, t₂, ..., tᵢ, ..., tₙ)` é colocado no lado esquerdo da equação. O lado direito, `t`, é um termo qualquer do sorte `s`. Todas as variáveis que ocorrem no lado direito devem ocorrer também no lado esquerdo, mas não vice-versa. Os termos t_i são **valores** ou **variáveis**.

---

[27] Axioma de pertinência é postergado até o capítulo 5.

[28] O domínio da variável **v** é o sorte **s**.

[29] Expressam a mesma coisa. Pode-se dizer também que são equivalentes, embora o conceito de (relação de) equivalência somente seja visto mais adiante.

Para definir op de forma direta (explícita), t deve ser um valor ou uma variável.[30] De forma indireta, t é um termo qualquer do sorte s. Uma equação tem, então, neste caso, a seguinte forma

$$op(t_1, t_2, \ldots, t_i, \ldots, t_n) = op'(t_1', \ldots t_j', \ldots, t_m'),$$

onde t_j' tem o sorte s_j'. Diz-se, nesse caso, que a operação op é definida em função de op'. Na especificação, as operações $\mathtt{not\_}$, $\mathtt{\_v\_}$, e $\mathtt{\_\wedge\_}$ são definidas de forma direta. A operação de implicação ($\mathtt{\_=>\_}$) é definida de forma indireta.

Se a operação op tem propriedades, como associatividade e comutatividade, então elas devem constar da declaração do operador como atributos do operador ou devem ser expressas na forma de equações. Os operadores $\mathtt{\_\wedge\_}$ e $\mathtt{\_v\_}$ são comutativos, conforme as equações (5) e (8), respectivamente (Ver figura 1.1). Essas propriedades constam da declaração dos respectivos operadores e, por isso, as equações correspondentes são mostradas como comentário. Quando constam da declaração, Maude exerce um controle sobre a reescrita de termos, como é visto mais adiante.

Se t_i em $op(t_1, \ldots, t_i, \ldots, t_n)$ é uma variável, ela representa um valor qualquer do sorte s_i. Essa variável pode ocorrer no lado direito da equação, em um lugar próprio do sorte s_i.

A definição de uma operação pode requerer várias equações.[31]

1.7 ⇢ operações totais e parciais

Se a operação op, assim declarada:

$$\mathtt{op}\ op\ :\ s_1 s_2 \ldots s_i \ldots s_n \to s$$

é definida para todos os valores de todos os sortes de seu domínio e imagem, a operação está totalmente definida; caso contrário, ela está parcialmente definida. Formalmente, se uma operação é definida para todos os valores dos conjuntos, $(s_1 \times s_2 \times \ldots \times s_i \times \ldots \times s_n) \times s$,[32][33] ela é totalmente definida; caso contrário, ela é parcialmente definida. A operação $\mathtt{not\_}$, por exemplo, é totalmente definida, pois é definida para $\mathtt{false}$, conforme equação (1), e para $\mathtt{true}$, conforme equação (2). As operações $\mathtt{\_\wedge\_}$, conforme equações (3) e (4), e $\mathtt{\_v\_}$, conforme equações (6) e (7), são totalmente definidas.

---

[30] Como na definição de qualquer função matemática.
[31] Cada equação pode ser entendida como a definição de uma função matemática, que pode ser injetora, sobrejetora ou bijetora.
[32] "x" indica produto cartesiano. Aqui, s é interpretado como um conjunto e não como um nome de sorte.
[33] Se a operação op é definida para os valores $v_1, v_2, \ldots, v_n$ e v e para $v_1, v_2, \ldots, v_n$ e v', então $v = v'$ para todos os valores $v_1:s_1, v_2:s_2, \ldots, v_n:s_n$ e $v, v': s$.

Na definição de operadores $op : s_1\ s_2\ldots\ s_i\ldots\ s_n \rightarrow s$, se s_i tem um número infinito de valores e não são usadas variáveis na sua definição, a operação é claramente parcial. Nas definições implícitas, como

$$op(t_1, t_2, \ldots, t_i, \ldots, t_n) = t,$$

a definição pode ser parcial, caso ocorram em t operações parciais.[34]

Na especificação algébrica do tipo TRUTH-VALUES, todas as operações são totais.

Quando mais de uma equação é necessária na definição de uma operação, cuidado especial deve ser tomado para evitar que inconsistências sejam introduzidas. Na definição de operações, usando variáveis, normalmente inconsistências ou redundâncias podem ser introduzidas. Exemplo: **op** _op_ : Truth-Value Truth-Value -> Truth-Value . .

$$\begin{aligned} t \text{ op true} &= \text{true} \\ \text{false op } t &= \text{false} \end{aligned}$$

Nesse caso, na primeira equação, para t = false, false op true = true e, na segunda equação, para t = true, false op true = false. Sem maiores formalidades, true = false. As equações introduzem uma inconsistência. Na secção conceito de consistência e completeza do capítulo 3, é apresentado o conceito formal de consistência.

1.8 ⋯→ definição das operações do tipo TRUTH-VALUES

As equações (1) e (2) definem a operação not_. As equações (3), (4) e (5) definem a operação _^_. As equações (6), (7) e (8) definem a operação de disjunção _v_. A equação (9) define a operação _=>_.

Maude tem outras ferramentas para provar propriedades como a comutatividade. Entretanto, se, sabidamente, um operador tem uma propriedade, como comutatividade, isto deve ser dito de forma explícita na forma de atributos do operador ou na forma de equações, como as equações (5) e (8), introduzidas na forma de comentário (sendo assim ignoradas pelo Maude).

Na especificação algébrica de um tipo abstrato, tão logo as operações geradoras forem escolhidas, seus atributos, se tiverem, devem ser declarados. Na especificação do tipo TRUTH-VALUES, as operações geradoras não possuem nenhuma propriedade.

Cada equação pode ser condicional ou incondicional. Uma equação é condicional quando tem a ela associada uma condição de equação. Na especificação do tipo TRUTH-VALUES, todas as equações são incondicionais. Equações condicionais são tratadas mais adiante.

---

[34] A definição implícita de $op(s_1, s_2, \ldots, s_i, \ldots, s_n) \rightarrow s$, com um número de equações da forma $op(t_1, t_2, \ldots, t_i, \ldots, t_n) = op'(t_1', \ldots t_j', \ldots, t_m')$ cobrindo todas as combinações dos valores de $s_1, s_2, \ldots, s_i, \ldots, s_n$, não garante que a operação op seja total, pois, para alguma combinação, op' pode não ser definida. Como visto, t_i é um valor ou uma variável.

Capítulo 1 ⇢ Especificação de Tipos Primitivos Tipo TRUTH-VALUES

O capítulo 2 mostra como equações são usadas para **reescrever** termos. Os termos reescritos são versões diferentes das originais, mas mantêm o mesmo significado, ou seja, são formas diferentes de dizer a mesma coisa.

Termos-chave

árvore, p. 7
árvore de termos, p. 7
assinatura, p. 2
atributos do operador, p. 2
constantes, p. 5
contradomínio do operador, p. 2
domínio do operador, p. 2
equação, p. 14
especificação algébrica, p. 2
identificadores, p. 4

interpretações ambíguas, p. 7
operação parcialmente definida, p. 15
operação totalmente definida, p. 15
operações observadores, p. 13
padrões de agrupamento, p. 11
precedência do operador, p. 10

sentenças da especificação, p. 14
sorte, p. 13
subtermo, p. 12
termo, p. 5
tipo primitivo, p. 13
Truth-Values, p. 2
valores do sorte, p. 13
variáveis, p. 6

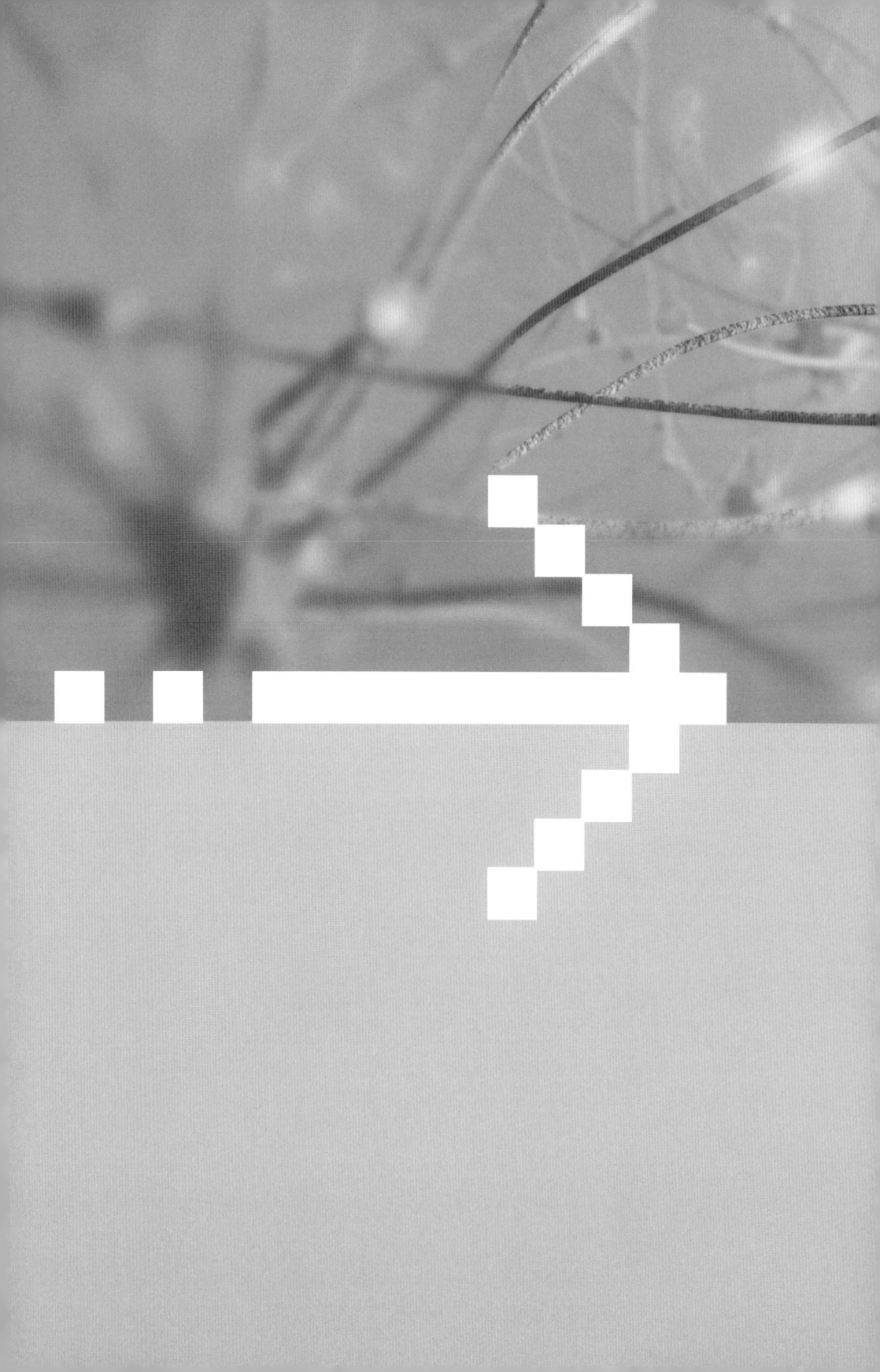

capítulo **2**

reescrita de termos

■ ■ Neste capítulo, é mostrado como equações podem ser usadas para transformar termos. Na computação, uma transformação pode ser vista como uma maneira de "calcular" uma função, uma expressão (corpo da função), fornecendo um resultado, um valor, quando não há, na expressão, ocorrências de variáveis. Usando o mesmo exemplo apresentado na secção 1.6 – conceito de equação, o valor da função $f(x, y) = (x+y)/x$, quando aplicada aos valores 3.0 e 6.0, é igual a 3.0. Informalmente, o processo de obtenção desse resultado é bem conhecido. Comparando o termo $f(x, y)$ com o termo $f(3.0, 6.0)$, o valor 3.0 ocupa o lugar de x, e o valor 6.0 ocupa o lugar de y. Logo, as variáveis que ocorrem na expressão devem ser também ocupadas pelos respectivos valores: (3.0 + 6.0)/3.0. Este capítulo tem como objetivo mostrar formalmente o processo de "calcular" um termo, possibilitando, assim, que ferramentas possam ser construídas.

2.1 ⇢ troca de iguais por iguais

Definidas as operações, o conjunto de equações pode ser visto como um conjunto de "leis", estabelecendo a forma como termos podem ser **transformados**. Tomando o campo bem conhecido da matemática, o termo a + 3 * (4 + b) - 8 pode ser transformado no termo a + 3 * 4 + 3 * b - 8, porque existe uma propriedade[1] que possibilita essa transformação, como mostra a figura 2.1.

propriedade ⟶ x * (y + z) = x * y + x * z

transformação ⟶ a + 3 * (4 + b) - 8 = a + 3 * 4 + 3 * b - 8

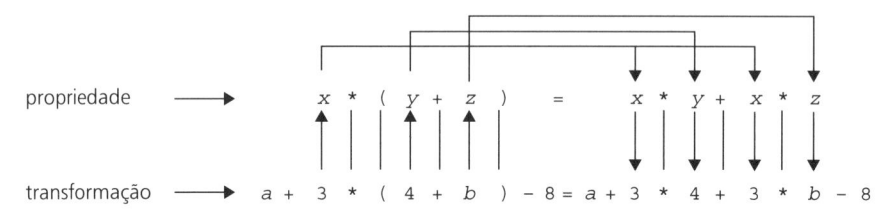

figura 2.1 Aplicação da propriedade distributiva da multiplicação em relação à adição.

Primeiramente, na expressão a + 3 * (4 + b) - 8, é procurado **o padrão** x * (y + z), lado esquerdo da equação que expressa a propriedade, encontrando o termo 3 * (4 + b). Neste mapeamento, x←3, y←4 e z←b, como mostra a figura 2.1. Depois, x, y e z são substituídas pelos respectivos valores no lado direito da igualdade. O termo resultante, 3 * 4 + 3 * b, toma o lugar de 3 * (4 + b). Termos transformados podem sofrer novas transformações. Sem fazer referencias às propriedades, o termo

$$y + 3 * (4 + x) - 8 =$$
$$y + 3 * 4 + 3 * x - 8 =$$
$$y + 12 + 3 * x - 8 =$$
$$y + 3 * x + 12 - 8 =$$
$$y + 3 * x + 4$$

Aplicando a equação f(x, y) = (x + y)/x e um conjunto conhecido de leis da matemática sobre o termo f(3.0, 6.0) + 2, obtém-se o resultado 5.0:

$$\begin{aligned} f(3.0, 6.0) + 2.0 &= (3.0 + 6.0)/3.0 + 2.0 \\ &= 9.0/3.0 + 2.0 \\ &= 3.0 + 2.0 \\ &= 5.0 \end{aligned}$$

---

[1] Distributividade da multiplicação em relação à adição: x * (y + z) = x * y + x * z

Termos da assinatura de TRUTH-VALUES podem ser transformados. Por exemplo, o termo $(x \vee y) \wedge (x \wedge \text{true})$ pode ser transformado no termo $(x \vee y) \wedge x$ pela aplicação da equação $t \wedge \text{true} = t$. O termo $x \wedge \text{true}$ é trocado pelo termo x, igual a ele.

O processo de transformação de termos, trocando iguais por iguais, é chamado de **reescrita de termos**, e será visto, detalhadamente, nas secções seguintes. Com a formalização do processo de reescrita de termos, ferramentas podem ser construídas para reescrever automaticamente termos. Maude é um exemplo dessas ferramentas.

2.2 ⇢ instanciação de variáveis e substituição

Uma variável x do sorte s pode ser instanciada. Isso significa que seu lugar, em um termo, pode ser ocupado por um termo qualquer de seu sorte.

O **mapeamento** finito de variáveis para termos, S : Variaveis -> Termos,[2] é uma **substituição**. A notação $S = t'\backslash x, \ldots, t''\backslash y$ define, explicitamente, uma substituição. O par $t'\backslash x$ é uma ligação, e se diz que x está ligado a t'. Uma substituição é **bem definida** se $t\backslash x$ é uma ligação; então, $x \in$ Variaveis. Uma substituição $S = t'\backslash x, \ldots, t''\backslash x$ é **consistente** somente se t' e t'' são idênticos.

Exemplo: Seja $\{x, y, z\}$:Truth-Value um conjunto de variáveis e $\{\text{true}, p \vee \text{false}, \text{not true}\}$: Truth-Value um conjunto de termos. Uma possível substituição consistente de $S : \{x, y, z\} \to \{\text{true}, p \vee \text{false}, \text{not true}\}$ é $S = \text{true}\backslash x, \text{not true}\backslash z$.

Seja $S = t'\backslash x, \ldots, t''\backslash y$ uma substituição; a **operação de substituição**, $\_[\_] : T\, S \to T$, onde T é um conjunto de termos, se aplicada ao termo t, $t[S]$, instancia, simultaneamente, todas as ocorrências da variável x em t por t', todas as ocorrências da variável y em t por t'' e assim por diante. Exemplos de aplicação:

a. $((\text{not } t) \vee u)\,[\text{true}\backslash t, \text{false}\backslash u]$ resulta em $((\text{not true}) \vee \text{false})$
b. $((\text{not } t) \vee (u\,[x \wedge y\backslash u]))\,[\text{true}\backslash x]$ resulta em $\text{not } t \vee (\text{true} \wedge y)$
c. $((\text{not } t) \vee u)\,[x\backslash t]\,[y\backslash u]$ resulta em $(\text{not } x) \vee y$
d. $((\text{not } t) \vee t\,[x\backslash t])\,[y\backslash t]$ resulta em $((\text{not } y) \vee x)$

É de se notar que em (b) e (c) há duas operações de substituição, uma interna e outra externa. A operação interna tem precedência.

■ exercícios propostos 2.1

Seja $V = \{x, y, z\}$: Truth-Value um conjunto de variáveis e $T = \{\text{not true}, p, \text{false} \vee \text{true}, q \Rightarrow \text{true}\}$ um conjunto de termos. Quais das substituições abaixo são bem definidas e consistentes?

---

[2] Conforme o conceito de termos, o conjunto de termos inclui variáveis.

1. S = not true\$x$, q => true\$z$
2. S = false ∨ true\$p$, not true\$x$
3. S = false\$x$, not true\$z$
4. S = q => true\$x$, not true\$z$, false ∨ true\$y$
5. S = not true\$x$, q => true\$y$, false ∨ true\$x$
6. S = p\$x$, not true\$p$

2.3 ⇢ unificação

Genericamente, unificar ou combinar dois termos t e t' é o processo de encontrar uma **substituição** que, aplicada a t e a t', resulte em dois **termos idênticos**. Eventualmente, o processo falha ao unificar t e t', e a substituição não pode ser encontrada.

Para encontrar substituições, t e t' devem ser **sobrepostos**, ou seja, os termos t e t', representados na forma de árvores, devem ser colocados um sobre o outro, como mostra a figura 2.2 na sobreposição dos termos t, $(r ∧ v)$ => $(false ∨ (true ∧ y))$ e t', $(q ∧ not\ not\ x)$ => $(false ∨ u)$. Arestas ou arcos orientados (setas) ligam os nodos correspondentes.

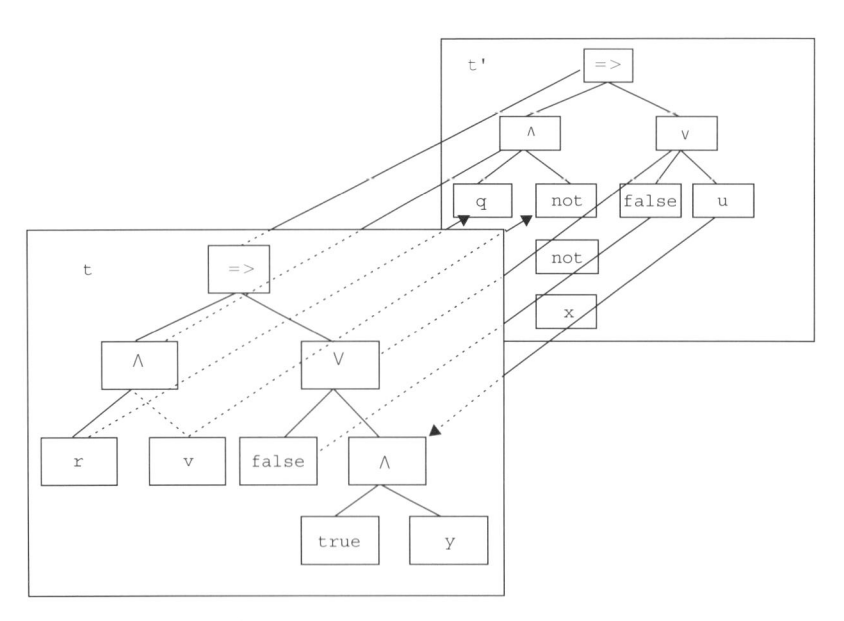

figura 2.2 Processo de unificação.

Lembrando que as folhas das árvores são rotuladas por variáveis ou constantes, o processo de unificação de t e t' é executado de **cima para baixo**. Começando pelo nodo raiz das duas árvores, o processo analisa seus rótulos da seguinte forma:

a. Se são operadores e iguais, o processo se decompõe em tantos subprocessos[3] quantos forem os nodos filhos. Cada subprocesso analisa, correspondentemente, os nodos filhos. Se são operadores e diferentes, o processo de unificação de t e t' falha. Na figura 2.2, os nodos raiz de ambas as árvores são rotulados com o operador de implicação $\_=>\_$.
b. Se um dos rótulos é uma variável x e, correspondentemente, o outro é um operador op, o processo para e **liga** a variável x ao subtermo representado pela árvore que tem op na raiz. Na figura 2.2, as setas mostram as ligações $not\ not\ x\backslash v$ e $true \wedge y\backslash u$.
c. Se o rótulo de um nodo de um termo t é uma variável x e, correspondentemente, o rótulo do nodo de outro termo t' é também uma variável, u, o processo para e, por convenção, liga a variável x à variável u. Na figura 2.2, a seta mostra a ligação $q\backslash r$.

O processo de unificação de t e t' tem sucesso se a composição das ligações for uma substituição bem definida e consistente. O processo de unificação de $(r \wedge v) => (\text{false} \vee (\text{true} \wedge y))$ e $(q \wedge \text{not not } x) => (\text{false} \vee u)$ tem sucesso e produz a substituição $S = \text{not not } x\backslash v,\ \text{true} \wedge y\backslash u,\ q\backslash r$.

A simples composição das ligações, no processo de unificação de dois termos quaisquer p e q, pode produzir uma substituição errada quando p e/ou q possuem ocorrências de uma mesma variável. Seja $S = t\backslash u,\ \ldots,\ u\backslash v$ a substituição resultante do processo de unificação pela simples composição das ligações, onde v e u são variáveis distintas. A variável u está no domínio e imagem da substituição S, $S(v) = u$ e $S(u) = t$. Em um dos termos, p ou q, u é instanciado por t e, correspondentemente, no outro, v é instanciado por u. Assim, $p[S]$ não é idêntico a $q[S]$. A solução para o processo de unificação é igualar as variáveis u e v. Por transitividade, $S(v) = t$, e a substituição fornecida pelo processo é $S = t\backslash u,\ \ldots,\ t\backslash v$. Se a simples composição das ligações, resultante do processo de unificação de dois termos quaisquer p e q, é $S = t\backslash u,\ \ldots,\ v\backslash u$, uma substituição inconsistente; então, considerando que a ligação $v\backslash u$ é uma convenção e pode ser invertida $u\backslash v$ aplicando transitividade, a substituição S é corrigida. Se a aplicação da transitividade não corrigir a substituição, então o processo de unificação de p e q falha.

A unificação de dois termos idênticos, sem variáveis, tem sucesso e produz a substituição vazia, $S = \varnothing$.

A unificação é um **processo** e, portanto, tem **sucesso** ou **falha**.

O processo de unificar o lado esquerdo (*lhs*[4]) ou o lado direito (*rhs*[5]) de uma equação com um termo t é chamado de **unificação**.

■ exercícios resolvidos 2.1

1. Unificar os termos $p = (\text{not not false} \vee u)$ e $q = t \vee \text{false}$. A figura 2.3 mostra que, na sobreposição da árvore de p com a árvore de q, todos os nodos coincidem, exceto a variável u, que coincide com o subtermo false, e a variável t, que coincide com o subter-

---

[3] Cada subprocesso, por sua vez, comporta-se como um processo.
[4] *lhs* significa *left hand side*.
[5] *rhs* significa *right hand side*.

mo `not not false`. Uma seta liga a variável `u` a `false` e outra seta liga `t` a `not not false`. A substituição `S` é, então, imediata: `S = false\u, not not false\t`.

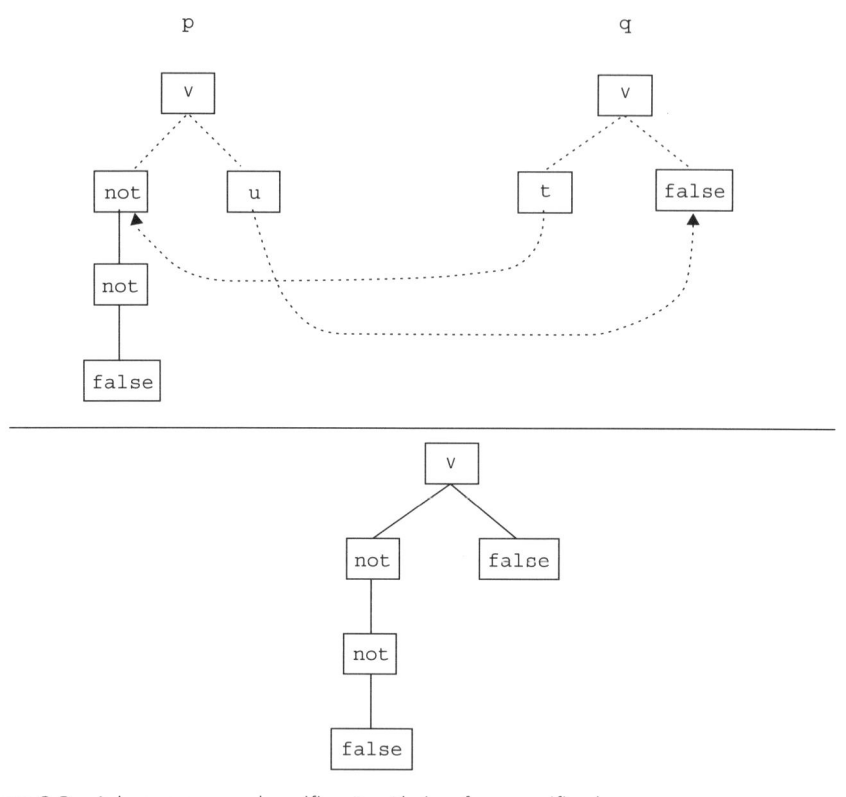

figura 2.3 Acima, processo de unificação. Abaixo, forma unificada.

A aplicação da substituição `S` a `p` e a `q` resulta em dois termos idênticos, `not not false ∨ false`, mostrado na parte inferior da figura 2.3, e é chamado de **forma unificada** de `p` e `q`.

2. Unificar os termos `p = t ∨ (true ∧ s)` e `q = (true => false) ∨ u`. A substituição obtida pelo processo de unificação é `S = true => false\t, true ∧ s\u`. A aplicação da operação de substituição `S` sobre os termos `p` e `q` resulta em dois termos idênticos: `t ∨ (true ∧ s) [S]` resulta em `true => false ∨ (true ∧ s)` e `((true => false) ∨ u) [S]` resulta no mesmo termo.

3. Unificar os temos `not not true ∨ u` e `not t ∨ t`. A simples composição das ligações no processo de unificação dos dois termos **produz a substituição errada** `S = not true\t, t\u`. Mas aplicando a propriedade transitiva, a substituição produzida pelo processo é `S = not true\t, not true\u`.

■ exercícios propostos 2.2

1. Na figura 2.2, unificar `t` e `t[S]` e `t'` e `t'[S]`, onde `S` é a substituição obtida da unificação de `t` e `t'`. Na figura 2.3, unificar `p` e `p[S]` e `q` e `q[S]`, onde `S` é a substituição obtida da unificação de `p` e `q`.
2. Unificar os termos:
   a) `(u ∧ t) ∨ x` e `x ∨ (u ∨ t)`
   b) `(u ∨ t) ∨ x` e `x ∨ (u ∨ t)`
   c) `x ∨ x` e `(u ∨ t) ∨ (u ∨ t)`
   d) `x ∨ x` e `(u => t) ∨ (u ∧ t)`
   e) `(true ∧ false)` e `(true ∧ false)`.
3. Determinar o resultado da aplicação da operação de substituição $S = \emptyset$ a um termo t.
4. Unificar os temos `not t ∨ t` e `not not true ∨ u`.

2.4 ⤳ casamento (*matching*)

Casar (ou colar) dois termos `t` e `t'` é o processo de encontrar uma substituição tal que, aplicada a `t`, torna-o idêntico a `t'`. Eventualmente, `t` e `t'` não podem ser casados, e nenhuma substituição é encontrada. O processo de encontrar substituições é o mesmo de unificar, mas há uma condição: todas as ligações (setas) devem ter origem em **t** e destino em **t'**.

Exemplo: casar `p`, `true ∨ t`, e `q`, `true ∨ (true ∧ false)`. O resultado do processo é a substituição `S = (true ∧ false)\t`. Aplicar a operação de substituição `_[S]` a `p` resulta no termo `true ∨ (true ∧ false)`, ou seja, o resultado de `(true ∨ t)[(true ∧ false)\t]` é `true ∨ (true ∧ false)`, que é idêntico a `q`.

2.5 ⤳ reescrita de termos

Seja `t1 = t2` uma equação e `S` uma substituição que instancia variáveis que ocorrem na equação por termos de seu sorte. **A aplicação da operação de substituição a ambos os lados da equação, `t1[S]` e `t2[S]`, resulta em dois termos diferentes quanto à forma, mas de mesmo significado (semântica).**

Reescrita de termos é o processo de trocar um termo por outro (troca de iguais por iguais) no contexto de um termo. Logo, um termo `t` pode ser modificado quanto à forma (sintaxe), mas mantém o mesmo significado (semântica). Supondo ser possível a unificação de um termo `t` e `t1`, o processo de reescrita de `t` é descrito a seguir:

1. Aplicar o processo de unificação a `t1` e um **subtermo** `t'` de `t`,[6] obtendo a substituição `S`. Variáveis que ocorrem em `t` podem ser ligadas a termos em `t1` somente se são

---
[6] Notar que `t` é um subtermo dele mesmo.

decorativas (variáveis decorativas são vistas no capítulo 12). A menos que seja dito o contrário, o processo de unificação é igual ao de casamento.

2. Como `t1[S]` e `t'` são termos idênticos e `t1[S]` e `t2[S]` têm o mesmo significado, `t'` pode ser trocado por `t2[S]` em `t`, resultando o termo `t-reescrito`. Como em `t` um subtermo é trocado por outro que tem o mesmo significado, `t` e `t-reescrito` **têm o mesmo significado**.

A figura 2.4 mostra o processo de reescrita aplicado ao termo $(x \vee y) \wedge (((x \vee \text{false}) \Rightarrow (y \wedge \text{true})) \wedge (x \wedge y))$. O subtermo $((x \vee \text{false}) \Rightarrow (y \wedge \text{true}))$ é trocado pelo termo $\text{not } (x \vee \text{false}) \vee (y \wedge \text{true})$.

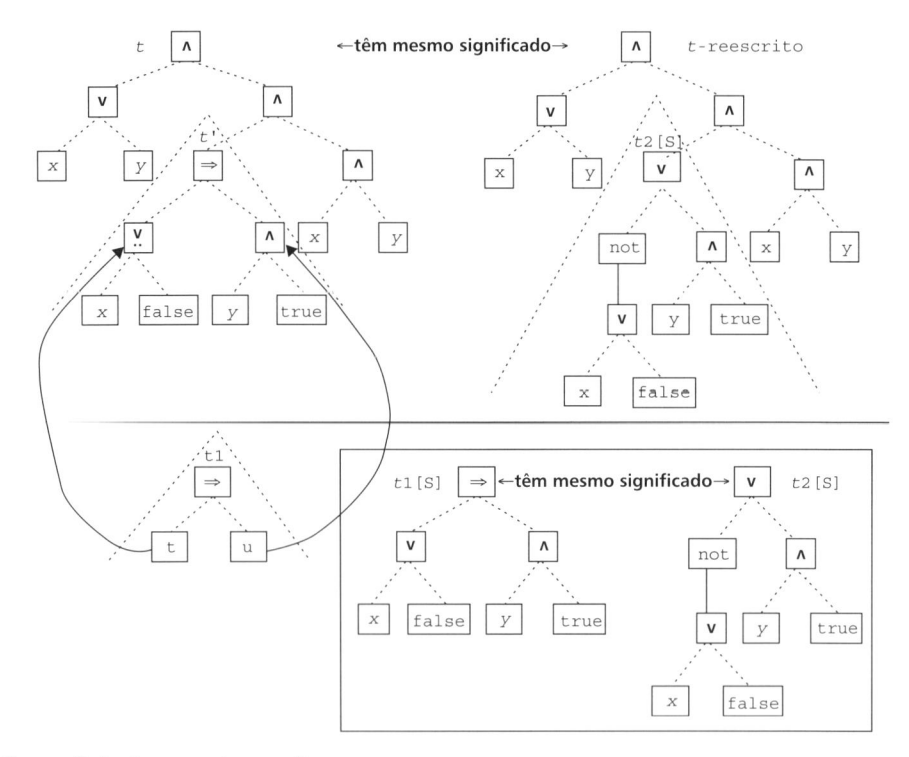

figura 2.4 Processo de reescrita.

Na unificação de `t1` e `t'`, a substituição `S` sai de imediato, como indicado pelas setas. O processo de unificação produz, então, a substituição $S = (y \wedge \text{true})\backslash u, (x \vee \text{false})\backslash t$. Para que os termos `t1` e `t'` fiquem idênticos, a variável `u` deve ser instanciada por $(y \wedge \text{true})$ e `t` por $(x \vee \text{false})$. Portanto, o subtermo `t'` de `t` é idêntico a `t1[S]`. Como `t1[S]` e `t2[S]` têm formas diferentes, mas o mesmo significado, `t'` pode ser trocado por `t2[S]` em `t`. **Os termos `t` e `t-reescrito` têm formas diferentes, mas o mesmo significado**, pois se fez a troca de um termo por outro de mesmo significado.

■ exercício proposto 2.3

Considerando a equação `t ∨ false = t` e o termo `(not not u ∨ u) ∧ u`, a unificação (casamento) do lado esquerdo da equação, `t ∨ false`, com o subtermo `(not not u ∨ u)` não produz uma substituição, e o termo `(not not u ∨ u) ∧ u` não pode ser reescrito (usando esta equação). Justifique.

2.6 ⇢ relação de equivalência. fecho de instanciação, de troca de termos, simétrico, transitivo e reflexivo

Definições:

Sejam:

- *SPEC* uma especificação e Σ sua assinatura;
- *s* um sorte de *SPEC*;
- **V** o conjunto de variáveis tipadas declaradas na especificação;
- Σ_V a assinatura **enriquecida** com as variáveis em **V**;
- **T** o conjunto de termos gerados a partir de Σ_V;
- T_s o conjunto de termos que tem sorte *s*. $T_s \subseteq T$;
- $s: V' \to T$ uma função substituição bem definida e consistente;
- $\langle t1, t2 \rangle$ um par de termos de uma equação de *SPEC*, usualmente denotado por `t1 = t2`; onde `t1` e `t2` são termos em **T**;
- **E** o conjunto de equações `t1 = t2` de *SPEC*, onde `t1` e `t2` são termos em **T** de mesmo sorte;
- E_s um subconjunto de equações `t1 = t2` de *SPEC* e onde `t1` e `t2` são termos em **T** do mesmo sorte *s*;
- R_s é uma relação sobre o conjunto de termos T_s, onde `t1` R_s `t2` sss existe uma equação (**eq** `t1 = t2`) $\in E_s$;
- O **fecho de instanciação** da relação R_s no conjunto de termos T_s é a relação R_s^i assim definida: $t\, R_s^i\, t'$ sss existe uma equação (**eq** `t1 = t2`) $\in E_s$ e uma substituição *s* bem definida e consistente tal que t é idêntico a `t1[S]`, e t' a `t2[S]`. **t e t' são dois termos que têm formas diferentes, mas o mesmo significado**. A relação R_s^i é assimétrica: se $t\, R_s^i\, t'$, então $t'\, R_s^i\, t$.
- O fecho de instanciação e de **troca de termos** da relação R_s no conjunto de termos T_s é a relação R_s^t assim definida: $t\, R_s^t\, t'$ sss t' é uma reescrita de t, ou seja, existe uma equação (**eq** `t1 = t2`) $\in E_s$ tal que a unificação de `t1` com um subtermo t'' de t produz a substituição s.[7] t' é o termo t, onde o subtermo t'' é trocado por `t2[S]`. **t e t' são dois termos que têm formas diferentes, mas o mesmo significado**.
- O fecho de instanciação, de troca de termos e **transitivo** da relação R_s, no conjunto de termos T_s, é a relação R_s^+ assim definida: $t\, R_s^+\, t'$ sss existe $j \in \mathbb{N}$, $j > 0$, tal que $t\, R_s^j\, t'$. As relações R_s^j são definidas por: $t\, R_s^j\, t'$ se existe $t0, t1, t2, \ldots tj \in T_s$ tal que $t = t0\, R_s^t\, t1$, $t1\, R_s^t\, t2, \ldots, t(j-1)\, R_s^t\, tj = t'$.

---

[7] Logo, t'' é idêntico a `t1[S]`.

- O fecho de instanciação, de troca de termos, transitivo e **reflexivo** da relação R_s é a relação R_s^*, onde $t\,R_s^*\,t'$ sss, para algum $j \in \mathbb{N}$, $j \geq 0$, $t\,R_s^j\,t'$ e $t\,R_s^0\,t'$, se t e t' são idênticos (**fecho reflexivo**). t e t' são dois termos que têm formas diferentes, mas o mesmo significado.
- O fecho de instanciação, de troca de termos, transitivo, reflexivo e **simétrico** da relação R_s, no conjunto de termos T_s, é a relação $\equiv$, chamada relação de congruência, assim definida: $\equiv\,=\,R_s^* \cup R_s^{*-1}$, onde R_s^{*-1} é a inversa de R_s^*. A relação de congruência **é uma relação de equivalência**, pois é reflexiva, simétrica e transitiva, com uma propriedade adicional: a troca de termos (R_s^t). Se $t \equiv t'$, t e t' **são dois termos que têm formas diferentes, mas o mesmo significado**. Diz-se que t e t' são equivalentes ou congruentes.

A expressão $t1 \equiv t2$ é o enunciado de um **teorema** e deve ser provado. A prova consiste em mostrar que o par de termos está na relação de equivalência. Dependendo dos termos, a prova pode ser muito difícil. O capítulo 12 apresenta um algoritmo que determina se o par $\langle t1, t2 \rangle$ está na relação de equivalência.

■ exercícios propostos 2.4

Provar:

1. $R_s \subseteq R_s^i$
2. $R_s^i \subseteq R_s^t$
3. $R_s^t \subseteq R_s^+$
4. $R_s^+ \subseteq R_s^*$
5. $R_s^* \subseteq\,\equiv$

Deve-se observar que, em um determinado momento, várias equações podem ser aplicadas a um termo t para reescrita. Escolhida uma delas, com a unificação do lado esquerdo, $t\,R_s^t\,t'$, se t' é a reescrita de t. Supondo, agora, que sobre t' seja possível aplicar, novamente, várias equações, o processo de reescrita prossegue da forma $t\,R_s^t\,t'\,R_s^t\,t''\,R_s^t\,t'''\ldots R_s^t\,u$, onde u não tem uma reescrita. Logo, $t \equiv u$ por transitividade. O termo u é uma **forma normal**. A operação reduce,[8] definida mais adiante, quando aplicada a um termo t, fornece sua forma normal u: reduce(t) = u.

A sequência de termos produz um caminho que começa em t e termina em u. Se existir outro caminho, tal que $t \equiv v$, então, se $u \equiv v$, diz-se que o sistema de equações é Church-Rosser (consistente). Por exemplo, se $u \equiv$ true e $v \equiv$ false, então o sistema de equações não é Church-Rosser.

Da maneira como as operações da especificação do tipo TRUTH-VALUES são definidas, ou seja, a reescrita com a unificação sempre com o *lhs* das equações, a redução de todo termo t, onde uma substituição s instancia variáveis por valores, true ou false, chega a um valor true ($t[s] \equiv$ true) ou false ($t[s] \equiv$ false). Entretanto, para termos t com ocorrências de variáveis, a redução pode:

---

[8] Maude usa a palavra reduce para rewrite pelas razões colocadas no capítulo 12.

- parar em um valor (se true, t é uma tautologia);
- parar em um termo com ocorrências de variáveis, sem que mais nenhuma equação possa ser aplicada; ou
- criar uma sequência infinita, ou seja, o processo de redução não para.[9]

A **definição das operações**, como mostrado no capítulo 1, na seção 1.6 – conceito de equação, é fundamental para a implementação de tipos de dados (em uma linguagem de programação).

■ exercícios resolvidos 2.2

1. Obter uma sequência de termos reescritos começando por (true ∧ q) ∨ false.

   (true ∧ q) ∨ false $R^t_{Truth\text{-}Value}$ true ∧ q pela (7) e S = (true ∧ q) \ t
                        $R^t_{Truth\text{-}Value}$ q ∧ true   pela (5) e S = true\$t$, q\$u$
                        $R^t_{Truth\text{-}Value}$ q pela (3) e S = q\t .

   Este exercício mostra que existe uma sequência de equações, (7), (5) e (3), que, aplicadas ao termo (true ∧ q) ∨ false, geram o termo q.

2. Obter uma sequência de termos reescritos começando por false ∧ (q ∨ true).

   false ∧ (q ∨ true) $R^t_{Truth\text{-}Value}$ false ∧ true   pela (6) e S = q\t
                       $R^t_{Truth\text{-}Value}$ false   pela (3) e S = false\t

   Este mesmo termo, false ∧ (q ∨ true), começando pela equação (5), tem outra sequência de termos reescritos:

   false ∧ (q ∨ true) $R^t_{Truth\text{-}Value}$ (q ∨ true) ∧ false   pela (5) e S = false\t, (q ∨ true) \ u
                       $R^t_{Truth\text{-}Value}$ false   pela (4) e S = (q ∨ true) \ t

3. Obter uma sequência de termos reescritos, começando por true ∧ x

   true ∧ x $R^t_{Truth\text{-}Value}$ x ∧ true   pela (5)
            $R^t_{Truth\text{-}Value}$ x pela (3)

Nesse último exercício, vê-se a importância da equação (5) (propriedade comutativa da operação de disjunção). Sem essa equação (ou sem essa propriedade do operador), o termo x não poderia ser uma reescrita do termo true ∧ x.

Notar, por exemplo, que, analisando as equações

$$t \wedge \text{true} = t$$
$$t \wedge \text{false} = \text{false}$$

---

[9] A propriedade comutativa de uma operação pode ser expressa tanto na forma de equação como, explicitamente, na forma de atributo dos operadores. Em ambos os casos, do ponto de vista matemático, o resultado é o mesmo. No entanto, do ponto de vista operacional, pode afetar o processo de reescrita, gerando um loop infinito quando expresso na forma de equação.

pode ser provado por exaustão[10] que o operador de conjunção (∧) é comutativo e, portanto, a equação (5) (t ∧ u = u ∧ t) é desnecessária, e sua inclusão no sistema de equações é redundante. Entretanto, t ∧ u ≢ u ∧ t. Assim, o sistema de equações, sem a equação (5), t ∧ u = u ∧ t, não permite a reescrita de termos, como, por exemplo, false ∧ x . Logo, se um operador possuir propriedades (como associatividade e comutatividade, entre outras) importantes para a reescrita de termos, elas devem ser declaradas, se Maude suportar a propriedade; ou, caso contrário, na forma de equação.

2.7 ⇢ estratégia de reescrita

Um termo t pode ser reescrito de **várias** maneiras, cada uma é resultado do processo de reescrita pela unificação do lado esquerdo de uma equação com um subtermo de t. Cada t-reescrito pode ser **novamente** reescrito. Esse processo, chamado de redução, continua até que seja atingido um termo que não admite mais reescrita. Esse termo é chamado de forma normal.

Seja t-reescr$_1$, ..., t-reescr$_j$, ..., t-reescr$_n$, o conjunto de reescritas de t, t-reescrito, onde n é o número máximo de reescritas. Sejam os termos t e t-reescr$_j$[11] rótulos de um nodo de um grafo. Se uma aresta ligar t a cada t-reescr$_j$, $1 \leq j \leq n$, o grafo resultante é uma árvore que tem raiz em t e folhas em t-reescr$_j$. O processo pode ser, agora, repetido para t-reescr$_j$. A figura 2.5 mostra a árvore de reescritas.

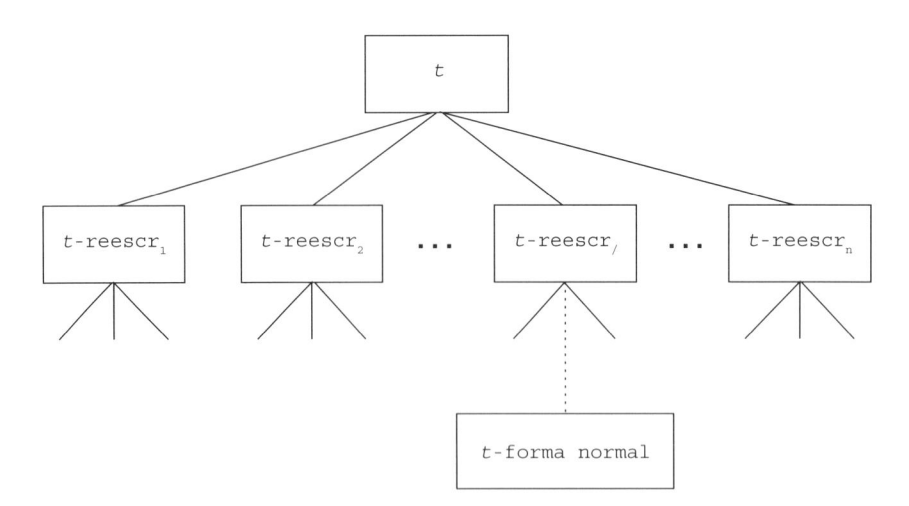

figura 2.5 Árvores de reescritas de **t**.

---

[10] Para todo valor Truth-Value *val* e substituição S que instancia as variáveis *t* e *u* por valores, se (t ∧ u)[S] ≡$_{tr}$ *val*, então (u ∧ t)[S] ≡$_{tr}$ *val*.

[11] t-reescr$_j$ ∈ t-reescrito.

As folhas da árvore são formas normais. Da maneira como as equações são definidas, todas as folhas da árvore têm um termo na forma normal e todos são idênticos. Isso se deve ao fato de ser impossível unificar o *lhs* de uma equação com o *lhs* de qualquer outra equação (Ver capítulo 12).

Os ramos das árvores, que têm origem em `t` e terminam na forma normal, podem ter comprimentos diferentes. Assim, o menor ramo é aquele que, partindo de `t`, leva à forma normal de forma mais eficiente, com menos reescritas. Uma estratégia deve ser encontrada para, dentre as várias reescritas possíveis de serem realizadas, indicar aquela que segue o menor ramo.

Seja **op** `op : s1 ... si ... sn -> s`. a declaração de um operador `op` e `op(t1, ..., ti, ..., tn)` um termo. Supondo que `op(t1, ..., ti, ..., tn)` é representado na forma de uma árvore, então `op` é a raiz da arvore.

- Quando a unificação é realizada sempre com o topo, `op`, diz-se que a avaliação é de cima para baixo ou **preguiçosa** (*top down* ou *lazy strategy*). O algoritmo abaixo, `reduce`, mostra a redução de um termo `t`, usando a estratégia preguiçosa. A função `rewrite`, usada no algoritmo, é definida por: `rewrite(t) = t`, se não existe equação que unifique seu `lhs` com o **topo** de `t` e `rewrite(t) = t'`, se `t'` é o resultado da reescrita de `t`, unificando o `lhs` de alguma equação com o **topo** de `t`.

```
reduce(t) = let t' = rewrite(t)
            in if t' ≠ t
                then reduce(t')
                else let op(t1, ..., ti, ..., tn) = t,
                    in for i = 1 . . n
                        do let tr = op(reduce(t1), ...,
                                reduce(ti), ...
                                tn)[12]
                        in if tr = reduce(tr)
                            then if i = n
                                then tr
                                else continue
                            else return(reduce(tr))
```

- Quando são reduzidos primeiro todos os subtermos `ti` de `op(t1, ..., ti, ..., tn)` e depois a unificação com o topo, `op`, diz-se que a avaliação é de baixo para cima ou **ávida** (*bottom up* ou *eager strategy*).

■ exercício proposto 2.5

Escrever um algoritmo para a reescrita ávida.

---

[12] Para $i = j$, $tr = op(\text{reduce}(t1), \text{reduce}(t2), ..., \text{reduce}(tj), t(j+1), ..., tn)$.

Quando são reduzidos **alguns** subtermos t_i e depois a unificação com a raiz op, trata-se de um caso particular de avaliação ávida.

O *default* do Maude é a estratégia ávida (*eager*).

Exemplos: Reduzir o termo $(x \wedge \text{true}) \wedge \text{false}$.

Lazy strategy: $(x \wedge \text{true}) \wedge \text{false} \equiv \text{false}$

O subtermo $(x \wedge \text{true})$ não é reduzido.

Eager strategy: $(x \wedge \text{true}) \wedge \text{false} \equiv x \wedge \text{false} \equiv \text{false}$

Em Maude, é possível ainda controlar o processo de redução, usando **diferentes estratégias**. Em $op(t_1, \ldots, t_i, \ldots, t_n)$, $t_1:s_1$ é o primeiro argumento de op, $t_i:s_i$ o i-ésimo e $t_n:s_n$ o n-ésimo. Associando a cada argumento de op um número natural e a op o natural 0, uma lista pode ser construída, como, por exemplo: $\langle 1, 2, \ldots, i, \ldots, n, 0 \rangle$. Essa lista indica a ordem de reescrita dos termos t_i, ou seja, t_1 deve ser o primeiro a ser reescrito, depois t_2 e assim por diante. O processo é recursivo, sendo aplicado a cada termo t_i.[13] Por último, deve ser reescrito o termo $op(t_{1f}, \ldots, t_{if}, \ldots, t_{nf})$, onde t_{if} é a forma normal de t_i.

Outras estratégias de reescrita podem ser especificadas, variando a quantidade e a ordem dos números naturais na lista. Entretanto, o natural 0 deve ser sempre o último. Exemplo: Considerando uma operação op ternária e $op(t_1, t_2, t_3)$ um termo, a lista $\langle 1, 0, 3, 0 \rangle$ indica que o subtermo t_1 deve ser o primeiro a ser reescrito até a sua forma normal t_{1f}; depois é feita a tentativa de reescrever o termo $op(t_{1f}, t_2, t_3)$. Se esse termo não puder ser reescrito, então t_3 é reescrito à sua forma normal t_{3f}. Finalmente, é feita a tentativa de reescrever o termo $op(t_{1f}, t_2, t_{3f})$.

A sintaxe da estratégia (**strat**) a ser adotada para cada operador op é mostrada abaixo como um atributo do operador:

$$\text{op} \langle \text{OpName} \rangle : \langle \text{Sort-1} \rangle \ldots \langle \text{Sort-n} \rangle \rightarrow \langle \text{Sort} \rangle \ [\textbf{strat} \ (i_1 \ \ldots \ i_k \ 0)] \ .$$

onde $i_j \in \{0, \ldots, n\}$, para $j = 1, \ldots, k$

■ exercícios resolvidos 2.3

1. Considerando a declaração do operador _∧_
   op _ ∧ _ : Truth-Value Truth-Value -> Truth-Value [**strat** (2 0)] .
   reduzir o termo (true ∧ false) ∧ (false ∧ true) .
   (true ∧ false) ∧ (false ∧ true)   ≡ (true ∧ false) ∧ false
                                        ≡ false .

---

[13] t_i, por sua vez, representado na forma de árvore, tem um operador **op'** na raiz, com sua própria estratégia de reescrita.

Notar que o primeiro argumento não é reduzido.
Se o *default* (avaliação ávida) é usado, a redução é da seguinte forma:
```
(true ∧ false) ∧ (false ∧ true) ≡ false ∧ (false ∧ true)
                                ≡ false ∧ false
                                ≡ false .
```
2. Considerando a declaração do operador *op* e sua definição
   op op : Truth-Value Truth-Value Truth-Value -> Truth-Value   [**strat** (1 0 3 0)] .
   eq op (true, false, true) = true .

   reduzir os termos:
   a)   op (true ∨ false, false, true ∧ true)   ≡ op (true, false, true ∧ true)
                                                    ≡ op (true, false, true)
                                                    ≡ true .
   b)   op (true ∨ false, true ∧ false, true ∧ true)
                                                    ≡ op (true, true ∧ false, true ∧ true)
                                                    ≡ op (true, true ∧ false, true)

Notar que, neste caso, o termo resultante não é uma forma normal.

3. Usando a especificação TRUTH-VALUES, obter uma sequência de termos equivalentes aos termos abaixo listados, unificando sempre com o lado esquerdo das equações.
   a) true ∨ false ∧ true   ≡ true ∨ false   pela (3) e S = false\t
                                 ≡ true   pela (7) e S = true\t
   b) true ∨ false ∧ t   ≡ true ∨ t ∧ false   Propriedade do operador _∧_
                                 ≡ true ∨ false   pela (4) e S = t\t
                                 ≡ true   pela (7) e S = true\t

■ exercícios propostos 2.6

Usando a especificação TRUTH-VALUES, obter uma sequência de termos equivalentes aos termos abaixo listados, unificando sempre com o lado esquerdo das equações.

1. not false ∨ true => true ∧ false ∧ false
2. not true => not false ∧ true ∨ true
3. true ∧ true ∨ false ∧ false => not false
4. false ∧ true ∨ not true => false ∨ not false

■ exercício resolvido 2.4 (laboratório)

Aplicar a ferramenta Maude à especificação TRUTH-VALUES e reduzir o termo
true ∨ false ∧ not false => not true

Passos:
1. Baixar (*download*) a ferramenta Maude, criando o diretório MaudeFW.
2. Usando um editor de textos simples (*notepad*), editar a especificação TRUTH-VALUES.

3. Salvar o documento em um arquivo com o nome, por exemplo, TRUTH-VALUES, no diretório do MaudeFW.
4. Duplo *click* na ferramenta (aplicativo) Maude no diretório MaudeFW.

```
        \|||||||||||||||||||/
        --- Welcome to Maude ---
        /|||||||||||||||||||\

    Maude 2.4 built: Dec 9 2008 20:35:33
    Copyright 1997-2008 SRI International
            Thu Mar 18 23:51:41 2010
```

5. Desativar a especificação BOOL (*built-in*).[14]

   ```
   Maude > set protect BOOL off .
   ```
6. Aplicar a ferramenta Maude à especificação TRUTH-VALUES.

   ```
   Maude > in TRUTH-VALUES.txt .
   ==========================================
   fmod TRUTH-VALUES
   ```
7. Reduzir o termo true ∨ false ∧ not false => not true.

   ```
   Maude > reduce true ∨ false ∧ not false => not true .
   reduce in TRUTH-VALUES : true v false ∧ not false => not true .
   rewrites: 7 in 6735654509ms cpu (0ms real) (0 rewrites/second)
   result Truth-Value : false
   ```

■ exercícios propostos 2.7

1. Aplicar a ferramenta Maude à especificação TRUTH-VALUES[15] e reescrever os termos abaixo listados.
   a) not t ∧ true ∨ not false => t ∧ false
   b) b ∧ c ∧ d => (d =>b)
   c) false ∨ (true ∨ x) ∨ not true
   d) not false => (false ∧ x)
   e) (false ∨ true) ∧ (false ∨ not true)
   f) true => not false => false
   g) false ∨ true ∨ not false
   h) false => (true => (true => (false ∧ true)))
   i) (y ∨ true) ∧ (false ∨ not true) ∧ (not false ∧ true) ∧ (not false ∨ not true)
   j) not false => (not false => (not false => (not false ∧ true)))
   k) ((false ∧ z) ∧ false ∧ not true) ∧ ((not false ∧ true) ∧ (not false ∧ not true))

---

[14] Maude tem uma especificação para TRUTH-VALUES, chamada de BOOL. As duas especificações não podem operar juntas. Assim, para desativar BOOL deve-se entrar com o comando maude > set protect BOOL off . .

[15] Em Maude, as variáveis declaradas são **locais** às especificações. Assim, Maude somente reescreve termos que têm ocorrências de variáveis declaradas na especificação. Para possibilitar a reescrita de todos o termos do exercício, incluir x, y, z, c, d, b, c e d na declaração das variáveis.

l) not true => true
m) (not false ∧ true) ∨ false
n) not true => not true
o) $x \vee (y \vee x) \vee$ not y
p) not x => $(x \wedge y)$
q) $(x \vee y) \wedge (x \vee$ not $y)$
r) true => (not x => x)
s) $x \vee y \vee$ not x
t) x => $(y$ => $(y$ => (true ∧ y)))
u) $(x \vee y) \wedge (x \vee$ not $y) \wedge ($not $x \vee y) \wedge ($not $x \vee$ not $y)$
v) not x => (not x => (not x => (not $x \vee y$)))
w) $(x \wedge y) \vee (x \wedge$ not $y) \vee ($not $x \wedge y) \vee ($not $x \wedge$ not $y)$

2. Aplicar o comando maude> show ops ⟨specification-name⟩ à especificação BOOL e comparar os operadores dessa especificação com os correspondentes operadores de TRUTH-VALUES. Por exemplo: o operador _=>_ em TRUTH-VALUES é o operador _implies_ em BOOL.

2.8 ⇢ operações ocultas ou auxiliares

Nas linguagens de programação, muitas vezes, na definição de funções (*function*), é necessário definir funções internas a elas (em Java, métodos privados). Da mesma forma, muitas vezes, o especificador verifica a impossibilidade de definir uma operação, se não for definida, intermediariamente, outra operação. Essas operações não fazem parte do elenco original. Elas são criadas para auxiliar na definição das operações originais. Exemplos de **operações auxiliares** são vistos mais adiante.

No próximo capítulo, é mostrado como estender tipos de dados com novas operações. É necessário apresentá-lo antes do capítulo 4, que introduz o segundo tipo de dado, NATURALS, pois NATURALS estende TRUTH-VALUES.

Termos-chave
avaliação ávida, p. 31
avaliação preguiçosa, p. 31
casamento de termos, p. 25
diferentes estratégias, p. 32
estratégia de reescrita, p. 30
fecho de instanciação, p. 27
fecho de troca de termos, p. 27

fecho reflexivo, p. 28
fecho simétrico, p. 28
fecho transitivo, p. 27
forma normal, p. 28
instanciação de variáveis, p. 21
operação de substituição, p. 21

operações auxiliares, p. 35
reescrita de termos, p. 21
substituição, p. 21
unificação de termos, p. 22

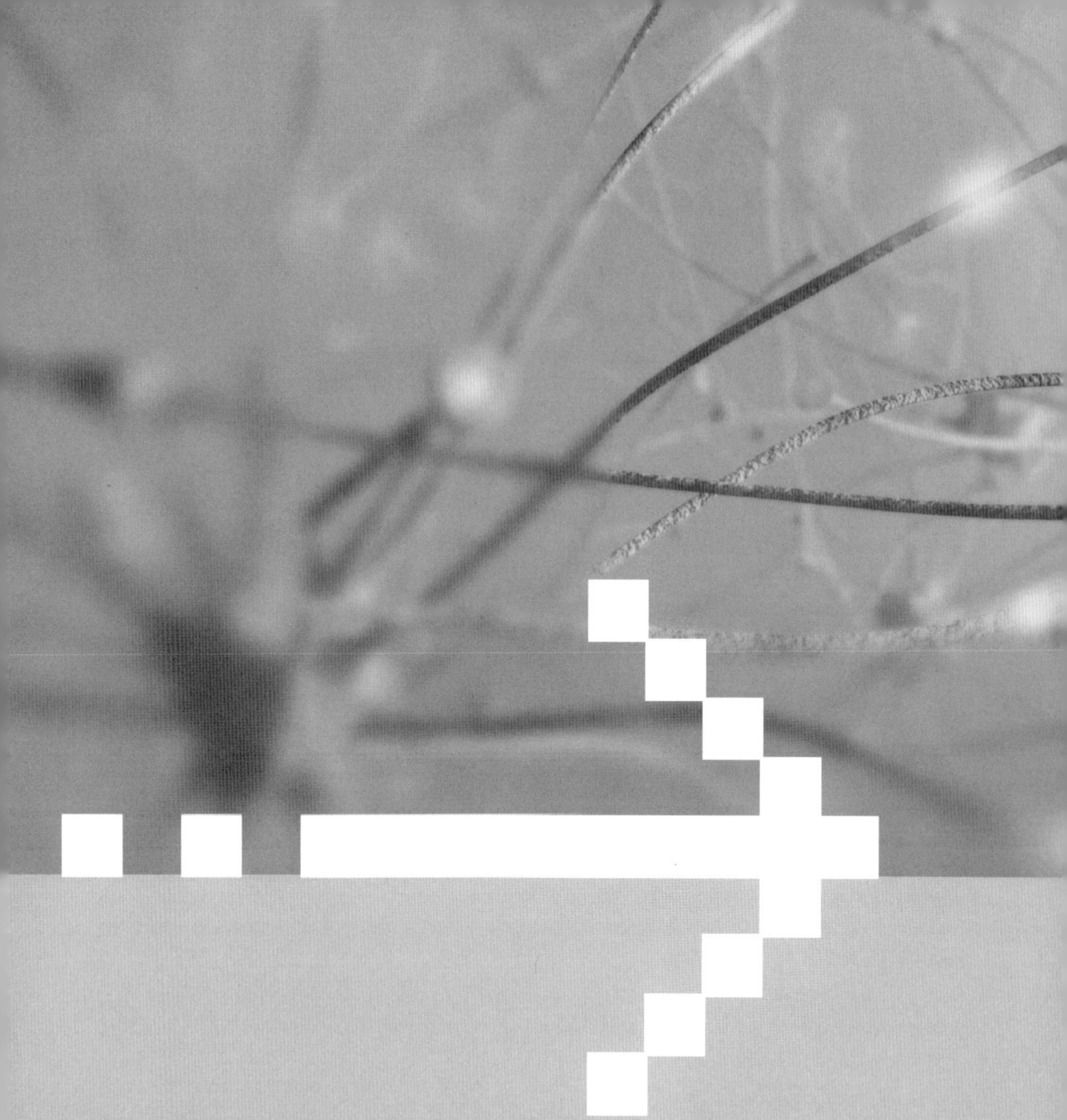

capítulo **3**

extensão de tipos primitivos

■ ■ Este capítulo mostra como uma especificação pode ser estendida pela introdução de novos operadores, sem a necessidade de reeditar a especificação. Por hipótese, uma especificação *SPEC'* define um novo sorte *s*. *SPEC'* tem operadores geradores e observadores da forma op *f' : ... -> s* . Para expandir *SPEC'* é necessário criar uma nova especificação *SPEC* e incluir *SPEC'* em *SPEC*. Em *SPEC*, novos operadores da forma op *f : ...-> s* . podem ser introduzidos. Isso é possível graças à maneira como Maude trata as especificações que possuem inclusões, como mostrado a seguir.

As especificações são **autocontidas**, significando que têm todas as condições de reescrever qualquer termo gerado **a partir de sua assinatura**. Uma nova especificação tem um de dois objetivos:

1. definir um novo tipo de dado, podendo também estender tipos previamente especificados, como em NATURALS, visto a seguir; e
2. estender tipos.

Seja s um sorte na especificação *SPEC*. Uma possibilidade de estender tipos consiste na introdução de novos operadores observadores de imagem s. Por exemplo, deseja-se estender TRUTH-VALUES com o operador xor (or exclusivo) de imagem Truth-Value:

xor : Truth-Value Truth-Value -> Truth-Value

TRUTH-VALUES estendido é da forma:

fmod TRUTH-VALUES **is**
sort Truth-Value .
(...)
op _ xor _ : Truth-Value Truth-Value -> Truth-Value .
vars t u : Truth-Value .
(...)
eq t xor u = ...
endfm

A especificação é **reeditada**. Os pontos (...) indicam a assinatura e as equações da especificação TRUTH-VALUES original.

■ exercício proposto 3.1

Usando a ferramenta MAUDE, incluir em TRUTH-VALUES as operações xor e nor, **reeditando** a especificação.

A forma apresentada acima, entretanto, não é a correta para fazer extensões. TRUTH-VALUES não pode ser modificado, pois pode ser usado em outras especificações.

A especificação da extensão de um tipo de dado **é uma nova especificação** que introduz novos operadores. Usando o exemplo acima para estender o tipo TRUTH-VALUES, é necessário criar uma nova especificação, com outro nome, que inclui o operador xor de imagem Truth-Value.

Suponha a criação de uma especificação *SPEC'* para introduzir o operador $op: s1, ..., si, ..., sn \rightarrow s$. A operação op, em *SPEC'*, segundo a regra de definição de operações, é definida por: $op(...,vi,...) = t$, onde $v_i:si$ é uma variável ou um valor[1] e t,

---

[1] Se v_i é um **valor**, a relação de equivalência ($\equiv$) definida sobre R_s, no conjunto de termos T_s, pode tornar-se inconsistente, ou seja ($ti \neq tj$) sobre R_s mas, ($ti \equiv tj$) sobre R_s estendida. Além disso, o tipo pode ser descaracterizado.

um termo, tem o sorte `s`. Para possibilitar a definição de `op` e, depois, a reescrita de termos `op(t1, ..., ti, ... tn)`, uma especificação que tem na sua assinatura o valor `vi` do sorte `si` deve ser incluída em `SPEC'`, bem como cada especificação que tem na assinatura operadores que ocorrem em `t`. Adicionalmente, se termos `t':s` devem ser reescritos usando `SPEC'`, então todas as especificações que têm na sua assinatura os operadores que ocorrem em `t'` devem ser incluídas. Assim, se T_{si} é o conjunto de termos do sorte `si`, gerado a partir da assinatura de `SPEC'`, então `op(..., ti, ...)` é um termo válido, se `ti` está em T_{si}. A especificação `SPEC'` pode estender simultaneamente vários tipos.

Para evitar a inclusão explícita de sortes, operações e equações de especificações `old` (`SPEC`) em uma `new` (`SPEC'`), a seguinte construção sintática é usada:

fmod `new-spec` **is**
    (**protecting** `old-spec` .)$^{+\,2}$
    op <operator declaration> .
    vars ... .
    eq <operation definition> .
endfm

O significado dessa construção sintática é dado pela especificação de nome *new-spec*, em que as *old-spec* são totalmente incluídas. Diz-se que as especificações *old-spec* são subespecificações de *new-spec*.

Uma especificação *new-spec* que **inclui** uma especificação *old-spec* significa que:

- a lista de sortes de *new-spec* inclui a lista de sortes de todas as *old-spec*;
- a assinatura de *new-spec* inclui a assinatura de todas as *old-spec*; e
- as equações de *new-spec* incluem as equações de todas as *old-spec*.

A especificação resultante é uma especificação rasa (*flat*) e completa, podendo ser usada em outras extensões. É de se notar que, para geração de termos, a assinatura é enriquecida com as variáveis declaradas, estando inacessíveis as variáveis declaradas nas especificações incluídas.

Exemplo: Estender o tipo TRUTH-VALUES com a operação `xor`:

fmod TRUTH-VALUES-EXTENTION **is**
protecting TRUTH-VALUES .
op _ xor _ : Truth-Value Truth-Value -> Truth-Value [**assoc comm**] .
vars `t u`: Truth-Value .
eq `t` xor `u` = (`t` ∨ `u`) ∧ not (`t` ∧ `u`) .   (10)
endfm

---

[2] (*abc*)$^{+}$ significa uma ou mais repetições de *abc*: *abc*, *abcabc*, *abcabcabc*, ...

Para o sorte Truth-Value, a relação de congruência obtida a partir de TRUTH-VALUE ($\equiv_{\text{TRUTH-VALUES}}$) está contida na relação de congruência obtida a partir de TRUTH-VALUES-EXTENTION ($\equiv_{\text{TRUTH-VALUES-EXTENTION}}$). Formalmente:

$$\equiv_{\text{TRUTH-VALUES}} \subseteq \equiv_{\text{TRUTH-VALUES-EXTENTION}}$$

3.1 conceitos de consistência e completeza

Seja Sp uma especificação com um conjunto de sortes S e um conjunto de equações E. Seja Sp' uma subespecificação de Sp com um conjunto de sortes S' (um subconjunto de S) e E' um conjunto de equações (um subconjunto de E). Sejam $\equiv_E$ e $\equiv_{E'}$ as relações de congruência definidas por E e E' e sejam **T** e **T'** os conjuntos de termos de Sp e Sp', respectivamente. (figura 3.1).

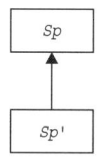

figura 3.1 Representação gráfica da inclusão de Sp' em Sp.

Sp é uma **extensão completa** de Sp' sss, para todo sorte s de S' e para todo termo $t \in \boldsymbol{T_S}$, existe um termo $t' \in \boldsymbol{T_{S'}}$, tal que $t \equiv_E t'$.

Sp é uma **extensão consistente** de Sp' sss, para todo sorte s de S' e para todo termo $t_1, t_2 \in \boldsymbol{T_S}$, $t_1 \equiv_E t_2 \Leftrightarrow t_1 \equiv_{E'} t_2$.

Inconsistências são frequentemente resultados de um erro quando se especifica um tipo composto, particularmente quando é "limitado" de alguma forma; por exemplo, uma gaveta que aceita no máximo n elementos, como é visto mais adiante.

Incompletude é frequentemente resultado da introdução de sortes novos para tipos compostos equipados com operações de seleção. Por exemplo, retirar[3] um lapis de uma gaveta vazia. A operação retirar não é definida para gaveta vazia e retirar um lapis de uma gaveta vazia não resulta em um lapis.

Um tipo de dado pode ser estendido de forma incremental. Por exemplo, inicialmente o novo tipo é definido apenas com as operações geradoras e, depois, estendido com a introdução de novos operadores observadores.

---

[3] Operação de seleção.

3.2 ⇢ hierarquia de inclusão

A extensão pode ser feita de forma **sequencial**, em que uma nova especificação inclui a anterior. Sendo feita de **forma derivada**, implica na inclusão de várias especificações, como mostra a figura 3.2.

extensão sequencial   extensão derivada

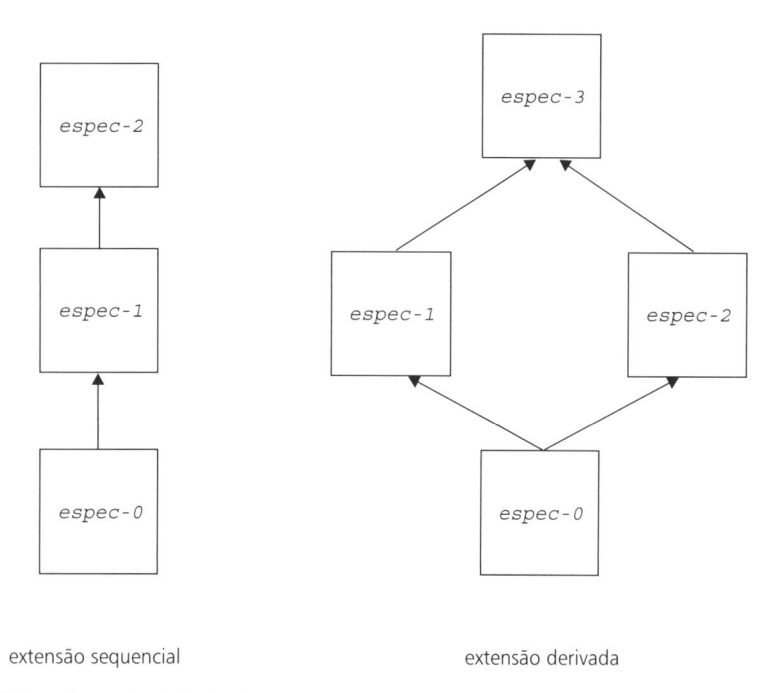

figura 3.2   Hierarquia de inclusões.

Na extensão sequencial, `espec-2` inclui `espec-1` e `espec-1` inclui `espec-0`. Assim, por transitividade, `espec-2` inclui, também, `espec-0`. Na extensão derivada, `espec-3` inclui `espec-1` e `espec-2`, e ambas incluem `espec-0`. Na extensão sequencial, por exemplo, a especificação `espec-1` está incluída em `espec-2` de forma direta e `espec-0` de forma indireta.

As especificações incluídas são **invisíveis**. Somente são visíveis as novas operações introduzidas na nova especificação, ou seja, as operações da assinatura da especificação. Esse conjunto de operações é chamado de **interface da especificação**.

Nas representações gráficas da figura 3.2, se `espec-0`, na especificação derivada, introduz o sorte `s`, então todas as demais especificações introduzem somente novos operadores do sorte `s`. Não é permitido criar duas especificações para introduzir um mesmo sorte `s`. Uma delas deve ser extensão da outra.

Uma especificação pode incluir várias especificações e ser incluída em outras. Não é permitida a formação de ciclos. Seja `inclui` uma relação sobre um conjunto de especificações assim denotada: *SPEC'* `inclui` *SPEC* significa que *SPEC'* `inclui` *SPEC*. `inclui` **é uma relação de ordem parcial**, pois é transitiva.

Se uma especificação *SPEC'* está incluída em *SPEC*, é redundante incluir qualquer outra especificação que pode ser encontrada em qualquer caminho que tem origem em *SPEC'* e destino em uma especificação base da hierarquia, pois a relação de inclusão é transitiva.

Uma especificação que estende outra, introduzindo uma nova operação geradora de sorte *s*, pode apresentar efeitos colaterais indesejáveis, pois o conjunto de valores do sorte *s* é alterado. Esse problema é tratado com mais detalhes no capítulo 12.

A ferramenta Maude inclui **automaticamente**, em todas as especificações (`fmod`), a especificação `BOOL`.

A figura 3.3, a seguir, mostra duas formas de extensão de *SPEC*: *SPEC'* e *SPEC"*.

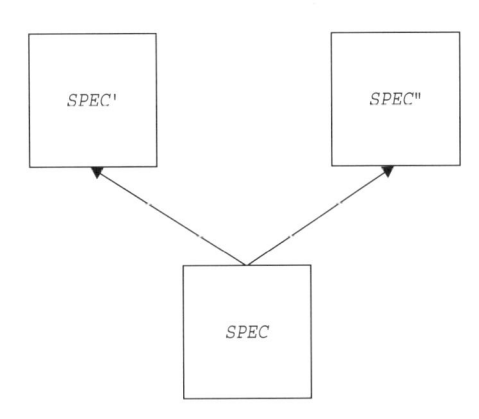

figura 3.3 Ordem das especificações em um arquivo.

A especificação **corrente** é, usualmente, a última especificação entrada ou usada. Maude reduz sempre na especificação corrente. Se as especificações *SPEC*, *SPEC'* e *SPEC"* forem editadas, nessa ordem, em um arquivo, então, geralmente, a última especificação, no caso *SPEC"*, é a especificação corrente.

A especificação corrente pode ser mudada, usando os comandos `reduce in` *SPEC*: `<term> .`, `select` *SPEC* `.` e `show module` *SPEC* `.`, entre outros comandos que fazem referência a uma especificação.

■ exercício proposto 3.2

Usando a ferramenta MAUDE, estender o tipo TRUTH-VALUES com a operação _nor_

Termos-chave

extensão completa, p. 40

extensão consistente, p. 40

forma derivada, p. 41

forma sequencial, p. 41

interface da especificação, p. 41

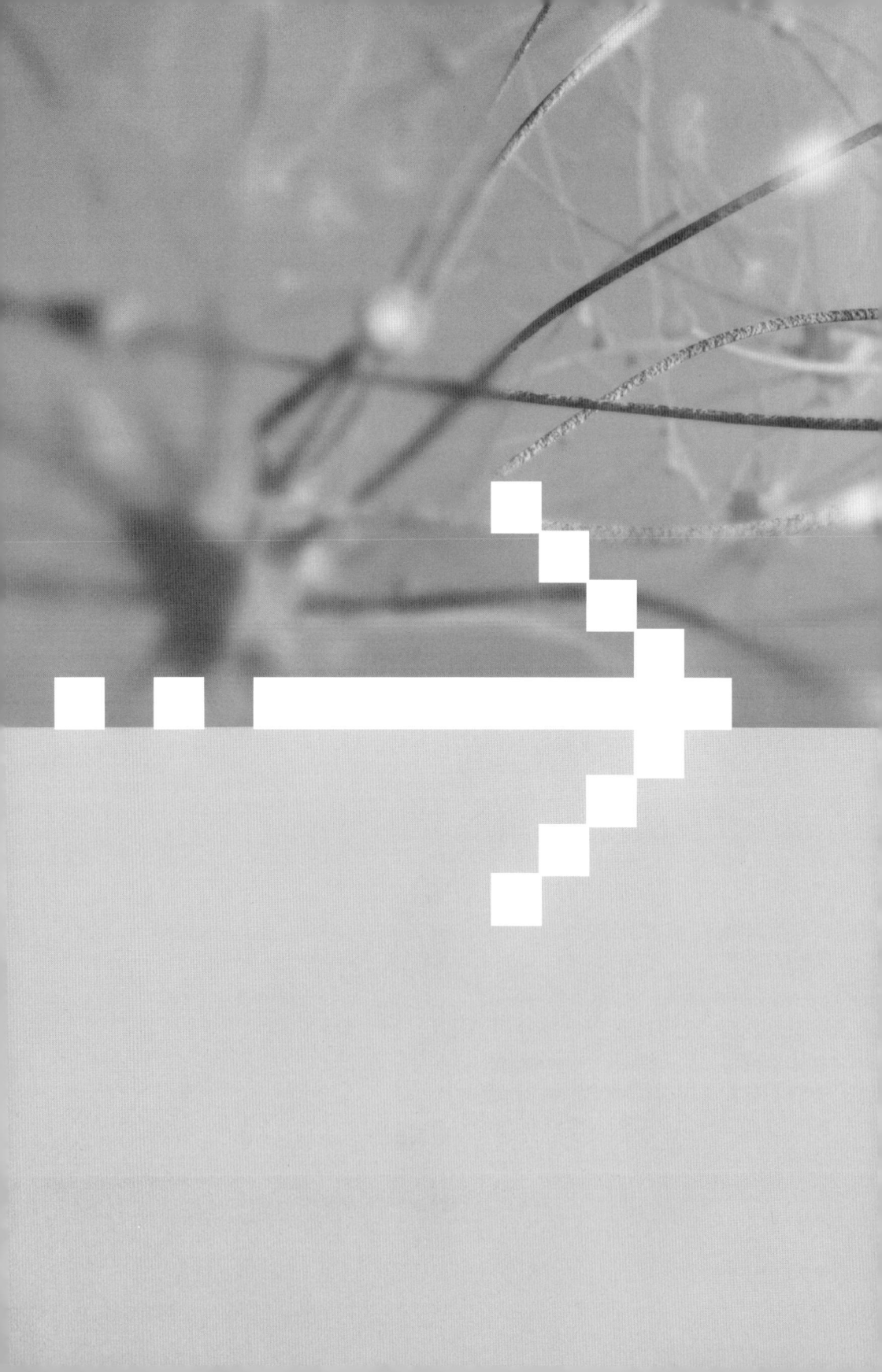

capítulo 4

especificação de tipos primitivos: tipo NATURALS

■ ■ Este capítulo introduz o tipo de dado NATURALS.
O conjunto de valores deste tipo, comparativamente
com o tipo TRUTH-VALUES, é infinito.
Ele "contém" o tipo THUTH-VALUES porque novos
operadores do sorte Truth-Value
são declarados e definidos.
Algumas equações deste tipo são recursivas, ou seja,
são definidas em função delas mesmas.
É introduzido o conceito de equações condicionais, que podem
ser aplicadas para reescrita somente se
certas condições forem satisfeitas.
Finalmente, é mostrado como interpretar um
sistema de equações como uma relação de congruência,
ou seja, um sistema de equações
denota uma relação de equivalência com uma
propriedade adicional.

O tipo NATURALS é caracterizado pelas operações zero 0, sucessor succ_, predecessor pred_, menor _<_, maior _>_, igual _ is _, adição _+_, multiplicação _*_ e por um conjunto infinito de valores. Segue a especificação do tipo NATURALS:

fmod NATURALS **is**

*** Inclusao de especificacoes

protecting TRUTH-VALUES .

*** Declaracao de sorte

sort Natural .

*** Declaracao dos operadores geradores

op 0 :   -> Natural [**ctor**] .
op succ _ : Natural   -> Natural [**ctor**] .

*** Declaracao dos operadores observadores

op pred _ : Natural   -> Natural .
op _ < _ : Natural Natural -> Truth-Value .
op _ > _ : Natural Natural -> Truth-Value .
op _ is _ : Natural Natural -> Truth-Value [comm] .
op _ + _ : Natural Natural -> Natural [comm assoc prec 35] .
op _ * _ : Natural Natural -> Natural [comm assoc prec 30] .

*** Declaracao das variaveis

vars $n\,m$: Natural .

*** Definicao das operacoes

*** operacao predecessor (pred)

eq pred succ n	= n .	(11)
eq pred 0	= 0 .	(12)

*** operacao menor (<)

eq 0 < 0	= false .	(13)
eq 0 < succ n	= true .	(14)
eq succ n < 0	= false .	(15)
eq succ n < succ m	= $n < m$.	(16)

*** operacao maior (>)

eq $n > m$	= $m < n$.	(17)

*** operacao igual (is)

eq 0 is 0	= true .	(18)
eq 0 is succ n	= false .	(19)
eq succ n is succ m	= n is m .	(20)

*** operacao de adicao (+)

eq 0 + n	= n .	(21)
eq (succ n) + m	= succ (n + m) .	(22)

*** operacao de multiplicacao (*)

eq 0 * n	= 0 .	(23)
eq (succ n) * m	= m + (n * m) .	(24)

endfm

As operações geradoras são 0 e succ_ e não possuem nenhuma propriedade. Os valores do sorte Natural, construídos com as operações geradoras, são: 0, succ 0, succ succ 0, ... Seja n:Natural uma variável, representando um valor qualquer do sorte Natural. O sorte Natural pode ser, então, dividido em duas partes:

0 e succ n para todo n:Natural.

succ n, para todo n:Natural, são os valores succ 0, succ succ 0, ... Desta forma, as operações que têm no seu domínio o sorte Natural e que são definidas para 0 e succ n, para todo n:Natural, são definidas para todos os valores do sorte Natural, com um destaque para o valor 0. Observar que, enquanto o sorte Truth-Value é finito, constituído de dois valores, o sorte Natural é constituído de um conjunto infinito de valores.

4.1 termos do sorte natural

Os operadores 0, succ_, pred_, _+_ e _*_ e as variáveis m e n são responsáveis pela definição do conjunto de termos do sorte Natural, $T_{Natural}$.

Alguns termos são:

0,
n,
m,
succ 0,
succ n,
(succ succ succ 0 - succ succ 0) * (succ succ 0 + succ succ succ 0)
succ succ n + (succ 0 * pred succ succ 0)

4.2 novos termos do sorte Truth-Value (operadores: _<_, _>_ e _is_)

Na especificação do tipo NATURALS, são introduzidas novas operações com imagem em Truth-Value e, portanto, **estendem** o tipo TRUTH-VALUES. Essas operações geram novos termos do sorte Truth-Value e, como consequência, **estendem** a relação de congruência ≡, formada por pares ⟨t1, t2⟩, onde t1 e t2 são termos do sorte Truth-Value. Para possibilitar a definição dos novos operadores com imagem em Truth-Value é necessário **incluir** a especificação TRUTH-VALUES na especificação NATURALS, como visto no capítulo 3.

Os operadores _<_, _>_ e _is_ são responsáveis pela geração de novos termos do sorte Truth-Value. Alguns termos são:

0 < succ succ 0.
succ succ 0 is (succ succ succ 0 + succ succ 0) * (succ succ 0 + succ succ succ 0)
succ succ 0 + 0 > succ succ 0 * succ succ succ 0.
0 < succ 0 ∧ false (A especificação NATURALS inclui a TRUTH-VALUES).
(succ 0 < x) ∧ (y => z) (A especificação NATURALS inclui a TRUTH-VALUES).

4.3 equações

As equações (11) e (12) definem o operador pred_. As equações (13), (14), (15) e (16) definem o operador _<_. A equação (17) define o operador _>_. As equações (18), (19) e (20) definem o operador _is_. As equações (21) e (22) definem o operador _+_. As equações (23) e (24) definem o operador _*_.

As equações que definem os operadores pred_, _+_ e _*_ são poderosas o suficiente para garantir que a redução de qualquer termo raso[1] t:Natural resulte em 0 ou succ$^+$0.[2]

As equações que definem os operadores _<_, _>_ e _is_ são poderosas o suficiente para garantir que a redução de qualquer termo raso t:Truth-Value resulte em true ou false.

4.4 interpretação das equações

A operação pred_ é totalmente definida, muito embora pareça estranho que pred 0 = 0. Mas, definido desta forma, garante que a forma normal de todo termo raso t:Natural seja 0 ou succ$^+$ 0.

A equação (16) mostra que o termo do sorte Natural de cada lado do operador _<_ é diminuído de uma unidade, recursivamente. No final, são aplicadas as equações (13), (14) ou (15).

---

[1] Um termo sem ocorrências de variáveis.
[2] succ$^+$ significa que a palavra succ é repetida uma ou mais vezes. Por exemplo: Em succ succ succ, a palavra succ tem três repetições. succ^7, por exemplo, significa que a palavra succ tem 7 repetições.

Capítulo 4 ⇢ Especificação de Tipos Primitivos: Tipo NATURALS

Da mesma forma ocorre com a equação (20), que define o operador _is_. No final, são aplicadas as equações (18) ou (19).³ Este operador é comutativo, conforme declaração.

A equação (17) mostra que, para quaisquer valores n e m do sorte Natural, n > m = m < n. Como n < m foi definido pela equação (16), então o operador _>_ é definido de forma implícita.

A equação (22) mostra que, se for comparada a adição do lado esquerdo da equação, ((succ n) + m), com a adição do lado direito, (n + m), verifica-se que o primeiro termo dessa adição, n, é uma unidade menor que o primeiro termo daquela adição, succ n. Isso é compensado incrementando o lado direito de uma unidade, succ (n + m). Assim, recursivamente, o primeiro parâmetro da adição vai diminuindo de uma unidade. No final, recai-se na equação (23).

exemplos:

1. succ succ 0 + succ succ succ 0
   ≡ succ (succ 0 + succ succ succ 0)   pela (22) e S = succ 0\n
   ≡ succ (succ (0 +succ succ succ 0))   pela (22) e S = 0\n
   ≡ succ(succ(succ succ succ 0))   pela (21)
   ≡ succ succ succ succ succ 0.   retirando os parênteses

2. (succ 0) + n
   ≡ succ (0 + n)   pela (22)
   ≡ succ n.

3. pred 0 + succ n
   ≡ 0 + succ n   pela (12)
   ≡ succ n   pela (21)

Pela equação (22), (succ 0 + n) * m ≡ m + (n * m). Comparando o termo (n * m), do lado direito da equação, com todo o termo do lado esquerdo, verifica-se que n, em (n * m), é uma unidade menor que (succ 0 + n). Para compensar, adiciona-se m ao termo (n * m).

Usando o mesmo raciocínio da adição, o primeiro termo da multiplicação, n, em (n * m), na equação (succ n) * m = m + (n * m), diminui de uma unidade, recursivamente. No final, aplica-se a equação (23). Em outras palavras, está-se somando m, n+1 vezes. O operador de multiplicação _*_ é comutativo, conforme declaração. Como já observado, essa propriedade é necessária, caso contrário o processo de redução "emperra", não chegando a um valor.

A seguir, é apresentada uma especificação para estender NATURALS com a operação greater-or-equal _≥_ e less-or-equal _≤_:

fmod RELATIONALS **is**
protecting NATURALS .
op _ <= _ : Natural Natural -> Truth-Value .
op _ >= _ : Natural Natural -> Truth-Value .
vars m n : Natural .

---
³ Quando necessário, pode ser aplicada a comutatividade (x is y = y is x).

```
eq m <= n = (m < n) v (m is n) .                              (25)
eq m >= n = n <= m .                                           (26)
endfm
```

Observa-se que, nesta especificação, para possibilitar a reescrita do termo $m < n \vee m$ is n, é necessário incluir a especificação do tipo NATURALS, porque nela são introduzidos os operadores _<_ e _is_. Não há necessidade de, explicitamente, incluir a especificação TRUTH-VALUES, porque ela já esta incluída em NATURALS.

■ exercício proposto 4.1

Aplicar o comando maude> show ops ⟨specification-name⟩ à especificação NAT e comparar os operadores dessa especificação com os correspondentes operadores de NATURALS.

4.5 ⋯→ declaração de variáveis locais (privadas)

var: x declara **globalmente** a variável x, como explicado até agora. O escopo da variável é toda a especificação. Termos são construídos com as variáveis declaradas globalmente. A expressão sintática $x{:}s$,[4] em uma equação, declara **localmente**[5] a variável x. O escopo da variável **é restrito à declaração**. Exemplos:[6]

A variável t é declarada globalmente e u localmente.

var t : Bool .
eq t => u:Bool = (not t) or u:Bool .

u:Truth-Value, no *lhs* e no *rhs* da quação, refere-se à mesma variável.

É possível declarar variáveis, globalmente e localmente, de mesmo nome e de sortes diferentes. Exemplo:

op op : Nat Bool -> Bool .
var t : Nat .
eq op(t, t:Bool) = t:Bool or (t + 10 < 0) .

É possível declarar variáveis, globalmente e localmente, de mesmo nome e de mesmo sorte. Exemplo:

op op: Nat Bool -> Bool .

---

[4] A variável, seguida (sem brancos) de ':', seguido (sem brancos) do sorte da variável.
[5] Declaração *"on-the-fly"*.
[6] Nos exemplos que se seguem, são usados NAT e BOOL do Maude.

var t : Bool .
eq op (t:Nat, t:Bool) = t .

t:Bool, no *lhs*, e t, no *rhs* da equação, referem-se à mesma variável.

Uma especificação pode ter **somente** variáveis declaradas localmente. Nesse caso, **termos não são construídos com essas variáveis**.[7] Especificações genéricas de tipos e suas extensões, que independem da aplicação, merecem ser construídas somente com variáveis localmente declaradas. Neste livro, sempre que possível, as variáveis são declaradas globalmente devido à melhor legibilidade.

■ **exercício proposto 4.2**

Encontre o erro de declaração de variáveis na especificação:

fmod Variaveis **is**
protecting TRUTH-VALUES .
op # : Truth-Value -> Truth-Value .
eq #(t:Truth-Value) = t . (27)
endfm

4.6 ⇢ equações condicionais

Em matemática, é muito comum definir uma função de forma condicional. Por exemplo, a função f com a seguinte definição:

$f(x) = g(x)$ se $x < x_0$ e
$f(x) = h(x)$ se $x \geq x_0$

sendo g e h funções.

A definição condicional de f[8] pode ser representada por um gráfico, como mostrado na figura 4.1 a seguir:

---

[7] Termos são construídos somente com as variáveis declaradas globalmente.
[8] Notar que **f** não seria definida em x_0, se a segunda condição fosse: $f(x) = h(x)$, se $x > x_0$; e não seria uma função, se a primeira condição fosse $f(x) = g(x)$, se $x \leq x_0$, pois para o valor x_0 haveria dois valores para f.

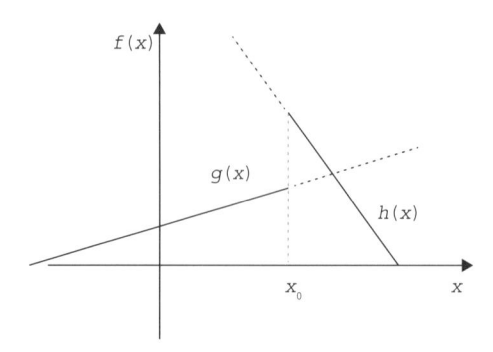

figura 4.1 Representação gráfica de uma função definida de forma condicional.

Uma equação $t1 = t2$ é condicional quando é acompanhada de uma **condição de equação**, assim como:[9]

....

ceq $t1 = t2$ **if** $t3 = t4$.

....

onde $t3 = t4$ é a condição de equação, e $t3$ e $t4$ são termos de mesmo sorte. Maude reescreve um termo u qualquer, usando uma **equação condicional** da seguinte maneira. O lado esquerdo $L1$ é unificado com um subtermo de u produzindo a substituição S. A operação de substituição é aplicada a $t3$ e a $t4$, como $t3[S]$ e $t4[S]$, e os resultados são reduzidos. Se são idênticos, u é reescrito.

Supondo que as variáveis x, y e z ocorrem em $t1$ na equação condicional "**ceq** $t1 = t2$ **if** $t3 = t4$.", a equação tem a seguinte interpretação: para todo valor x, y e z, $t1 = t2$ se $t3 = t4$.

Se $Cond$:Truth-Value é o termo $t3$ e se $t4$ é o termo true, tem-se a seguinte equação condicional

ceq $t1 = t2$ **if** $Cond = true$.

Por exemplo, em uma definição do operador _÷_ (divisão inteira), $m ÷ n$, a equação $n ÷ n = $ succ 0 somente é válida para $n > 0$. Logo, a equação deve ser escrita assim:

ceq $n ÷ n = $ succ 0   **if** $n > 0 = $ true .

Uma equação incondicional é uma simplificação da equação:

....
ceq $t1 = t2$ **if** true = true .
....

---
[9] ceq significa *conditional equation*.

A seguir, é apresentado um exemplo de uma especificação com equações condicionais. A especificação do tipo NATURALS é estendida para incluir o operador de subtração, como mostrado logo abaixo.

fmod NATURAL-WITH-MINUS **is**
protecting NATURALS .
   op _-_ : Natural Natural -> Natural
   vars n m : Natural .
   eq m - 0 = m .   (28)
   ceq succ m - succ n = m - n
                   if not (n > m) = true .   (29)
endfm

A equação (29) é condicional e not(n > m) = true é a condição de equação. Condições de equação são vistas adiante com mais detalhes neste livro. A avaliação de uma condição de equação é realizada por um processo que tem sucesso ou falha. Assim, o operador de igualdade (=), em t3 = t4, não é um operador Truth-Value. A relação de congruência pode, agora, ser redefinida, considerando as equações condicionais.

4.7 ⇢ fecho de instanciação, de troca de termos, simétrico, transitivo e reflexivo

Notacões. Sejam:

- **SPEC** uma especificação e Σ^{10} sua assinatura;
- s um sorte de **SPEC**;
- V_0 o conjunto de variáveis tipadas declaradas nas subespecificações de **SPEC**,[11] chamadas de variáveis livres.
- V_1 o conjunto de variáveis tipadas declaradas em **SPEC**, chamadas de variáveis definidas;
- $V = V_0 \cup V_1$;
- Σ_V a assinatura de **SPEC** enriquecida com **V**;
- **T** o conjunto de termos gerados a partir da assinatura Σ_V;
- T_1 o conjunto de termos gerados a partir da assinatura Σ_{V1};
- T_s o conjunto de termos do sorte s gerados a partir da assinatura Σ_V;
- $T_s \subseteq T$;
- $s: V \rightarrow T$ uma função total bem definida e consistente;
- $\langle t1, t2 \rangle$ um par de termos de mesmo sorte de uma equação de **SPEC**, usualmente denotado por t1 = t2, sendo que t1 e t2 estão em **T**;
- **E** o conjunto de equações t1 = t2 de **SPEC**, onde t1 e t2 são termos em **T** de mesmo sorte;
- E_s um subconjunto de equações t1 = t2 de **SPEC**, onde t1 = t2 são termos do sorte s.

---

[10] Todos os operadores, incluindo os operadores das subespecificações.
[11] Observar que as variáveis, como, por exemplo, t: Truth-Value e t: Natural, são diferentes.

definições

- R_s é uma relação sobre o conjunto de termos T_s, onde $t1\ R_s\ t2$ sss existe uma equação (**eq** $t1 = t2$ **if** $t3 = t4$) $\in E_s$;
- O **fecho de instanciação** da relação R_s no conjunto de termos T_s é a relação R_s^i assim definida: $t\ R_s^i\ t'$ sss existe uma equação (**eq** $t1 = t2$ **if** $t3 = t4$) $\in E_s$ e uma substituição s bem definida e consistente, tal que t é idêntico a $t1[S]$, t' a $t2[S]$ e $t3[S] \equiv t4[S]$. **t e t' são dois termos que têm formas diferentes, mas o mesmo significado.** A relação R_s^i é assimétrica: se $t\ R_s^i\ t'$, então $t'\ R_s^i\ t$.
- O fecho de instanciação e de **troca de termos** da relação R_s no conjunto de termos T_s é a relação R_s^t assim definida: $t\ R_s^t\ t'$ sss t' é uma reescrita de t, ou seja, existe uma equação (**eq** $t1 = t2$ **if** $t3 = t4$) $\in E_s$, tal que a unificação de $t1$ com um subtermo t'' de t produz a substituição s.[12] t' é o termo t, onde o subtermo t'' é trocado por $t2[S]$, se $t3[S] \equiv t4[S]$. **t e t' são dois termos que têm formas diferentes, mas o mesmo significado.**
- O fecho de instanciação, de troca de termos e **transitivo** da relação R_s no conjunto de termos T_s é a relação R_s^+ assim definida: $t\ R_s^+\ t'$ sss existe $j \in \mathbb{N}$, $j > 0$, tal que $t\ R_s^j\ t'$. As relações R_s^j são definidas por: $t\ R_s^j\ t'$ se existe $t0, t1, t2, \ldots tj \in T_s$, tal que $t = t0\ R_s^t\ t1$, $t1\ R_s^t\ t2, \ldots, t(j-1)\ R_s^t\ tj = t'$.
- O fecho de instanciação, de troca de termos, transitivo e **reflexivo** da relação R_s é a relação R_s^* onde $t\ R_s^*\ t'$ sss, para algum $j \in \mathbb{N}$, $j \geq 0$, $t\ R_s^j\ t'$ e $t\ R_s^0\ t'$, se t e t' são idênticos (fecho reflexivo). **t e t' são dois termos que têm formas diferentes, mas o mesmo significado.**
- O fecho de instanciação, de troca de termos, transitivo, reflexivo e **simétrico** da relação R_s no conjunto de termos T_s é a relação $\equiv$, chamada relação de congruência, assim definida: $\equiv\ =\ R_s^* \cup R_s^{*-1}$, onde R_s^{*-1} é a inversa de R_s^*. A relação de congruência **é uma relação de equivalência,** pois é reflexiva, simétrica e transitiva, com uma propriedade adicional: a troca de termos (R_s^t). Se $t \equiv t'$, **t e t' são dois termos que têm formas diferentes, mas possuem o mesmo significado,** diz-se que t e t' são equivalentes ou congruentes.

Maude reduz somente termos construídos com a assinatura Σ_{v1}. Assim, $S: V \rightarrow T_1$

■ exercícios resolvidos 4.1

1. Mostrar que ((not not false ∨ false) ∧ false) R_s^* false
   Se
   $$((\text{not not false} \lor \text{false}) \land \text{false})\ R_s^t\ ((\text{not true} \lor \text{false}) \land \text{false})$$
   $$R_s^t\ ((\text{false} \lor \text{false}) \land \text{false})$$
   $$R_s^t\ (\text{false} \land \text{false})$$
   $$R_s^t\ \text{false}$$
   então, ((not not false ∨ false) ∧ false) R_s^* false.

---

[12] Logo, t'' é idêntico a $t1[S]$.

2. Mostrar que $((\text{not not false} \lor \text{false}) \land \text{false})\ R_s^*\ \text{false}$
   Se
   $$((\text{not not false} \lor \text{false}) \land \text{false})\ R_s^t\ ((\text{not true} \lor \text{false}) \land \text{false})$$
   $$R_s^t\ ((\text{false} \lor \text{false}) \land \text{false})$$
   $$R_s^t\ (\text{false} \land \text{false})$$
   $$R_s^t\ \text{false}$$
   então, $((\text{not not false} \lor \text{false}) \land \text{false}))\ R_s^*\ \text{false}$.

3. Provar:[13] succ succ k - succ $0 \equiv$ succ k
   Prova:
   succ succ k - succ 0
   $\equiv$ succ k - 0,   se not $(0 >$ succ $k) \equiv$ true   pela (29)
   $\equiv$ succ k pela (28)
   Por transitividade, succ succ k - succ $0 \equiv$ succ k

4. Provar: not $(0 >$ succ $k) \equiv$ true
   Prova:
   not $(0 >$ succ $k)$
   $\equiv$ not (succ $k < 0$)   pela (17)
   $\equiv$ not false   pela (15)
   $\equiv$ true   pela (2)
   Por transitividade, not $(0 >$ succ $k) \equiv$ true

5. Reduzir o termo (succ succ succ m - succ 0) <= succ 0:
   (succ succ succ m - succ 0) <= succ 0
   $\equiv$ (succsucc m - 0) <= succ 0   {pois not $(0 >$ succ succ $m) \equiv$ true}
   $\equiv$ succsucc m <= succ 0
   $\equiv$ (succ succ $m <$ succ 0) $\lor$ (succ succ m is succ 0)
   $\equiv$ (succ $m < 0$) $\lor$ (succ succ m is succ 0)
   $\equiv$ false $\lor$ (succ succ m is succ 0)
   $\equiv$ false $\lor$ (succ m is 0)
   $\equiv$ false $\lor$ (0 is succ m)
   $\equiv$ false $\lor$ false
   $\equiv$ false

---

[13] Para um maior aprofundamento, ver o capítulo 12, prova de teoremas.

■ exercícios propostos 4.3

1. Construir cinco termos do sorte Truth-Value, usando, em cada um, todos os operadores (_<_, _>_, is, _∧_, _=>_, _∨_, not_, 0, succ_, _+_, _-_, pred_ e _*_.).
2. Provar o teorema: not (0 > succ succ m) ≡ true.
3. Fixar um atributo de precedência para os operadores _-_, _<=_ e _>=_.
4. Reduzir os termos, indicando a equação usada nas substituições:
   succ succ 0 + (succ 0 * succ succ 0);
   (succ succ 0 + succ succ 0) * pred succ succ 0;
   (((not succ 0 > succ succ 0) ∨ pred succ succ 0 is 0) =>
              (succ 0 < 0 ∧ succ 0 is succ 0)) ∧ not true;
   (((not succ succ 0 is succ 0) => (not 0 is 0)) ∧ succ succ 0 is succ succ 0) ∨ true;
   ((n > m ∧ n < m) ∨ false) ∧ (false => (not pred 0 is 0));
   (false ∧ succ 0 is succ 0) ∨ (((not 0 < succ 0) => n) ∨ (not false));
   0 > x ∧ (b ∨ not false) ∧ ((y + pred 0) * 0 < x)
5. Provar:
   (not x ∨ true) ∧ (y * 0 > succ0) ≡ (true ∧ false) ∨ false
   (n > 0 ∧ n < k) => (y < n => y < k) ≡ y < n
6. Estender a especificação NATURALS, incluindo os operadores _÷_ (para divisão) e _**_ (para exponenciação).
   _÷_ : Natural Natural -> Natural
   _**_ : Natural Natural -> Natural
   Dica: Dividir m por n significa subtrair n de m, tantas vezes quantas n couber em m. Elevar m à potencia n, m ** n, significa multiplicar m por m, n vezes.
7. Aplicar a extensão (6) ao termo: $succ^7 0 \div succ^2 0$.
8. Estender a especificação NATURALS para permitir o uso dos símbolos decimais. Dica: usar os símbolos 1, 2, 3, 4, 5, 6, 7, 8, 9 como constantes.
   1 2 3 4 5 6 7 8 9 :   -> Natural
           _ _ :   Natural Natural   ->Natural[14]
9. Aplicar a especificação do exercício aos termos:
   ((1 8 9) - (1 8 0)) * 2
   ((1 2) + 1) * (3 - 2)   (desenhar a árvore deste termo)
   (3 + 1) < 4 ∧ n > m
   true ∨ m > n
10. Especificar a operação converte_: Natural -> Decimal, usando os símbolos de 0 a 9 (Cuidado com a constante 0!).

---

[14] Esta operação de sintaxe vazia justapõe dois naturais, 3 e 8 6, por exemplo. Esses naturais têm várias interpretações: 3 (8 6) ou (3 8) 6. MAUDE interpreta como 3 (8 6), e as equações devem ser construídas de acordo com essa interpretação. Notar que (8 6) é interpretado como sendo um natural.

11. Provar os seguintes teoremas de forma normal, usando indução em NATURALS para termos do sorte Natural:
    a) Todo termo da forma "`pred n`" é congruente ou a `0` ou a um termo da forma `succ...succ0`.
    b) Todo termo da forma "`n + m`" é congruente ou a `0` ou a um termo da forma `succ...succ 0`.
    c) Todo termo da forma "`n * m`" é congruente ou a `0` ou a um termo da forma `succsucc 0`.
12. Provar (usando indução) que `n is n = true`, para valores n do sorte `Truth-Value` na especificação NATURALS. (*Dica*: Use os teoremas da forma normal do exercício 11).
13. Provar que `n + (m + k) = (n + m) + k` (o operador `_+_` tem a propriedade associativa). Idem para o operador `_*_`.
14. Definir o operador `_≠_` (diferente). `_≠_ : Natural Natural -> Truth-Value`
15. Dada a assinatura da especificação NATURAL-WITH-MINUS, construir termos contendo o operador `_-_` (subtração) que não podem ser reescritos para um valor do sorte `Natural`.

Embora a relação de congruência não seja essencial para a compreensão dos próximos capítulos, seu estudo responde a muitas questões que podem ser feitas no decorrer dos próximos capítulos. No capítulo 12, a relação de congruência é estudada com mais profundidade, tomando a especificação TRUTH-VALUES como referência. Com base na relação de congruência é construído, no capítulo 12, um algoritmo, chamado algoritmo de Knuth-Bendix, que prova teoremas $t1 \equiv t2$.

As especificações TRUTH-VALUES e NATURALS foram apresentadas até aqui para fins didáticos. Doravante, quando não for dito explicitamente, são usadas as correspondentes especificações do Maude, BOOL e NAT.

A especificação NAT reescreve termos com valores também na forma decimal (`0`, `1`, `2`, `3`...). Além de NAT e BOOL, Maude oferece uma vasta biblioteca de especificações, INT, STRINGS, etc. (Ver Manual do Maude).

■ exercício proposto 4.4

Aplicar o comando `maude> show ops ⟨specification-name⟩` à especificação NAT e comparar os operadores dessas especificações com os correspondentes operadores de NATURALS.

4.8 ⋯→ efeitos da estratégia de reescrita

Suponha, por hipótese, a especificação do tipo NATURALS sem a equação (11). A operação pred é indefinida para 0(zero). Mas o termo pred 0 existe, assim como existem termos com ocorrências do subtermo pred 0 ou de subtermos que, reduzidos, têm ocorrências de pred 0, como, por exemplo, pred (succ 0 - succ 0) + succ 0. Esses termos são **erros**. Assim, dentre todos os termos que podem ser construídos com a assinatura, existem aqueles que são erros. Entretanto, o termo pred 0 ou qualquer termo que tem nele o operador pred 0 é um termo do sorte Natural. O capítulo 5 estuda os termos errados (que não têm um sorte) e os certos (que têm um sorte).

Para melhorar a **performance de reescrita** de termos, deve ser usada a estratégia ávida, uma vez que subtermos são reescritos antes de serem substituídos. Por exemplo: supor que op(x, y, z) é o lado esquerdo de uma equação e op(t1, t2, t3) um termo. Na avaliação ávida, t1, t2, e t3 são reduzidos, inicialmente, às suas formas normais t1f, t2f e t3f, respectivamente. O casamento de op(x, y, z) com op (t1f, t2f, t3f) produz a substituição t1f\x, t2f\y, t3f\z. Logo, todas as ocorrências de x no lado direito da equação são instanciadas por t1f. A mesma observação vale para as variáveis y e z. Na avaliação preguiçosa, o casamento produz a substituição t1\x, t2\y, t3\z. Se x, por exemplo, ocorre muitas vezes no rhs, todas as ocorrências de x são instanciadas por t1 (não reduzido à sua forma normal).

4.9 ⋯→ especificações predefinidas (*built-in*) do Maude

Maude possui uma biblioteca rica de especificações. Em Maude, NAT é a especificação NATURALS, e BOOL é a especificação TRUTH-VALUES.[15]

A figura 4.2, na página seguinte, mostra as derivações dos tipos primitivos do Maude (especificações de dados), começando por TRUTH-VALUE, que somente declara as constantes true e false. As setas indicam as importações de especificações, todas via declaração protecting.

---

[15] Para conhecer os operadores de uma especificação Maude, entrar com o comando: show ops <specification-name>. TRUTH-VALUES e BOOL, por exemplo, não podem ser usados concomitantemente. Para desabilitar especificações Maude, deve ser usado o comando set protect <specification-name> off.

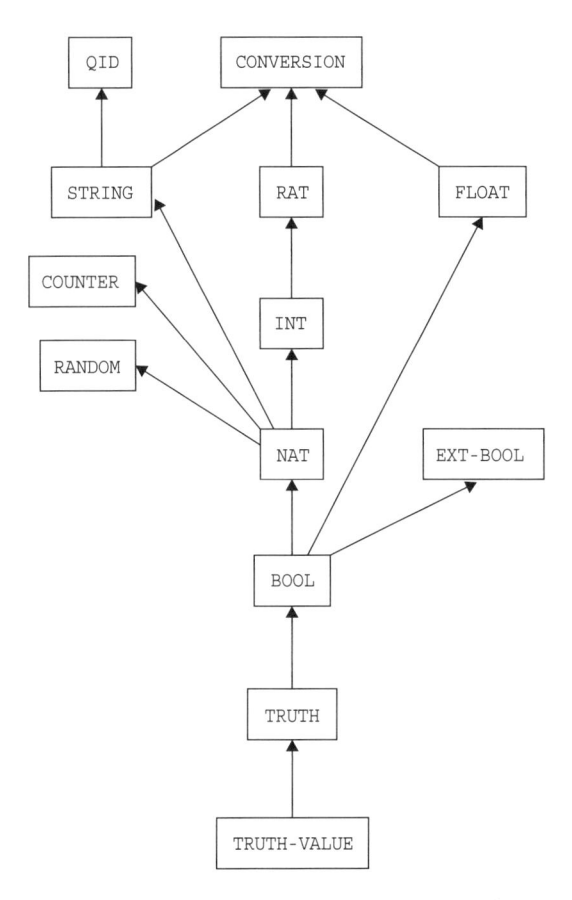

figura 4.2 Hierarquia de inclusões das **especificações predefinidas**.
Fonte: Clavel e colaboradores (2011, p. 142).

Termos-chave

condição de equação, p. 52

declaração global de variáveis, p. 50

declaração local de variáveis, p. 50

equação condicional, p. 52

especificações predefinidas, p. 59

performance de reescrita, p. 58

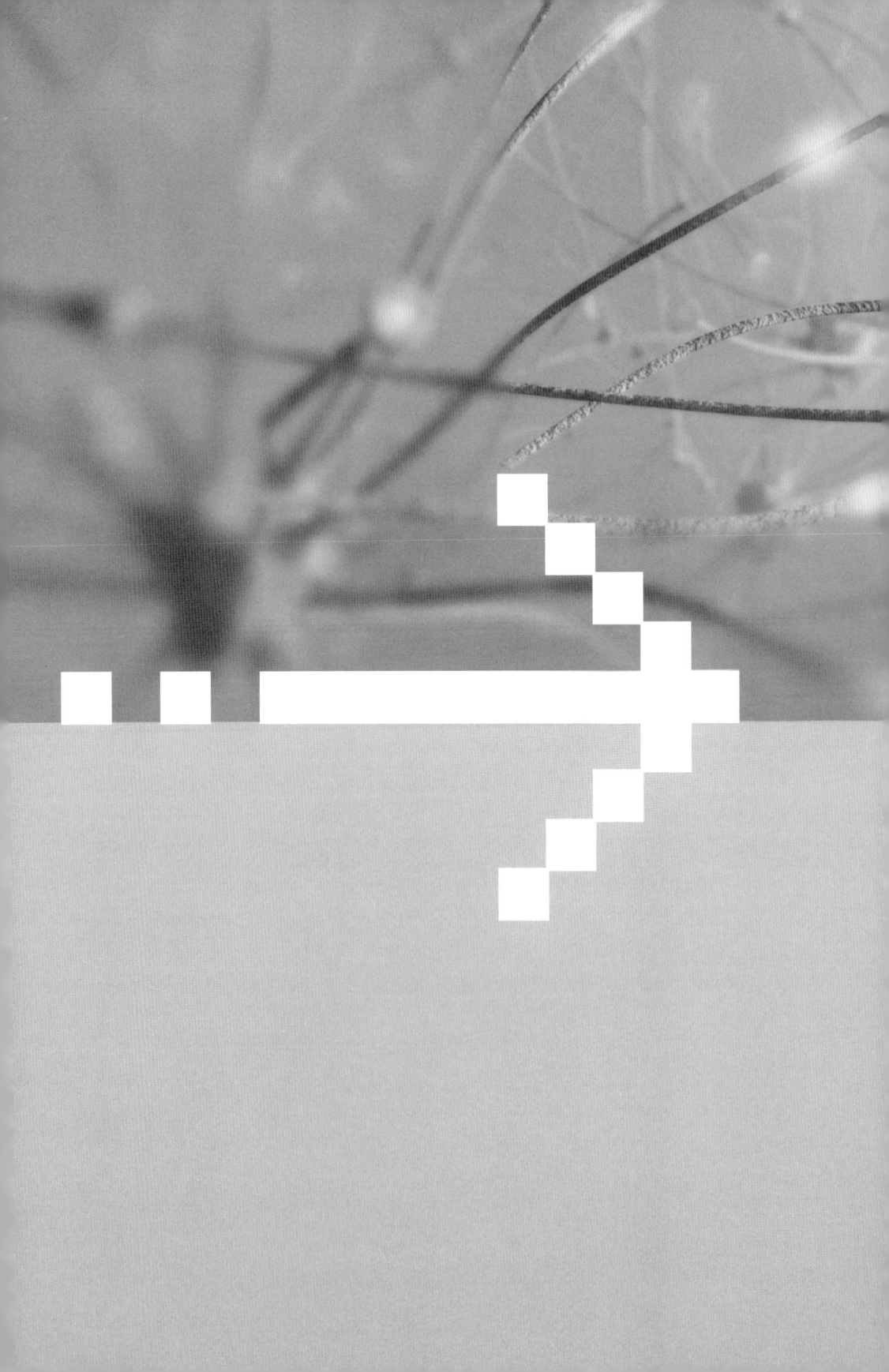

capítulo 5
espécies

■ ■ Este capítulo apresenta diversos recursos adicionais do Maude, aumentando a classe de problemas passíveis de solução. Os sortes podem ser estruturados em hierarquias de subsorte, sendo a relação de subsorte entendida como a inclusão de subconjuntos. Inicialmente, é apresentado o conceito de inclusão de subsorte que tem um paralelo, na matemática, com inclusão de subconjuntos. Chamando de `Nat` o sorte dos números naturais, `Int` o sorte dos números inteiros e `Rat` o sorte dos números racionais, a inclusão de subsorte `Nat < Int < Rat` indica que os números naturais estão contidos nos inteiros e esses por sua vez estão contidos nos racionais. A inclusão de subsorte é declarada usando a palavra-chave subsort. A declaração da inclusão de subsorte `subsort A < B` estabelece que o sorte `A` é um subsorte de `B` ou que `A` está incluído em `B`.

Um conjunto de declarações de subsortes, sem ciclos,[1] de uma especificação deve definir uma **relação de ordem parcial** ≤ sobre o conjunto de sortes declarados na especificação. ≤ é uma **relação de subsorte** e é uma forma de ordenar os subsortes (**ordenamento de subsorte**).

Sortes podem, então, ser estruturados em hierarquias de subsortes. A **relação de subsorte** das inclusões de subsortes particiona o conjunto de sortes em **componentes ligados**, isto é, em conjuntos de sortes que, direta ou indiretamente, estão relacionados no **ordenamento de subsortes.**

Cada termo tem um **sorte mínimo** em uma hierarquia de sortes.

Os sortes de uma especificação são agrupados em classes de equivalência chamadas **espécies** (*kind*). Dois sortes estão agrupados em uma mesma **classe de equivalência** sss eles pertencem ao mesmo componente ligado no ordenamento de subsorte. Cada componente ligado no ordenamento de subsorte define uma espécie (*kind*), um conjunto de termos certos (que têm um sorte) e errados (que não têm um sorte) de todos os sortes do respectivo componente ligado. Os termos errados de um sorte podem ter vários sortes máximos em uma hierarquia de subsortes.

Os **axiomas de pertinência** definem subsortes de sortes ou sortes de espécies.

O conceito de condição de equação pode ser expandido para tornar as equações e axiomas condicionais mais poderosos.

Maude oferece vários **operadores polimórficos**, que são incluídos automaticamente em toda especificação.

Finalizando o capítulo, é apresentado o comando de controle **owise** (otherwise) para equações, **eq/ceq** t1 = t2 ... [owise], e para os axiomas de pertinência, **mb/cmb** t1: s... [owise]. O atributo **owise** força, na unificação, o uso do termo t1 quando não é mais possível outra alternativa.

5.1 ⇢ subsortes

Os sortes de uma especificação podem ser estruturados hierarquicamente, sendo que a relação de subsorte ≤ corresponde, na matemática, à relação de inclusão de conjuntos. Dois sortes s e s' estão na relação de **subsorte** sss, s é um subsorte de s' ou s está incluído em s'. A relação de subsorte não tem ciclos. Se o sorte Int tem uma correspondência, na matemática, com o conjunto dos números inteiros e o sorte Nat, com o conjunto dos números naturais, então a inclusão de subsorte, Nat < Int, é entendida como a inclusão dos números naturais no conjunto dos números inteiros.

A especificação TRI-STATE, mostrada logo a seguir, apresenta uma novidade. O sorte Truth-Value é um subsort do sorte Tri-State, conforme a declaração **subsort** Truth-Value < Tri-State.. Ou seja, todo termo do sorte Truth-Value é também termo do sorte Tri-State. O sorte Tri-State tem os valores verdade, true e false, além do valor undef,

---

[1] Por exemplo, existe ciclo quando um sorte A esta incluído em B e B em A.

construído com a geradora undef (*undefined*), conforme mostra a figura 5.1. TRI-STATE especifica uma álgebra de três valores: true, false e undef.

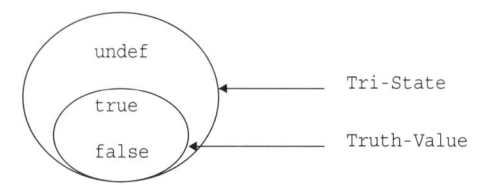

figura 5.1 A relação de subsorte pode ser entendida como a inclusão de conjuntos.

Graficamente, a relação de ordem parcial das inclusões de subsortes pode ser visualizada por um grafo acíclico, correspondendo ao **diagrama de Hasse** na inclusão de subconjuntos. O grafo da relação de subsorte da inclusão de subsorte Truth-Value < Tri-State pode ser visualizado na figura 5.2.

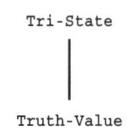

figura 5.2 Grafo da relação de subsorte de True-Value < Tri-State.

A especificação TRI-STATE, mostrada logo abaixo, introduz três operações: *undefined* undef, negação not_, conditional *and*, associativa, _cand_, e conditional *or*, associativa, _cor_. É importante observar que os operadores _cand_ e _cor_ não têm a propriedade comutativa, da qual gozam os operadores _∨_ e _∧_. A operação not_ é definida para true e false em TRUTH-VALUES e para undef em TRI-STATE (30). Segue a especificação do tipo TRI-STATES:

fmod TRI-STATES **is**

protecting TRUTH-VALUES.

sort Tri-State.
subsort Truth-Value < Tri-State.

op undef :   -> Tri-State [**ctor**].
op not _ :   Tri-State Tri-State   -> Tri-State [**prec** 20].
op _ cand _ :   Tri-State Tri-State   -> Tri-State [**assoc prec** 30].
op _ cor _ :   Tri-State Tri-State   -> Tri-State [**assoc prec** 40].

var *t* : Tri-State .

eq not undef = undef .   (30)

eq true cand *t* = *t* .   (31)
eq false cand *t* = false .   (32)
eq undef cand *t* = undef .   (33)

eq true cor t = true . (34)
eq false cor t = t . (35)
eq undef cor t = undef . (36)

endfm

Observar que, conforme a definição de termos, not undef e true ∧ undef não são do sorte Truth-Value, mas not undef é do sorte Tri-State. O termo not true, por exemplo, é do sorte Truth-Value e do sorte Tri-State, pois todo termo do sorte Truth-Value é, também, um termo do sorte Tri-State. O termo not undef ≡ undef. O termo undef é do sorte Tri-State.

Formalmente, a relação de subsorte é uma relação de ordem parcial no conjunto de sortes, definida a partir das declarações de subsorte. Seja, como mostra a figura 5.3:

   a. s' um sorte de *SPEC'* e um subsorte de s em *SPEC*;
   b. *op*: s' ->... uma operação de *SPEC'* ; e
   c. *op*: s ->... uma operação de *SPEC*.

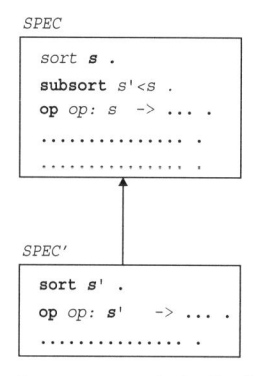

```
SPEC
  sort s .
  subsort s'<s .
  op op: s -> ... .
  ................ .
  ................ .

SPEC'
  sort s' .
  op op: s' -> ... .
  ................ .
```

figura 5.3 Extensão da especificação *SPEC'* para inclusão de subsortes.

A operação *op* em *SPEC* já é definida para valores em s', pois s' é um subsorte de s, $s' < s$, fornecendo, assim, uma forma útil de **polimorfismo** de subtipo. Diz-se que o operador *op* está **sobrecarregado** por subsorte. Por exemplo, o operador not_ em TRI-STATES está sobrecarregado. O operador not_ já é definido para valores Truth-Value pois, Truth-value < Tri-State. Em outros exemplos mais conhecidos, o tipo INT (a especificação dos números inteiros) tem o sorte Int, e NAT (a especificação dos números naturais) tem o sorte Nat. O operador **op**_+_: Int Int -> Int ., em INT, está sobrecarregado e já definido para valores Nat, pois Nat < Int e op_+_: Nat Nat -> Nat é uma operação definida em NAT.

■ exercícios propostos 5.1

1. A operação not_ em TRI-STATES é total? Explique.
2. A operação _∨_ em TRI-STATES é parcial?[2] Explique.

---
[2] TRUTH-VALUE é incluída em TRI-STATES.

A relação de subsorte corresponde à relação de inclusão de conjuntos no modelo matemático pensado para esses sortes. A inclusão de subsorte A < B é declarada por: **subsort** A < B.

A sintaxe da declaração de inclusão de subsortes é:

subsort ⟨Sort-1⟩... ⟨Sort-j⟩ < ⟨Sort-k⟩.... ⟨Sort-l⟩.

ou, simultaneamente, para vários subsortes

subsorts ⟨Sort-1⟩... ⟨Sort-j⟩ (< ⟨Sort-k⟩.... ⟨Sort-l⟩)⁺.,

vedada a formação de ciclos. Exemplo de várias declarações de subsorte: subsorts $A\ B\ C < C\ D\ E < F\ G\ H < I$.[3]

Exemplos da declaração de inclusão de subsortes:

subsorts $A\ B < D$.
subsorts $B < E$.
subsorts $D\ E < F$.

ou, alternativamente, de forma mais concisa:

subsorts $A\ B < D$.
subsorts $B < D\ E < F$.

A figura 5.4 mostra o grafo da relação de subsortes das inclusões desses subsortes.

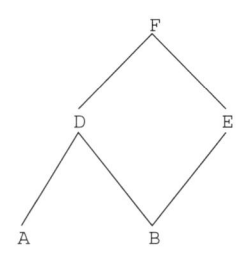

figura 5.4 Grafo da relação de subsorte.

Os termos dos sortes D e E estão incluídos no sorte F.

O sorte NaturalSeq da especificação NATURALSEQ (sequência de naturais) tem a seguinte declaração do operador binário _ _ de sintaxe vazia

op _ _ : Natural NaturalSeq -> NaturalSeq.

A declaração deste operador pode ser lida da seguinte maneira: uma sequência de naturais, NaturalSeq,[4] é um termo[5] do sorte Natural, seguido de uma sequência de naturais, NaturalSeq,[6] como mostra a linha (1), a seguir. Mas a linha (1) tem o sorte NaturalSeq, que é,

---

[3] A, B e C são subsortes de C, de D e de E. C, D e E são subsortes de F, de G e de H. F, G e H são subsortes de I.
[4] Imagem da operação.
[5] A forma normal pode ser um valor.
[6] Domínio da operação.

por sua vez, um termo do sorte `Natural` seguido de uma sequência de naturais, `NaturalSeq`, como mostra a linha (2). Agora, a linha (2) tem o sorte `NaturalSeq`, que é um termo do sorte `Natural` seguido de uma sequência de naturais, `NaturalSeq`, como mostra a linha (3).

```
1  Natural NaturalSeq
2  Natural Natural NaturalSeq
3  Natural Natural Natural NaturalSeq
   ....
(i) Natural Natural Natural... Natural
```

Este processo continua indefinidamente, a menos que um termo do sorte `Natural` possa ser, também, um termo do sorte `NaturalSeq`, como mostra a linha (i). Em outras palavras, `Natural` é um subsorte de `NaturalSeq`, declarado por: **subsort** `Natural < NaturalSeq.`. O esqueleto da especificação NATURALSEQ é dado por:

```
fmod NATURALSEQ is
protecting NATURALS .
sort NaturalSeq .
subsort Natural < NaturalSeq .
op _ _ : Natural NaturalSeq -> NaturalSeq .
......
endfm
```

O grafo da relação de subsorte da inclusão de subsorte `Nat < NatSeq` é mostrado na figura 5.5.

```
NaturalSeq
    |
    |
 Natural
```

figura 5.5 Grafo da relação de subsorte de `Natural < NaturalSeq`.

Se sortes correspondem a conjuntos, a relação de subsorte das inclusões de subsortes, $A B < D$ e $B < D E < F$, pode ser visualizada, também, na forma apresentada na figura 5.6, como inclusão de conjuntos.

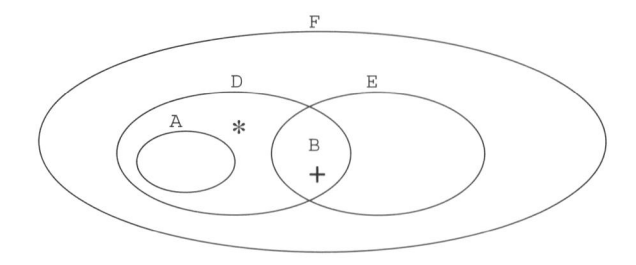

figura 5.6 Uma outra visão da relação de subsorte.

Supondo que * e + são termos, conforme a figura 5.6, então * é um termo do sorte F e do sorte D. + é um termo do sorte E, D, F, e B. Maude introduz o conceito de sorte mínimo. O **sorte mínimo** do termo * é D e o do termo + é B, considerando a hierarquia de subsortes, conforme figura 5.6. Portanto, se a redução de um termo resultar no termo *, então * é exibido como sendo do sorte D. Da mesma forma, essa observação vale para o termo +.

■ exercício proposto 5.2
Apresentar outra solução para o exercício 8 do exercício proposto 4.1, do capítulo 4, usando a inclusão de subsorte Natural < NaturalSeq.

5.2 ⇢ componente ligado

A relação de ordem parcial de inclusões de subsortes particiona o conjunto de sortes em **componentes ligados**, isto é, em conjuntos de sortes que, direta ou indiretamente estão relacionados no ordenamento de subsortes. Exemplo: Seja Int o sorte dos números inteiros, NzInt o dos números inteiros sem o 0(zero), NzNat o dos números naturais sem o 0(zero), Nat o dos números naturais e Zero o sorte que tem somente um valor, 0(zero). Sejam as inclusões de subsortes Zero NzNat < Nat e NzNat < Nat NzInt < Int. Essas inclusões de subsortes definem uma relação de ordem parcial sobre o conjunto desses sortes, indicando que o conjunto dos números naturais e o conjunto dos números naturais sem o 0 (zero) estão incluídos no conjunto dos números inteiros, e os conjuntos {0} e dos números naturais sem o 0 (zero) estão incluídos no conjunto dos números naturais. O grafo da relação de ordem parcial dessas inclusões de subsortes é mostrado na figura 5.7.

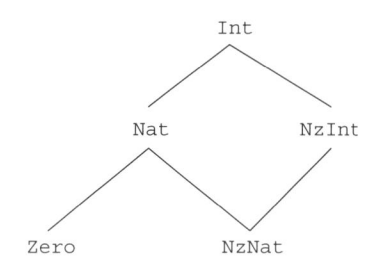

```
              Int
             /    \
          Nat      NzInt
         /    \   /
      Zero    NzNat
```

figura 5.7 Grafo da Relação de subsorte.

O **componente ligado** é o conjunto formado pelos sortes deste diagrama: {Zero, Nat, NzNat, NzInt, Int}. Qualquer subconjunto desse conjunto é também um componente ligado equivalente, pois qualquer sorte desse componente está direta ou indiretamente ligado no ordenamento de subsorte. **Outros sortes** pertencem a outros componentes ligados no ordenamento de subsortes. Intuitivamente, componente ligado reúne sortes de dados relacionados, como dados numéricos, dados verdade (Truth-Value), dados *String*, no ordenamento de subsorte.

O ordenamento de sortes de uma especificação,[7] conforme a definição, permite identificar os componentes ligados: sortes que direta ou indiretamente estão relacionados no ordenamento.

■ exercício proposto 5.3

Escolher um conjunto adequado de operações e escrever uma especificação para cada um dos tipos de dados INTEGERS, REALS e IMAG (imaginário). Dicas: subsort Natural < Integer. -_: Natural -> Integer, +_: Natural -> Integer. Notar que -_ (número negativo) e +_ (número positivo) são operações geradoras.

5.3 ⋯⤏ conceito de espécie (*kind*)

Maude tem duas variedades de **tipos de dados**: sortes, os termos (dados) bem definidos, e as espécies, os termos errados. Suponha a especificação do tipo NATURALS sem a equação eq pred 0 = 0.. A declaração do operador pred_, op pred_: Natura -> Natural., estabelece que todo o termo pred t tem o sorte Natural para t:Natural. Assim, pred 0, pred pred 0, pred succ 0 e outros são termos que têm o sorte Natural. Os termos na forma normal, pred 0, pred pred 0 e outros, têm o sorte Natural, mas não são valores do sorte Natural.[8] Mas, como esses termos rasos são formas normais (resultados), podem ser interpretados, também, como valores. Faz-se necessário, então, dintinguir os termos que têm sorte Natural dos que não têm.

[Natural] denota a **espécie** Natural, o conjunto de termos certos e errados gerados a partir da assinatura. Assim, os tipos em Maude podem ser apresentados em dois estilos: **sortes e espécies**. Maude possibilita a declaração do operador pred_ para gerar termos da espécie [Natural], da seguinte forma:

op pred_: Natural -> [Natural].

A figura 5.8 mostra a espécie [Natural], um **supersorte** do sorte Natural.

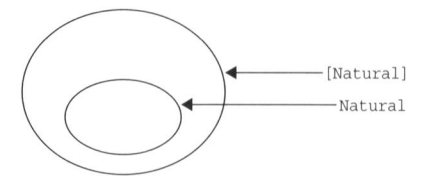

figura 5.8 A espécie [Natural] inclui o sorte Natural como se fossem conjuntos.

---

[7] Incluindo aqueles declarados nas especificações incluídas.
[8] Os valores do sorte Natural são: 0, succ 0, succ succ 0, ...

Assim, todo termo gerado a partir do operador `pred_` não tem o sorte `Natural`, mas a espécie `[Natural]`. Genericamente, todo termo `t` que tem o sorte `Natural` tem, também, a espécie `[Natural]`, mas nem todo termo `t` que tem a espécie `[Natural]` tem o sorte `Natural`. Exemplos: Os termos `pred 0`, `pred succ 0`,... não têm o sorte `Natural`. Subtermos de um termo podem ter uma espécie,[9] mas a redução do termo pode resultar em um termo que tem um sorte. Exemplo: `succ pred succ 0`. Esse termo, quando reduzido, resulta no termo `succ 0`, que tem o sorte `Natural`. Quando o resultado da redução de um termo tem um sorte, então Maude apresenta o resultado com seu sorte.[10] Quando o resultado da redução de um termo não tem um sorte, então Maude apresenta o resultado com sua espécie. Daqui por diante, quando um termo não tem um sorte, é apresentado com sua espécie.

O conceito de espécie é generalizado considerando o ordenamento de sortes. Formalmente, os sortes de uma especificação são agrupados em **classes de equivalência**, chamadas **espécies**. Dois sortes são agrupados juntos na mesma classe de equivalência sss eles pertencem ao mesmo **componente ligado** (ver figura 5.7) no ordenamento de subsortes. Os sortes no Maude são definidos pelo usuário, enquanto as espécies são implicitamente associadas aos componentes ligados de sortes e são consideradas supersortes. Termos que têm uma espécie, mas não um sorte, são considerados termos errados. Eventualmente, todos os termos de uma espécie têm um sorte. Neste caso, Maude adverte que a espécie é "livre de erros".

Considere a especificação NATURALSEQ e a especificação NATURALS com o operador `pred_` assim declarado: `op pred _ : Natural -> [Natural]`. `pred 0` tem, então, a espécie `[Natural]` ou, equivalentemente, `[NaturalSeq]` ou, ainda, `[Natural, NaturalSeq]`, pois os sortes `Natural` e `NaturalSeq` pertencem ao mesmo componente ligado no ordenamento de subsorte. Ver figura 5.5.

Todos os sortes da figura 5.7 determinam uma **espécie** (a espécie dos *números inteiros*), que é interpretada como o conjunto de todos os termos (expressões numéricas) deste sistema numérico, incluindo os termos errados, como `3 + 6/0`. A espécie é denotada por: `[Int, Nat, NzNat, Zero, NzInt]`. Qualquer espécie obtida da combinação dos sortes do componente ligado `{Int, Nat, NzNat, Zero, NzInt}`, como, por exemplo, `[Nat]` ou `[Nat, NzInt]`, são espécies equivalentes, pois `Nat` e `NzInt` pertencem ao mesmo componente ligado no ordenamento de subsorte.

O componente ligado da relação de subsortes da figura 5.2 é `{Tri-State, Truth-Value}`. A espécie correspondente é `[Tri-State, Truth-Value]`. Como já visto, a especificacao TRI-STATES inclui os operadores de TRUTH-VALUES. Os operadores de TRI-STATES[11] não definidos para valores de `Tri-State`, `true`, `false` e `undef`, têm uma espécie. Exemplo: `true ∧ undef` tem a espécie `[Tri-State, Truth-Value]` ou, simplesmente, `[Tri-State]`. Todos os termos contruídos com o operador `not_` têm um sorte. Exemplos: `not true:Truth-Value` e `not undef:Tri-State`.

---

[9] A determinação do tipo de um termo é visto mais adiante. Exemplo: o termo `succ pred 0` não tem um sorte.

[10] Lembrando que todo termo do sorte `Natural` é também um termo da espécie `[Natural]`.

[11] Incluindo os operadores de TRUTH-VALUES.

Maude usa uma representação canônica (única) para espécies, exibindo, para cada termo errado t, um conjunto de **sortes máximos** da hierarquia de subsortes do componente ligado, separados por vírgula. Exemplo: O grafo da relação de subsorte das inclusões de subsortes $A < D$, $C < F$, $D F < G$ e $A B C < E$ é mostrado na figura 5.9.

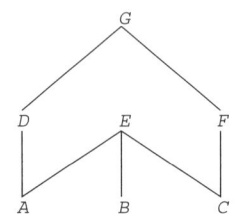

figura 5.9 Grafo da relação de subsorte.

Se t, um termo errado, tem a espécie [C], então Maude exibe t:[E, G], pois todo termo errado de C é tambem um termo errado de E e de F. Mas, todo termo errado de F é também um termo errado de G.

Para determinar se um termo tem um sorte, seja << a relação binária "está incluído" sobre o conjunto de sortes **de um componente ligado** no ordenamento de subsorte definida por: Sejam s e s' sortes de um componente ligado, $s << s'$ sss s está incluído em s'. $<<^*$ é o fecho reflexivo e transitivo da relação <<. Exemplo: Zero $<<^*$ Int, na figura 5.7.

Sejam as seguintes declarações:

1. op c: -> s.
2. op c: -> [s].
3. var v: s.
4. var v: [s].
5. op op:..., si, ... -> s.
6. op op:..., si, ... -> [s].

Conforme o conceito de termos, as regras de inferência de (a) a (f) permitem determinar o tipo de um termo: (37)

   a. Em (1), o termo c tem o sorte s.
   b. Em (2), o termo c tem a espécie [s].
   c. Em (3), o termo v tem o sorte s.
   d. Em (4), o termo v tem a espécie [s].
   e. Em (5), seja ti um termo na espécie [si]. Se ti tem o sorte s' e $s' <<^*$ si, então o termo op(..., ti, ...) tem o sorte s; caso contrário, tem a espécie [s].[12]
   f. Em (6), o termo op(..., ti, ...) tem a espécie [s].[13]

---

[12] Ou espécie equivalente.
[13] Ou espécie equivalente.

Com respeito ao processo de unificação:

- Se $x:s$ é a declaração de uma variável, o processo de unificação tem sucesso com uma ligação $t\backslash x$, se t tem um sorte s' e $s' <<^* s$.
- Se $x:[s]$ é a declaração de uma variável, o processo de unificação tem sucesso com uma ligação $t\backslash x$, se t tem a espécie $[s]$.[14]

exemplo – Considerando a figura 5.7 e as especificações Reescrita1 e Reescrita2:

fmod Reescrita1 **is**	**fmod** Reescrita2 **is**
protecting NAT .	**protecting** NAT .
op op1: Nat -> [Nat] .	**op** op1: Nat -> [Nat] .
op op2: [Nat] -> Nat .	**op** op2: [Nat] -> Nat .
var x: Nat .	**var** x: [Nat] .
eq op2(x) = x . (38)	**eq** op2(x) = x . (39)
endfm	**endfm**

Observe que nestas especificações o componente ligado não inclui o sorte Int, pois a especificação INT não é incluída.

Algumas reduções:[15]

Reescrita1		Reescrita2	
op1(4)	≡ op1(4):[Nat]	op1(4)	≡ op1(4):[Nat]
op2(5)	≡ 5:NzNat	op2(5)	≡ 5:NzNat
op2(op1(4))	≡ op2(op1(4)):Nat	op2(op1(4))	≡ op1(4):[Nat]

■ exercícios propostos 5.4

1. Em Reescrita1 e Reescrita2, qual o resultado da redução do termo op1(-4) e op2(-4)? Justifique.
2. Admitindo que Reescrita1 e Reescrita2 incluem INT (protecting INT), reduzir os termos op1(4), op2(5), op2(op1(4)), op1(-4), op2(-4), op1(0) e op2(op1(-4)), justificando cada reescrita.

■ exercícios resolvidos 5.1

1. Considerando a figura 5.7, seja

   ...
   protecting INT .
   op _op_: Nat NzNat -> Int .

---

[14] Ou espécie equivalente.

[15] Para conhecer o tipo de dado (se sorte ou espécie) de um termo qualquer, antes da redução, basta desativar as sentenças, transformando-as em comentários.

...
var *n*: Nat .
var *i*: Int .
eq 2 op 3 = 2 .   (40)
eq 3 op 5 = 0 .   (41)
...

a declaração e a definição do operador op. O quadro abaixo mostra termos e tipos antes e depois da redução.

Termo	Tipo	Forma Normal	Tipo	Comentário
-4 op 3	[Int]	-4 op 3	[Int]	Int[16] não $<<^*$ Nat.
2 op 0	[Int]	2 op 0	[Int]	Zero não $<<^*$ NzNat.
0 op 5	Int	0 op 5	Int	
5 op 8	Int	5 op 8	Int	
2 op 3	Int	2	NzNat	Sorte mínimo.
3 op 5	Int	0	Zero	Sorte mínimo.
n op 3	Int	*n* op 3	Int	
i op 2	[Int]	*i* op 2	[Int]	*i*: Int não $<<^*$ Nat.

2. Determinar o tipo do termo true ∨ undef em TRI-STATE.

    O termo true tem o sorte Truth-Value, e o termo undef tem o sorte Tri-State. O operador _∨_ requer termos dos seguintes tipos, conforme declaração: Truth-Value ∨ Truth-Value.
    O sorte da constante true $<<^*$ Truth-Value.
    O sorte da constante undef não é $<<^*$ Truth-Value. Logo, true ∨ undef tem a espécie [Tri-State].[17]

3. Determinar o tipo do termo (true ∧ undef) cand (true ∨ x: Truth-Value).
    Quando um termo tem muitos operadores, então, é mais fácil determinar o tipo do termo, usando a árvore de termos. Para simplificar, na árvore de termos da figura 5.10, T-V significa Truth-Value e T-S significa Tri-State. Para cada operador op, o rótulo da *i*-ésima[18] seta que desce é o tipo do *i*-ésimo argumento de op, conforme assinatura do operador. Por exemplo: para o operador _∧_, o rótulo da primeira e da segunda setas que descem, que têm origem no operador, é T-V. O rótulo da seta que sobe é o tipo do subtermo que tem o operador op na raiz, origem da seta. Por exemplo, o subtermo true ∧ undef tem a espécie [T-S].

---

[16] O sorte de -4.
[17] Este termo tem a espécie [Truth-Value], mas tem também a espécie [Tri-State], onde Tri-State é o sorte máximo no ordenamento de subsortes.
[18] Vistas da esquerda para direita.

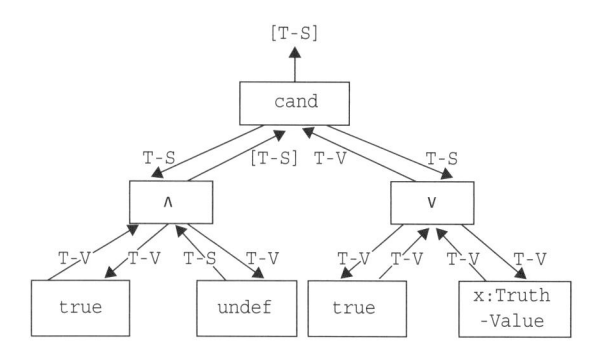

```
                    [T-S]
                     ↑
                   ┌─────┐
                   │cand │
                   └─────┘
              ↗      ↑      ↖
          T-S    [T-S] T-V    T-S
        ┌───┐                ┌───┐
        │ ∧ │                │ ∨ │
        └───┘                └───┘
      ↗  ↑  ↖              ↗  ↑  ↖
   T-V T-V T-S T-V      T-V T-V T-V T-V
  ┌─────┐  ┌─────┐    ┌─────┐  ┌────────┐
  │true │  │undef│    │true │  │x:Truth │
  └─────┘  └─────┘    └─────┘  │-Value  │
                               └────────┘
```

figura 5.10 Determinação do tipo do termo (true ∧ undef) cand (true ∨ x).

A avaliação do tipo do termo começa de baixo para cima, seguindo as seis regras (37) colocadas mais acima, de (a) a (f). Por exemplo, tomando o operador _∧_, é estabelecido, conforme assinatura, que o primeiro e o segundo argumentos devem ter o sorte T-V. Entretanto, o segundo argumento tem o tipo T-S e como T-S não <<* T-V, então o subtermo true ∧ undef tem a espécie [T-S].

É possível também declarar operadores no nível de espécie, como é mostrado na declaração do operador pred_, **op** pred _ : Natural -> [Natural]. Isso corresponde à declaração de uma operação parcial. Esses operadores são definidos para aqueles argumentos que, reduzidos, resultam em um termo que tem, ou não, um sorte. No nível de espécie, esses operadores são totalmente definidos. Para tanto, o domínio da operação é também [Natural], pois pred_ pode ter também argumentos errados (Exemplo: pred pred 0). A declaração de pred_ fica então:

>   **op** pred _ : [Natural] -> [Natural].

Esta forma de declaração de operações parciais tem outra alternativa oferecida por Maude:

>   **op** pred _ : Natural ~> Natural.

Esta forma[19] declara pred_ uma operação parcial, ou seja, não definida para todos os números naturais. Todo termo pred(t) tem uma espécie. Entretanto, a redução de pred(t) pode resultar em um termo que tem um sorte.

Genericamente, operadores parciais são declarados por:

>   **op** <OpName> : <Sort-1> ... <Sort-k> ~> <Sort>.

que é equivalente à declaração de operação total no nível de espécie.

>   **op** <OpName> : [<Sort-1>] ... [<Sort-k>] -> [<Sort>].

---

[19] Termos que não têm um sorte podem estar no domínio da operação, e o símbolo (->) é trocado por (~>).

A seguir, é apresentado um exemplo de extensão da especificação TRUTH-VALUES, com as operações _and-then_ e _or-else_, mostrando, inclusive, as potencialidades do uso da estratégia de reescrita, de agrupamento, de precedência e de espécie:

fmod EXT-TRUTH-VALUES **is**
protecting TRUTH-VALUES .
protecting NATURALS .
op _and-then_ : Truth-Value Truth-Value -> Truth-Value
　　　　　　　　　　　　[**strat** (1 0) **gather** (e E) **prec** 55] .
op _or-else_ : Truth-Value Truth-Value -> Truth-Value
　　　　　　　　　　　　[**strat** (1 0) **gather** (e E) **prec** 59] .
var b : [Truth-Value] .
eq true and-then $b = b$.　　　　　　　　　　　　　　　　　　　　pela (42)
eq false and-then $b =$ false .　　　　　　　　　　　　　　　　　　pela (43)
eq true or-else $b =$ true .　　　　　　　　　　　　　　　　　　　pela (44)
eq false or-else $b = b$.　　　　　　　　　　　　　　　　　　　　pela (45)
endfm

Considerando as especificações NATURALS e EXT-TRUTH-VALUES, o termo

　　　　　　　　true and-then pred 0 < 0 ≡ pred 0 < 0,

onde o termo pred 0 < 0 tem o sorte Truth-Value.

Considerando a especificação NATURALS assim alterada:

　　op pred _ : Natural ~> Natural . e
　　eq pred succ $n = n$.,

então o termo

　　true and-then pred 0 < 0 ≡ pred 0 < 0,

onde pred 0 < 0 tem a espécie [Truth-Value] .

Considerando a especificação do tipo NATURALS, e na especificação do tipo EXT-TRUTH-VALUES assim alterada

　　var b : Truth-Value .,

então o termo

　　true and-then pred 0 < 0 ≡ pred 0 < 0,

onde o termo pred 0 < 0 tem o sorte Truth-Value

Considerando as especificações NATURALS e EXT-TRUTH-VALUES assim alteradas:

　　Em NATURALS,
　　op pred _ : Natural　~> Natural . e
　　eq pred succ $n = n$.

e em EXT-TRUTH-VALUES,

　　var b : Truth-Value .

então, o termo

```
true and-then pred 0 < 0 ≡ true and-then pred 0 < 0,
```

onde o termo `true and-then pred 0 < 0` tem a espécie [Truth-Value]. O sub-termo `pred 0 < 0` tem a espécie [Truth-Value].

5.4 ⇢ conceito de axioma de pertinência (*membership*)

Suponha que a comunidade de um Instituto de Computação seja formada por professores, alunos e funcionários. Os professores podem ser adjuntos, associados e titulares. Os alunos são do curso de ciência da computação ou engenharia de computação. Para simplificar, `ComInst`, `Prof`, `ProfAdj`, `ProfAss`, `ProfTit`, `Alun`, `CComp`, `EComp` e `Func` são sortes, representando a comunidade do instituto, os professores, os professores adjuntos, associados e titulares, os alunos, os alunos de ciência da computação e engenharia de computação e os funcionários, respectivamente. Para a comunidade do instituto de computação, têm-se as seguintes inclusões de subsortes:

```
ProfAdj ProfAss ProfTit < Prof
CComp EComp < Alun
Prof Alun Func < ComInst
```

O diagrama de Hasse para essa inclusão de subsortes é apresentado na figura 5.11:

```
                        ComInst
              ┌────────────┼────────────┐
             Prof         Alun         Func
          ┌───┼───┐      ┌───┴───┐
       ProfAdj ProfAss ProfTit CComp EComp
```

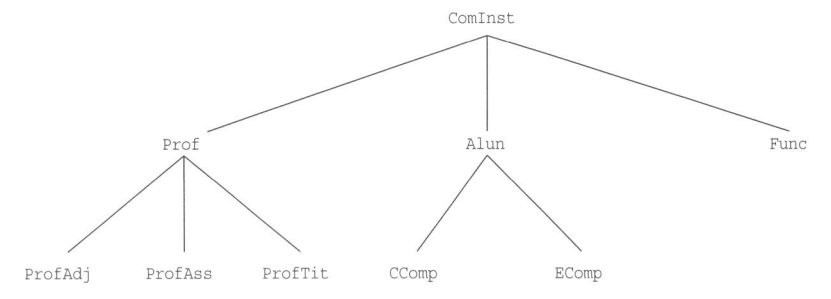

figura 5.11 Hierarquia de subsortes da comunidade do Instituto de Computação.

As sentenças podem ser apresentadas também na forma de **axiomas de pertinências** (*membership*). Axiomas de pertinência definem sortes. O sorte definido pode ser um subsorte ou um supersorte, dependendo da hierarquia de subsortes declarada. A sintaxe do axioma de pertinência é

$$\texttt{mb} \langle\text{term}\rangle : \langle\text{Sort}\rangle\ [\langle\text{StatementAttributes}\rangle]\ .\ [20]$$

---

[20] Existem quatro tipos de atributos de sentença: *label*, metadata, nonexec e owise. Somente a declaração owise é apresentada neste livro.

O axioma **mb** `t:s .`, onde o sorte `s` está na espécie de `t`, `[..., s, ...]`, estabelece que `t` tem o sorte `s`. O axioma **define** o sorte `s`. A redução de um termo `u` na espécie `[..., s, ...]` é tratado da seguinte maneira. Se `t` pode ser casado com `u`, então `u` tem o sorte `s`, `u:s`; caso contrário, o processo falha.

Se a comunidade do instituto de computação é formada pelas pessoas a, b, c, d, e, f, g, h, i, j, k, l, então as demais comunidades podem ser definidas usando axiomas de pertinência, como

fmod INSTITUTO-DE-COMPUTACAO **is**

   sorts ComInst Prof ProfAdj ProfAss ProfTit Alun CComp EComp Func .

   subsorts ProfAdj ProfAss ProfTit < Prof .
   subsort CComp EComp < Alun .
   subsort Prof Alun Func < ComInst .

   ops a b c d e f g h i j k l : -> ComInst .

   mb a : ProfAdj .   (46)
   mb b : ProfAdj .   (47)
   mb c : ProfAdj .   (48)

   mb d : ProfAss .   (49)
   mb e : ProfAss .   (50)

   mb f : ProfTit .   (51)

   mb g : CComp .   (52)
   mb h : CComp .   (53)

   mb i : EComp .   (54)
   mb j : EComp .   (55)

   mb k : Func .   (56)
   mb l : Func .   (57)

   ...

endfm

A seguir, Even é o sorte dos números pares e Zero é o sorte que tem somente o valor 0. As três especificações a seguir são equivalentes, visam definir número par.

   protecting NATURALS .
   sorts Zero Even .
   subsorts Zero < Even < Natural .
   mb 0 : Zero .   (58)
   var n : Even .
   mb succ succ n : Even .

   protecting NATURALS .
   sort Even .
   op 0 : -> Even .   (59)
   subsorts Even < Natural .
   var n : Even .
   mb succ succ n : Even .

```
protecting NATURALS .
sorts Zero Even .
subsorts Zero < Even < Natural .
op 0 : -> Zero .                                                            (60)
var n : Even .
mb succ succ n : Even .
```

Pelo axioma de pertinência (58) e pela declaração do operador (60), 0 tem o sorte Zero.[21] Pela declaração do operador 0 (59), 0 tem o sorte Even.

Os axiomas de pertinência ainda podem ser condicionais, como:

$$\texttt{cmb} \langle \texttt{term} \rangle : \langle \texttt{Sort} \rangle \texttt{ if } \langle \textit{Cond} \rangle \texttt{ [} \langle \texttt{StatementAttributes} \rangle \texttt{]} .$$

O axioma **cmb** `t : s if Cond = true.`, onde `s` está na espécie de t, `t:[..., s, ...]`, estabelece que `t` tem o sorte `s`. O axioma **define** o sorte `s`. Um termo `t'`, se submetido a esse axioma, se casar com `t` e a condição de equação `Cond = true`, tem sucesso e, então, `t'` tem o sorte `s` (`t':s`). Observe que o casamento de `t` com `t'` resulta na substituição `S` e que o sucesso do axioma depende da condição de equação `Cond[S] = true` ter sucesso.

Nas equações condicionais, os axiomas de pertinência são combinados com a **condição de equação** `t:s`, como é visto mais adiante.

5.5 ⇢ equações e pertinências condicionais

A condição de equação, `t1 = t2`, apresentada no item 4.6 – equações condicionais, é muito pobre. A seguir, a condição de equação é enriquecida para permitir a construção de equações e pertinências condicionais mais elaboradas.

Uma equação e uma pertinência condicional podem ser construídas, genericamente, da seguinte forma:

ceq $\langle \texttt{Term-1} \rangle = \langle \texttt{Term-2} \rangle$ **if** $\langle \texttt{EqCondition-1} \rangle$ /\... /\ $\langle \texttt{EqCondition-k} \rangle$
$\qquad\qquad\qquad$ [$\langle \texttt{StatementAttributes} \rangle$] .

cmb $\langle \texttt{Term} \rangle : \langle \texttt{Sort} \rangle$ **if** $\langle \texttt{EqCondition-1} \rangle$ /\... /\ $\langle \texttt{EqCondition-k} \rangle$
$\qquad\qquad\qquad$ [$\langle \texttt{StatementAttributes} \rangle$] .

onde $\langle \texttt{EqCondition-1} \rangle$ /\... /\ $\langle \texttt{EqCondition-k} \rangle$, a condição (da equação), é uma conjunção de condições de equação. Cada condição de equação pode ser uma **pertinência t:s** ou uma equação `t = t'`. Uma **equação**, como condição de equação, pode ter, também, a forma **t:= t'**, chamada de **casamento**. O operador binário /\ é assumido ser associativo. Cada condição de equação é um processo e, portanto, falha ou tem sucesso. A condição tem sucesso quando todas as condições de equação têm sucesso.

---

[21] Sorte mínimo.

A pertinência `t:s`, como condição de equação, tem sucesso se o termo `t` tem o sorte `s`.[22] Exemplos: `s s s 0: Nat` tem sucesso e `succ succ 0 + pred 0: Natural` falha.[23] As condições de equação `t:s`, combinadas com os axiomas de pertinência, têm muitas aplicações, como é visto na especificação PATH, abaixo.

Um termo `u` submetido à equação condicional `ceq t1 = t2 if t = t'.` é trabalhado da seguinte forma: Para simplificar, `t1` é casado com `u`,[24] resultando na substituição `S`. Depois `t[S]` e `t'[S]` são reduzidos às suas formas normais. Finalmente, as formas normais de `t[S]` e `t'[S]` são comparadas e, se forem idênticas, a condição tem sucesso, e `t2[S]` é a reescrita de `u`.

Como visto na seção 4.6 – equação condicional, a condição de equação … `if t = true` pode, agora, ser simplificada. Se `t` é um termo do sorte `Bool`, a condição de equação pode ser escrita por: … `if t`. Portanto, uma condição de equação pode ser, também, um termo `t` do sorte `Bool` (entendida como uma equação).

Na condição de equação chamada **casamento** `t := t'`, para que `t` possa ser casado com `t'[S]`, `t` deve ser um **termo padrão**. Um termo `t` é um termo padrão de uma especificação `SPEC`, denotada por `SPEC-padrão`, se a substituição de todas as variáveis que ocorrem em `t` por termos nas formas normais resultar em um termo na forma normal. A condição suficiente para que `t` seja um `SPEC-padrão` está na impossibilidade da unificação de qualquer subtermo de `t` com qualquer lhs de `SPEC` (Ver capítulo 12). A condição de equação `t := t'` tem sucesso se o termo padrão `t` pode ser **casado** com a forma normal de `t'[S]`.

Um termo `u` submetido a uma equação condicional `ceq t1 = t2 if t := t'.` é trabalhado da seguinte maneira: primeiro `t1` é casado com `u`, resultando na substituição `S`. Em seguida, a forma normal de `t'[S]` é obtida. O termo `t[S]` é, então, casado com a forma normal de `t'[S]`; e, se tem sucesso, resulta na substituição `S'`. Finalmente, `t2[S][S']` é a reescrita de `u`. Exemplo:

```
fmod CASAMENTO is
protecting NAT .

sort S .
subsort Nat < S .

op op : S S -> Nat .

var p : S .
vars i j k l : Nat .

ceq op (i, p) = i + k + l if op (i, op (k, l)) := p .                      (61)

endfm
```

---

[22] Se a especificação tem um axioma de pertinência `mb t': s`, então a condição de equação `t: s` tem sucesso se `t` tem o sorte `s`.

[23] Admitindo que `pred 0` tem uma espécie.

[24] E não com um subtermo de `u`.

Na figura 5.12, é mostrado graficamente o termo op(i, op(j, op(k, l))) do sorte s.

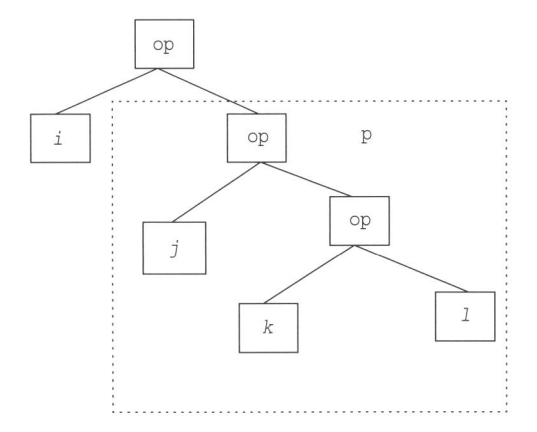

figura 5.12 Representação gráfica do termo op(i, op(j, op(k, l))).

O termo op(i, op(k, l)) é um CASAMENTO-padrão. Observar que existe casamento somente se $i = j$. A redução do termo op(3, op(3, op(5, 6))) ≡ 14.

A reescrita do termo op(3, op(3, op(4, i))) ≡ $i + 7$. O termo op(3, op(4, op(5, 6))) não tem reescrita.

Ainda, na condição de equação, chamada de casamento, $v := t$, v pode ser uma variável. Condições de equações subsequentes podem usar essa variável para definir novas variáveis.

Condições de equação são bastante usadas para "capturar" subtermos. No exemplo da figura 5.13, a seguir, o interesse está no termo t.

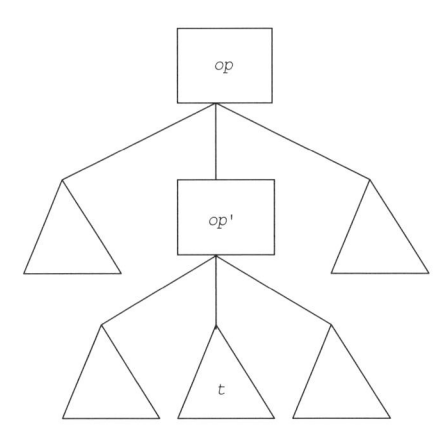

figura 5.13 Captura de um subtermo t de interesse.

Com a equação,

> **eq** op(-, x, -) =... y... **if** op'(-, y, -) := x.

a unificação gera uma substituição com a ligação t\y usada no *rhs*. A condição de equação t:= t' quebra a regra de que toda variável que ocorre em *rhs* deve ocorrer também em *lhs*.

Axiomas de pertinência condicionais são muito usados para definir valores bem formados (*is-well-formed*) de um sorte. Assim, dado um conjunto de operações geradoras, "filtros" são construídos para separar os valores que interessam, definindo um subsorte. Esses filtros são assertivas (restrições), um termo do sorte Bool. Na matemática, dado um conjunto Y, pode-se, a partir dele, definir um subconjunto X, tal que seus valores satisfazem uma determinada condição, como, por exemplo, $X = \{y \in Y \mid P(y)\}$, onde P é um predicado (assertiva, condição). No Maude,

> **sorts** X Y.
> **subsort** X < Y.
> **cmb** t : X **if** P.

onde t é um termo do sorte Y e P uma condição, um termo do sorte Bool. Normalmente, a partir de um sorte, por extensão, define-se um supersorte, ou seja, o primeiro é um subsorte do segundo. Procedendo de forma contrária, a partir de um sorte, por extensão, define-se um subsorte, ou seja, o primeiro é um supersorte do segundo. Dessa maneira, pode-se ter efeitos colaterais com respeito à sobrecarga de operadores. Nesse exemplo, se Y é o sorte NAT, então a operação de adição _+_ não se propaga sobre X, pois x + x pode não ser do sorte X.

▮ exercício resolvido 5.2

Considerando a especificação,

```
sorts s0 s1.
subsort s0 < s1.
ops c0 c1 c2 c3 : -> [s1].
op op : s1 -> s0.
var n : [s1].
cmb op(n) : s0   if n == c0 or n == c1.
```
[25]

reduzir op(c0) e op(c2).

op(c0):[s1], antes da redução, pela regra (e) (37) e op(c0):s0, após a redução. op(c2):[s1] pela regra (e) (37).[26]

---

[25] _==_ é um operador de igualdade, que será visto mais adiante ainda neste capítulo.
[26] O axioma de pertinência não é aplicável.

■ exercícios propostos 5.5

Considerando as declarações do exercício resolvido acima:

op op : $a \rightarrow b$.
var n : c .

reduzir op(c0) e op(c2) para os seguintes casos, justificando.

Caso 1			Caso 2			Caso 3			Caso 4		
a	b	c	a	b	c	a	b	c	a	b	c
s1	s0	s1	s1	[s0]	s1	s1	[s0]	[s1]	[s1]	s0	S1

Caso 5			Caso 6			Caso 7		
a	b	c	a	b	c	a	b	c
[s1]	s0	[s1]	[s1]	[s0]	s1	[s1]	[s0]	[s1]

5.6 ⋯→ operadores polimórficos

o operador if-then-else-fi

Seja o operador

op if _ **then** _ **else** _ **fi** : Bool Universal Universal -> Universal .

onde Universal é um **sorte formal** (template) conhecido do Maude. Maude introduz[27] **automaticamente** esse operador em toda especificação, **instanciando** o sorte formal Universal para cada um dos sortes da especificação que está **na mesma hierarquia de subsortes**. O operador pode ser usado no lado direito de qualquer equação, inclusive na condição de equação, quando se tratar de equações condicionais. Por exemplo: se Nat < Int, então **if** true **then** s 0 **else** -2 **fi** é uma aplicação válida.

Muitas equações têm o seguinte formato:

$$\textbf{ceq } t1 = t2 \quad \textbf{if } cond \ .$$
$$\textbf{ceq } t1 = t2' \quad \textbf{if not } cond \ .$$

onde *cond* é um termo do sorte Bool. Essas equações podem ser colocadas de outra forma, mais simplificada, usando o operador **if_then_else_fi**:

$$\textbf{eq } t1 = \quad \textbf{if } cond$$
$$\textbf{then } t2$$
$$\textbf{else } t2' \textbf{ fi } \ .$$

---

[27] Introduz a declaração dos operadores e suas respectivas sentenças.

5.7 ⋯→ operadores de comparação

Maude introduz, **automaticamente**, em toda especificação, para cada um dos sortes da especificação, os **operadores _==_ (igual)** e **_=/=_ (diferente)**. Esses operadores comparam valores de mesma espécie quanto à igualdade ou diferença. Exemplo: true == false é false, true =/= false é true e s s s 0 == 3 é true.

5.8 ⋯→ predicado de pertinência

Para todo sorte s, em qualquer especificação, Maude introduz, **automaticamente**, na especificação, o **predicado de pertinência** _::s. Dado um termo t e um sorte s na espécie de t, t : [s], então t::s é true se, na hierarquia de subsortes, **o sorte mínimo da forma normal de** $t <<^{*} s$. Exemplos: succ succ 0 :: Natural é true, succ 0 + 0 :: Natural é true, succ succ 0 + pred 0 : Natural é false.[28] Considerando a especificação NAT, s s 0 :: Zero é false. O predicado de pertinência _::s pode ser combinado com qualquer outra operação do sorte Bool (not_, _and_, etc).

■ exercício resolvido 5.3

Na teoria dos grafos, são definidos os conceitos de nodo, arco, origem (de um arco), destino (de um arco), caminho, entre outros.[29] Na figura 5.14, a seguir, n1, n2, n3, n4, n5 e n6 são nodos, e a1, a2, a3, a4, a5 e a6 são arcos.

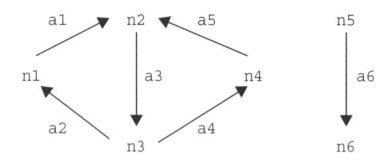

figura 5.14 Representação gráfica de um grafo.

Este exercício tem como objetivo especificar o conceito de grafo. Nodos e arestas são constantes do sorte Node e Edge, respectivamente. souce e target são operações que fornecem a origem e o destino de cada arco, respectivamente. Caminho é uma **sequência** de arcos. Por exemplo, a1 a3 a4 são caminhos que têm origem no nodo n1 e destino no nodo n4, bem como a6, que tem origem no nodo n5 e destino em n6.

---

[28] Admitindo que o termo **pred 0** tem uma espécie.
[29] Respectivamente, em inglês: *node, edge, source, target* e *path*.

a1 a5 a3 ou a4 a6 são caminhos errados. Path é o sorte dos caminhos do grafo. [Path] inclui os caminhos errados (não caminhos). A operação mixfixada parcial de sintaxe vazia _ _ concatena dois caminhos. Por exemplo, a concatenação do caminho a1 a3 ao caminho a4 forma o caminho a1 a3 a4.

A especificação abaixo declara os nodos, arcos e origem e destino dos arcos do grafo da figura 5.14 acima.

fmod GRAPH **is**

sorts Node Edge .

ops n1 n2 n3 n4 n5 n6 : -> Node [**ctor**] .
ops a1 a2 a3 a4 a5 a6 : -> Edge [**ctor**] .
ops source target : Edge -> Node .

eq source(a1) = n1 .	(62)
eq target(a1) = n2 .	(63)
eq source(a2) = n3 .	(64)
eq target(a2) = n1 .	(65)
eq source(a3) = n2 .	(66)
eq target(a3) = n3 .	(67)
eq source(a4) = n3 .	(68)
eq target(a4) = n4 .	(69)
eq source(a5) = n4 .	(70)
eq target(a5) = n2 .	(71)
eq source(a6) = n5 .	(72)
eq target(a6) = n6 .	(73)

endfm

A especificação PATH, mostrada a seguir, declara e define a operação geradora parcial mixfixada _ _ para concatenar um caminho a outro. A especificação estabelece, também, que esta operação é associativa. Note que a relação de inclusão de subsorte Edge < Path estabelece que um arco (Edge) é, também, um caminho (Path). O grafo da relação de subsorte da inclusão de subsorte Edge < Path é mostrado na figura 5.15.

```
Path
 |
Edge
```

figura 5.15 Grafo da relação de subsorte da inclusão de subsorte Edge < Path.

A operação length define o comprimento de um caminho (número de arcos do caminho). As operações source e target são agora definidas para o sorte Path.

```
fmod PATH is

protecting NAT .
protecting GRAPH .
sort Path .
subsort Edge < Path .

op _ _ : [Path] [Path] -> [Path] .
ops source target : Path -> Node .
op length : Path -> Nat .

var e : Edge .
vars p q r s : Path .

cmb e p : Path if target(e) = source(p) .                                    (74)

ceq (p q) r = p (q r)
        if target(p) = source(q) /\ target(q) = source(r) .                  (75)

ceq source(p) = source(e) if e s := p .                                      (76)
ceq target(p) = target(s) if e s := p .                                      (77)
eq length(e) = 1 .
ceq length(e p) = 1 + length(p) if e p : Path .                              (78)
endfm
```

O axioma de pertinência (74) define quais termos (e p) têm o sorte Path.[30] Observar que a condição de equação e p:Path na equação (78) usa o axioma de pertinência (74) para verificar se (e p) é um Path (um caminho bem formado). Obviamente, a condição de equação e p:Path tem sucesso se (e p) é um Path. As equações (76) e (77) usam também o axioma de pertinência (74): (e s) deve ser um termo padrão bem formado.

Algumas aplicações: a1 a2 ≡ a1 a2 : [Path]. a1 a3 ≡ a1 a3 : Path. source(a1 a3) ≡ n1:Node. source(a1 a5) ≡ source(a1 a5):[Node].

5.9   OWISE (Otherwise)

Muitas vezes, é fácil definir uma operação para um subconjunto de argumentos, como:

```
f(a, b) = ...
f(c, d) = ...
....
```

---
[30] Define quais termos são bem formados.

onde a, b, c e d são valores. A operação f é definida somente para os argumentos que interessam. Para cobrir **todos** os demais argumentos, pode-se fazer uso do atributo owise que significa: se não houver casamento com nenhuma das equações, então aplique "esta" equação, como, por exemplo:

f(a, b) =...
f(c, d) =...
f(x, y) =... [owise]

onde x e y são variáveis. O atributo owise não é restrito a apenas uma equação.

exemplo:

```
fmod OWISE-TEST is
sort A .
ops a b c d e : -> A .
op f : A -> A .
var x : A .
eq f(a) = b .                                                    (79)
eq f(b) = c .                                                    (80)
eq f(x) = a [owise] .                                            (81)
endfm
```

Sem o recurso do atributo owise, a operação f é parcial, indefinida para c, d e e.

Termos-chave

axiomas de pertinência, p. 75

casamento t := t, p. 78

classe de equivalência, p. 62

componentes ligados, p. 62

diagrama de Hasse, p. 63

equação t=t', p. 77

espécie, p. 68

operador diferente _=/=_, p. 82

operador if_then_else_fi, p. 81

operador igual _==_, p. 82

pertinência t:s, p. 77

polimorfismo, p. 64

predicado de pertinência _::s, p. 82

operador sobrecarregado, p. 64

sortes máximos, p. 70

sorte mínimo, p. 67

subsorte, p. 62

termo padrão, p. 78

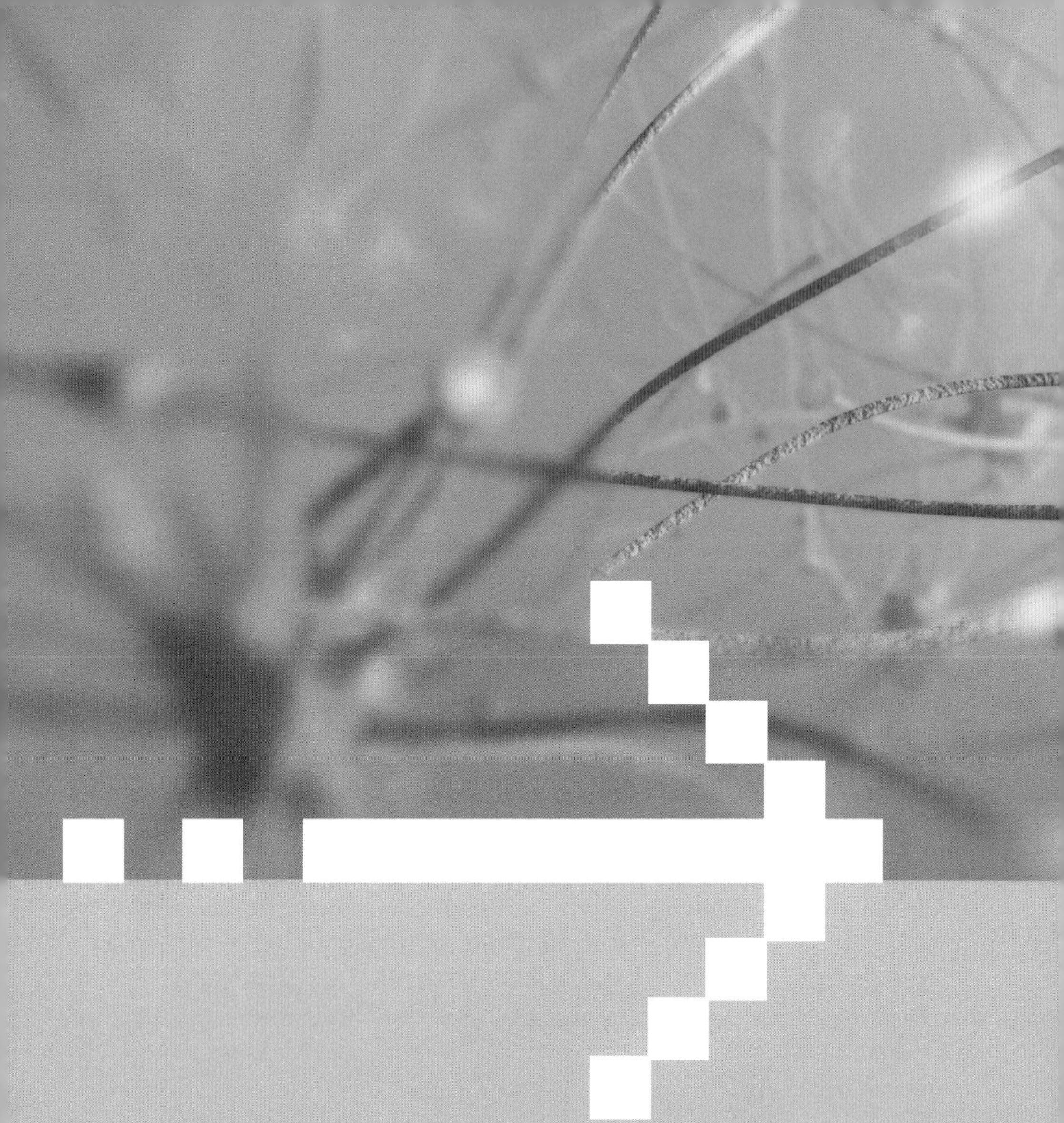

capítulo 6
tipos parametrizados: sortes como parâmetros

■ ■ Um tipo de dado parametrizado é um modelo do qual podem ser obtidos tipos reais, usando os conceitos de teorias (`fth`) e instanciações (`view`). Neste capítulo, apenas sortes podem ser usados como parâmetro. Tipos parametrizados também podem ser estendidos e sortes podem receber uma representação gráfica, que mostra como eles são organizados de forma hierárquica. Esta representação gráfica tem uma representação textual em Maude. Também é mostrado, neste capítulo, como uma especificação pode ser estendida, mantendo-se ainda parametrizada. Todos esses recursos são apresentados com a introdução de novos tipos de dados como STACK, QUEUE, ARRAY, etc.

Na especificação de **tipos compostos**, sortes do domínio **das operações geradoras** devem ser diferentes dos sortes de suas imagens. Assim, se $op: s_1\, s_2\ldots\, s_i\ldots\, sn \rightarrow s$ é uma geradora, pelo menos um sorte s_i deve ser diferente de s. Desta forma, os valores do novo sorte s são compostos por valores de outros sortes. As operações geradoras op encapsulam valores do sorte s_i, gerando valores do sorte s.

O domínio ou imagem da declaração dos operadores geradores dos tipos parametrizados inclui **sortes formais**. Por exemplo, o tipo GAVETAS poderia ser especificado independentemente de seu conteúdo. Operações como `abrir gaveta`, `fechar gaveta` ou `retirar` um objeto da gaveta podem ser definidas independentemente do conteúdo das gavetas, que poderia ser **lápis**, **borracha**, etc. Mas não devem existir operações que **alterem** os conteúdos, porque são desconhecidos.

Uma **especificação parametrizada** pode ser transformada em real, ou ordinária,[1] quando os **parâmetros formais** forem instanciados por **parâmetros reais**. Esse processo é chamado de **instanciação**. Quando a especificação parametrizada é instanciada, ela é transformada em uma especificação composta, real.

Inicialmente, neste capítulo, são vistas especificações parametrizadas com sortes como parâmetros. Em geral, tipos parametrizados possuem operações que têm a função de extrair valores que compõem os valores dos sortes.

6.1 tipo ORDERED-PAIRS

A especificação do tipo parametrizado ORDERED-PAIRS é mostrada abaixo. O **sorte formal** é `Component`. `Component` é precedido do símbolo $, como em `$Component`, para sinalizar que `Component` é um sorte formal e não necessita ser declarado.

ORDERED-PAIRS é caracterizada por três operações: criar um par, `pair`, obter o primeiro componente de um par, `first field of _` e, obter o segundo componente de um par, `second field of _`. A operação para criar pares, `pair`, é a geradora. Os valores do sorte `Pair` são $pair(c, c')$, para todo c, c': `$Component`.

fmod ORDERED-PAIRS **is**

sort Pair .

op pair : $Component $Component   -> Pair [**ctor**] .
op first field of _ : Pair   -> $Component .
op second field of _ : Pair   -> $Component .

vars c c' : $Component .

eq first field of pair (c, c') = c .   (82)
eq second field of pair (c, c') = c' .   (83)
endfm

---

[1] Ou, ainda, composta, uma vez que os valores do tipo são compostos por outros valores.

Um tipo composto, real, pode ser criado a partir de ORDERED-PAIRS, usando, por exemplo, o sorte Nat no lugar de $Component. Os valores do tipo, nesse caso, são compostos por dois valores do mesmo sorte Nat. O sorte Pair, neste caso, tem infinitos valores. Se $Component é instanciado por Bool, o sorte Pair tem quatro valores. Mais adiante é visto como uma especificação parametrizada pode ser transformada em uma real.

Note que os dois sortes formais do domínio do operador pair são iguais: $Component. As operações first field of_ e second field of_ são observadoras e têm a função de extrair valores dos termos pair(t1, t2), onde t1 e t2 são termos do sorte $Component.

Essa é uma primeira versão de ORDERED-PAIRS. As próximas versões generalizam essa versão, mas mantêm o mesmo objetivo: criar pares de valores de qualquer sorte.

6.2 instanciação

Para criar, por exemplo, pares de naturais, o sorte formal $Component de ORDERED-PAIRS deve ser instanciado pelo sorte real Nat de NAT da seguinte forma:

```
fmod NAT-PAIRS is
    protecting instantiation of ORDERED-PAIRS by NAT
        using $Component for Nat
endfm
```

Nessa especificação, ORDERED-PAIRS é instanciado pela especificação real NAT. Isto significa que as duas especificações são combinadas para formar uma terceira. Nessa combinação, onde ocorre em ORDERED-PAIRS o sorte formal $Component, esse é substituido pelo sorte Nat, conforme estabelece a cláusula (using). Finalmente, a especificação resultante é incluída em NAT-PAIRS via a declaração **protecting**. Essa especificação tem todos os recursos necessários para reescrever qualquer termo obtido a partir de sua assinatura.

Considerando que outras especificações parametrizadas podem ter também $Component em sua assinatura, a visão do sorte formal $Component de ORDERED-PAIRS como Nat de NAT, nesta especificação, não pode ser reutilizada. Assim, para possibilitar a reutilização de visões, a instanciação é dividida em duas estruturas. A primeira, chamada de **teoria**, declara $Component como um sorte formal genérico Component da seguinte forma:

```
fth PAR is
sort Component .
endfth
```

onde PAR (**PAR**âmetro) é o nome da teoria.[2]

---

[2] Em geral, teorias podem ter sortes formais, operações sobre estes sortes e equações sobre as operações, como é visto mais adiante.

A especificação parametrizada ORDERED-PAIRS passa a ter a teoria como parâmetro formal. Assim:

fmod ORDERED-PAIRS { PAR } **is**

...

endfm

onde {PAR} é chamado de **interface da especificação**. Dessa forma, o sorte formal $Component de ORDERED-PAIRS refere-se ao sorte formal Component da teoria **PAR**.

A segunda estrutura, chamada de **visão**, é um **mapeamento** da teoria para uma especificação real,[3] como, por exemplo:

view PAR-as-NAT
from PAR **to** NAT **is**
sort Component **to** Nat .
endv

onde PAR-as-NAT é o nome da visão. A visão PAR-as-NAT mapeia a teoria PAR na especificação real NAT. A especificação pode impor, também, certas condições aos parâmetros reais, como é visto mais adiante. O sorte Component em PAR corresponde ao sorte Nat de NAT. Uma visão sempre pode ser reutilizada. **Uma teoria pode ter várias visões**, que podem ser criadas independentemente de especificações parametrizadas, como, por exemplo:

view PAR-as-BOOL
from PAR **to** BOOL **is**
sort Component **to** Bool .
endv

Agora, a especificação parametrizada ORDERED-PAIRS, usando a visão PAR-as-NAT, é **instanciada**, substituindo, na especificação parametrizada, ORDERED-PAIRS, o parâmetro formal PAR (teoria), pela visão PAR-as-NAT da seguinte forma:

fmod NAT-PAIRS **is**
protecting ORDERED-PAIRS {PAR-as-NAT}.
endfm

Genericamente, uma especificação parametrizada P-SPEC, entretanto, pode ter várias instâncias[4] de um mesmo sorte formal $Component em sua assinatura, mas com visões diferentes. Por exemplo, uma instância do sorte formal $Component pode ser Nat de NAT e outra Bool de BOOL. Faz-se necessário, então, expandir a interface da especificação com várias teorias, uma para cada visão.

fmod P-SPEC { T1, T2, ..., Tn } **is**
----
endfm

---

[3] Como é visto mais adiante, especificações parametrizadas e teorias podem ser, também, alvos dos mapeamentos.

[4] $Component ocorre mais de uma vez na assinatura.

$T_i = T_j$, só se $i=j$ e se todas as teorias tiverem o sorte formal *Component*. Assim, uma instância do sorte formal *$Component*, na assinatura de *P-SPEC*, pode referir-se à teoria *Ti* e outra, à *Tj*. *Ti* tem a visão *Vi*, e *Tj* tem a visão *Vj*, assim como:

fmod *SPEC* **is**
protecting *P-SPEC*{*V1, V2, ..., Vn*}
endfm

onde *SPEC* é o nome da especificação.

Essa forma de escrever especificações parametrizadas apresenta, entretanto, um problema: não é possível estabelecer uma relação única entre as várias instâncias do sorte formal *$Component*, na assinatura, com os sortes *Component* nas teorias. Têm-se ambiguidades. Além disso, a especificação pode ter outros sortes formais *$Component1*, *$Component2*, ..., *$Componentn* em sua assinatura. Para evitar ambiguidades, cada parâmetro da especificação parametrizada *P-SPEC* recebe uma **identificação**, assim como:

fmod *P-SPEC* { *X1*::*T1*, …, *Xi*::*Ti*, …, *Xn*::*Tn* } **is**
----
endfm

onde {*X1*::*T1*, ..., *Xi* :: *Ti*, ..., *Xn*::*Tn* } é a **interface** da especificação parametrizada e cada par *Xi*::*Ti* é um parâmetro.[5] *Xi* é o nome[6] ou rótulo do parâmetro, e *Ti* é a teoria do parâmetro. Os sortes formais *$Component*, na assinatura, são precedidos do identificador de parâmetro: *Xi$Component*. Assim, uma instância do sorte formal *Xi$Component*, na assinatura, refere-se unicamente ao sorte formal *Component* na teoria *Ti*. Contrariamente, uma especificação parametrizada é ambigua quando tem, na sua interface, parâmetros com o mesmo rótulo X e teorias *Ti* diferentes (X :: *Ti*) e, na sua assinatura, referências ao sorte X$*Component*, onde *Component* é um sorte formal declarado nas teorias *Ti*.

A nova versão da especificação de ORDERED-PAIRS, que tem somente um parâmetro, fica, então:

fmod ORDERED-PAIRS { X:: PAR } **is**

sort Pair .

op pair :	X$*Component* X$*Component*	-> Pair [**ctor**] .
op first field of _ :	Pair	-> X$*Component* .
op second field of _ :	Pair	-> X$*Component* .

vars c c' : X$*Component* .

eq first field of pair (c, c') = c .   (84)
eq second field of pair (c, c') = c' .   (85)

endfm

---
[5] Parâmetros iguais podem ocorrer na interface, mas devem ser instanciados pela mesma visão.
[6] *Xi* é um identificador Maude.

A instanciação dos parâmetros formais $Xi::Ti$ de uma especificação parametrizada por parâmetros reais, requer uma visão que mapeia sortes e operadores formais da teoria ou Ti teorias[7] em sortes e operadores de especificações reais.

Na instanciação de especificações parametrizadas, para se obter especificações **reais**, compostas, deve-se substituir cada parâmetro formal $Xi::Ti$ da interface pelas respectivas **view** (visões). Exemplo: especificar o tipo NAT-PAIRS (pares de naturais)

```
fmod NAT-PAIRS is
protecting ORDERED-PAIRS {PAR-as-NAT} .
endfm
```

que não muda nada em relação à especificação NAT-PAIRS apresentada anteriormente, em virtude do fato de as duas instâncias do sorte formal X$Component, na assinatura de ORDERED-PAIRS, se referirem à mesma teoria PAR.

A figura 6.1, a seguir, mostra as relações entre a especificação parametrizada ORDERED-PAIRS, a teoria PAR e a visão PAR-as-NAT, que mapeia a teoria PAR na especificação real NAT.

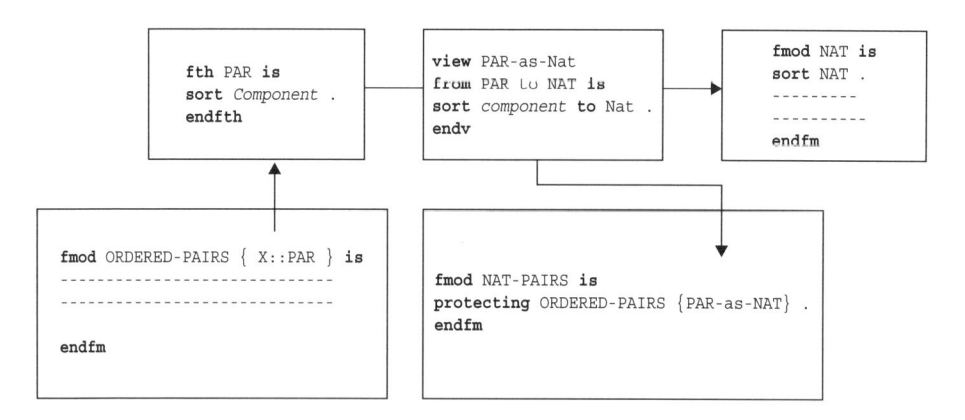

```
┌─────────────────────┐    ┌─────────────────────┐    ┌─────────────────────┐
│ fth PAR is          │    │ view PAR-as-Nat     │    │ fmod NAT is         │
│ sort Component .    │───▶│ from PAR to NAT is  │───▶│ sort NAT .          │
│ endfth              │    │ sort component to Nat. │    │ ---------           │
│                     │    │ endv                │    │ ---------           │
└─────────────────────┘    └─────────────────────┘    │ endfm               │
         ▲                                            └─────────────────────┘
         │
┌─────────────────────┐                 ┌─────────────────────────────────┐
│ fmod ORDERED-PAIRS  │                 │ fmod NAT-PAIRS is               │
│ { X::PAR } is       │                 │ protecting ORDERED-PAIRS        │
│ ---------------     │                 │ {PAR-as-NAT} .                  │
│ ---------------     │                 │ endfm                           │
│ endfm               │                 └─────────────────────────────────┘
└─────────────────────┘
```

figura 6.1 Especificação e instanciação de um tipo parametrizado.

NAT-PAIRS, resultado da instanciação, é visto pelo Maude da seguinte maneira:

```
fmod NAT-PAIRS is

sort Nat .
sort Pair .

...

op pair      :    Nat Nat         -> Pair [ctor] .
op first field of _:    Pair       -> Nat .
```

---

[7] Pode-se construir visões entre teorias, como é visto no capítulo 8.

```
op second field of _ :      Pair         -> Nat .
vars c c' : Nat .
...
eq first field of pair (c, c') = c .
eq second field of pair (c, c') = c' .

endfm
```

Os três pontos (…) representam, na ordem, a declaração dos operadores de NAT e as equações de NAT.[8] Conforme a equação, `first field of pair (c, c') = c`, onde, agora, `c` e `c'` são variáveis do sorte Nat, logo, `first field of pair (s s 0, 0) ≡ s s 0`. Note que o valor `pair(s s 0 + s 0, 0)` é composto por valores do sorte Nat (após a redução).

A visão PAR-as-NAT pode ser usada para criar especificações reais a partir de qualquer especificação parametrizadas que tem `Xi :: PAR` como parâmetro.

■ exercícios resolvidos 6.1

Reduzir os termos (a) e (b) em NAT-PAIRS

a.
```
first field of pair (s 0, s s s 0) + second field of pair (s s 0, s s 0)
                    ≡ s 0 + second field of pair (s s 0, s s 0)       pela (81)
                    ≡ s 0 + s s 0                                     pela (82)
                    ≡ s (0 + s s 0)                                   pela (20)
                    ≡ s s s 0                                         pela (22)
```
b.
```
s 0 > first field of pair (s 0 + s s 0, s 0)
                    ≡ s 0 > s 0 + s s 0                               pela (81)
                    ≡ s 0 > s (0 + s s 0)                             pela (20)
                    ≡ s 0 > s s s 0                                   pela (22)
                    ≡ s s s 0 < s 0                                   pela (17)
                    ≡ s s 0 < 0                                       pela (16)
                    ≡ false                                           pela (15)
```

Genericamente, as sintaxes simplificadas da teoria (**fth**)[9] e da visão (**view**) são:

```
fth ⟨teorie-name⟩ is
(sort ⟨formal-sort⟩ . )*
.........
endv
```

A sintaxe das teorias é a mesma das especificações reais e elas podem incluir teorias e especificações reais. A especificação BOOL não é incluída automaticamente nas teorias.

---

[8] Quando a especificação alvo é predefinida, como NAT, as equações não são mostradas com o comando `maude> show eqs ⟨SPEC⟩`.

[9] A sintaxe da teoria é igual a da especificação.

```
view ⟨view-name⟩
from ⟨theory-name⟩ to ⟨actual-specification-name⟩
(sort ⟨formal-sort⟩ to ⟨actual-sort⟩ .)*
endv
```

A ordem das visões na instanciação é importante. Se o i-ésimo parâmetro de uma especificação parametrizada tem a teoria TH, então, na instanciação, a visão correspondente deve ter origem em TH.

Maude, quando aplicado a uma especificação parametrizada P-$SPEC$, transforma P-$SPEC$ em uma nova especificação completa (*flat*), não parametrizada. Para cada parâmetro $Xi::Ti$, Maude constrói, com o corpo da teoria Ti, uma especificação denominada $Xi::Ti$. Se o sorte s ocorre em Ti, então s é renomeado para $Xi\$s$ em $Xi::Ti$. A especificação $Xi::Ti$, assim construída, tem o sorte $Xi\$s$ e é incluída na especificação P-$SPEC$.

A instanciação é um processo que liga os parâmetros formais de uma especificação parametrizada aos respectivos parâmetros reais, sendo criada uma nova especificação como resultado. A instanciação requer uma visão (**view**) que mapeia cada parâmetro formal aos seus correspondentes parâmetros reais. Cada uma dessas visões é usada para ligar os parâmetros formais, nomes dos sortes, dos operadores, etc, aos correspondentes nomes dos sortes, dos operadores,[10] etc., da especificação alvo.[11] **A especificação resultante inclui todos os sortes, operações e equações da especificação real e é capaz de reescrever qualquer termo gerado de sua assinatura**. Logo, a especificação resultante inclui a especificação real.[12]

Quando uma teoria tem muitos sortes formais, $Component_n$, uma visão qualquer dela deve ter, também, muitos sortes reais. Assim, muitas vezes, vale a pena uma especificação parametrizada ter vários parâmetros (teorias), no mínimo um para cada sorte formal $Xj\$Component_i$, para $1 \leq i \leq n$.

Especificações não parametrizadas podem ser incluídas via, por exemplo, **protecting**, ou **including**,[13] em teorias TH. Como a especificação chamada $Xi::TH$ é incluída em especificações parametrizadas P-$SPEC$, as especificações não parametrizadas e as teorias incluídas na teorias TH são também incluídas em P-$SPEC$.

Uma visão v é um mapeamento de uma teoria TH para uma especificação A-$SPEC$. A instanciação de uma especificação parametrizada P-$SPEC$ pela visão v pode ser denotada por P-$SPEC\{A$-$SPEC\}$. Se a especificação tem, na sua interface, vários parâmetros, então é denotada por P-$SPEC\{A$-$SPEC1, ..., A$-$SPECi, ..., A$-$SPECn\}$.

A especificação de pares de booleanos, ORDERED-PAIRS {BOOL}, é:

```
fmod BOOL-PAIRS is
protecting ORDERED-PAIRS { PAR-as-BOOL } .
endfm
```

---

[10] Ou termos (mapeamentos para termos são vistos em "termos como parâmetros").
[11] Que pode ser uma teoria.
[12] Cada especificação alvo é incluída.
[13] including e protecting são maneiras diferentes de inclusão. No capítulo 10, é mostrada a diferença entre ambas.

Na especificação BOOL-PAIRS, BOOL é incluída. Os operadores `first field of_` e `second field of_` têm imagem em `Bool`. Logo BOOL-PAIRS é uma extensão completa de BOOL. Informalmente, todo termo de sorte `Bool` em BOOL-PAIRS é equivalente a um termo de sorte `Bool` em BOOL, pois `first field of pair(t1:Bool,t2:Bool) ≡ t1:Bool`. O mesmo raciocínio vale para o operador `second field of_`.

Um tipo composto, obtido a partir de uma instanciação, tem seu próprio sorte. Se o sorte não for renomeado, valores de tipos compostos diferentes pertencem ao mesmo sorte, causando confusão. Por exemplo, o termo `pair(0, s 0)` tem o sorte `Pair` e o termo `pair(true, false)`, também, conforme as instanciações feitas. Assim, há necessidade de renomear os sortes. Por exemplo, `NatPair`, para pares de naturais, e `BoolPair`, para pares de booleanos, como mostram as especificações abaixo.

```
fmod NAT-PAIRS is
  protecting ORDERED-PAIRS { PAR-as-NAT } *
                                   (sort Pair to NatPair).

endfm

fmod BOOL-PAIRS is
  protecting ORDERED-PAIRS { PAR-as-BOOL } *
                                   (sort Pair to BoolPair).

endfm
```

■ exercícios resolvidos 6.2

Escrever termos do sorte `NatPair`:

1. `pair(0, s 0)`
2. `pair(n, 0)`   para `n: Nat`
3. `pair(n, n)`   para `n: Nat`
4. `pair(n, m)`   para `n m: Nat`

6.3 ⇢ operações com mesmo símbolo

Normalmente, a instanciação de uma especificação, além de causar confusão entre os sortes, pode causar confusão, também, entre as operações.

Em NAT-PAIRS, o operador `pair` tem a seguinte declaração:

```
pair : Nat    Nat    ->    NatPair.
```

Em BOOL-PAIRS, o operador `pair` tem a seguinte declaração:

```
pair : Bool   Bool   ->    BoolPair.
```

Claramente, têm-se duas operações com o mesmo nome `pair`, mas não há confusão, uma vez que, pelo contexto, o termo `pair(s 0, s s 0)` tem o sorte `NatPair` e o termo `pair(true, false and true)` tem o sorte `BoolPair`.

Existe confusão, sim, quando duas operações têm o mesmo símbolo e mesma funcionalidade e, nesse caso, os operadores devem ser renomeados.

Genericamente, sortes e operadores podem ser renomeados da seguinte maneira:

⟨Specification-name⟩[14] {⟨Views-name⟩} * ⟨renames⟩ .

onde ⟨renames⟩ é uma sequência de renomeações, separadas por vírgula, da forma:[15]

sort ⟨Sortname⟩ **to** ⟨Sortname⟩
op ⟨Opname⟩ **to** ⟨Opname⟩
op ⟨Opname⟩ **to** ⟨Opname⟩ [⟨set-of-atributes⟩]
op ⟨Opname⟩ : ⟨type-list⟩ -> ⟨type⟩ **to** ⟨Opname⟩
op ⟨Opname⟩ : ⟨type-list⟩ -> ⟨type⟩ **to** ⟨Opname⟩ [⟨set-of-atributes⟩][16]

onde ⟨type⟩ é o identificador do tipo.[17]

Por omissão, Maude atribui aos operadores atributos *default*. Como visto, esses atributos dependem da sintaxe do operador. Se um operador, renomeado, muda de sintaxe,[18] seus atributos podem mudar, conforme regras estabelecidas no capítulo 1.

O tipo GAVETAS, apresentado no início deste capítulo, pode ser especificado para admitir somente objetos vermelhos. Assim, por exemplo, dentre todas as cores de lápis, somente os vermelhos podem ser considerados. As teorias podem estabelecer as propriedades que os parâmetros reais, alvos na teoria TH, devem satisfazer, como é mostrado a seguir.

Em uma teoria TH, sejam Component e S sortes formais e op[19] uma operação formal:

op op : Component S -> S [**ctor**] .

Suponha que um conjunto de equações e de axiomas de pertinência, na teoria TH, define uma relação de ordem parcial sobre o sorte Component. Suponha, ainda, que outro conjunto de equações e axiomas de pertinência na teoria TH define a operação quicksort[20]

op quicksort : S -> S .

para colocar em ordem os valores do sorte Component que compõem os valores do sorte S.

Seja P-SPEC uma especificação parametrizada, onde um de seus parametros inclui a teoria TH.

---

[14] Opcionalmente, pode ser usada, também, uma expressão que resulte em uma especificação. Ex: ORDERED-PAIRS { PAR-as-BOOL }.

[15] Se o nome do operador for composto por vários identificadores, cuidado especial deve ser tomado para evitar que algum, em particular, seja um operador.

[16] Os únicos atributos possíveis são **prec** e **gather**.

[17] Como visto no capítulo 5, pode ser um sorte ou uma espécie.

[18] Por exemplo, passando da forma prefixada para a mixfixada. O usuário pode tirar proveito dessa mudança de atributos.

[19] Operações como parâmetros formais são vistas com mais detalhes a partir do capítulo 8.

[20] Um método de classificação.

Capítulo 6 ⇢ Tipos Parametrizados: Sortes como Parâmetros

Seja v uma visão da teoria TH para uma especificação A-SPEC, onde os sortes Component e S e a operação op da teoria TH são mapeados para sortes e operação da especificação A-SPEC. Considerando a visão v,[21] um mapeamento da teoria TH para a especificação A-SPEC, TH define a relação $\equiv_{TH}$ sobre o conjunto de termos T_s, onde s é um sorte alvo (**sort** Component **to** s) de A-SPEC. Para o sorte s, A-SPEC define a relação $\equiv_{A-SPEC}$. v é uma visão válida se A-SPEC satisfaz as propriedades definidas em TH, ou seja, se o teorema $\equiv_{TH} \subseteq \equiv_{A-SPEC}$ é provado. Assim, a operação quicksort é disponível em uma especificação que inclui uma instanciação de P-SPEC, onde seu parâmetro formal é instanciado pela visão v. Por exemplo, se s é o sorte dos números naturais, Nat, ou é o sorte dos símbolos de um alfabeto, ou é o sorte dos verbetes de um dicionário, então a operação quicksort pode ordenar (classificar) os valores dos correspondentes sortes s.[22]

A teoria PAR é muito simples, pois não tem equações e não impõe qualquer restrição sobre os valores do sorte Component. Logo, a relação de equivalência definida por PAR, para qualquer visão v, vale: $\equiv_{PAR} = \emptyset$.

A renomeação de operadores pode ser, também, usada para adequar a especificação ao mundo real. Exemplo: um supermercado faz uma oferta de mercadoria.

fmod OFERTA **is**
protecting ORDERED-PAIRS { PAR-as-NAT } *
                        (**sort** Pair **to** Oferta ,
                         op pair **to** oferta ,
                         op first field of _ **to** mercadoria da _ ,
                         op second field of _ **to** preco da _) .

endfm

Nessa especificação, o sorte Pair foi renomeado para Oferta, a operação geradora pair por oferta e as operações first field of_ e second field of_ foram renomeadas para mercadoria da _ e preco da _,[23] respectivamente. oferta(3, 4), oferta(s s 0, s s s 0), etc. são termos do sorte Oferta. mercadoria da oferta (3, 4) $\equiv$ 3 e preco da oferta (3, 4) $\equiv$ 4.

Em muitas aplicações, somente um subconjunto de valores de um sorte são de interesse. Seja

                         op op : ... -> s [**ctor**] .

uma operação contrutora de uma especificação parametrizada. Como visto no capítulo 1, não existem restrições para gerar valores do sorte s: todos os termos gerados com o operador op são valores e têm o sorte s. Se, na instanciação, somente um subconjunto de valores s deve ter um sorte, então o operador op deve ser declarado por:

                         op op : ... ~> [s] [**ctor**] .

---

[21] O sorte Component em TH é instanciado por s em A-SPEC.
[22] O sorte Array é uma boa aplicação para S, sendo seus valores compostos por valores do sorte Component. O sorte Array é visto mais adiante.
[23] Os operadores renomeados não sofreram mudança de sintaxe (pré-fixados) e, assim, seus valores de precedência não são alterados.

Dessa forma, na instanciação, todo termo `op(...)` tem a espécie `[s]`. Para estabelecer que um subconjunto de valores tem o sorte `s`, faz-se necessário definir este sorte via axiomas de pertinência, como

        cmb `op(...) : s`   **if** ...

Por exemplo, a operação geradora `pair` de `ORDERED-PAIRS` pode ser declarada por:

        op `pair : X$Component X$Component`   `-> [Pair] [`**ctor**`]`.

Supondo que `Component` é instanciado por `Nat`, então a operação `pair` fica assim:

        op `pair : Nat Nat`   `-> [Pair] [`**ctor**`]`.

Supondo agora que somente interessa os pares em que nenhum dos argumentos é maior que 10, logo

        cmb `pair(n, m) : Pair` **if** `n < 10 and m < 10`.

Neste livro, as operações geradoras das especificações parametrizadas são totais, e outro mecanismo, como mostrado adiante, deve ser usado para definir os **termos bem formados**.

6.4 extensão de tipos parametrizados

Um tipo parametrizado `P-SPEC` pode ser estendido com novas operações observadoras `op` de seu sorte `s`. A **extensão** é uma nova especificação `P-SPEC-EXT` que importa a especificação `P-SPEC`. A extensão de uma especificação parametrizada continua sendo uma especificação parametrizada.

Na ferramenta Maude, a extensão de `P-SPEC{X::TH}` implica sua **inclusão** na especificação estendida `P-SPEC-EXT{Y::TH}`, como mostrado abaixo:

```
fmod P-SPEC-EXT{Y :: TH} is
protecting P-SPEC{Y}.
...
endfm
```

Maude usa o rótulo `Y` do parâmetro `Y :: TH` de `P-SPEC-EXT` para ligar esse parâmetro ao correspondente parâmetro, `X :: TH`, da subespecificação `P-SPEC`, como mostra o esquema:

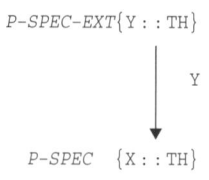

                `P-SPEC-EXT{Y :: TH}`

                            ↓ Y

                `P-SPEC  {X :: TH}`

Como resultado dessa ligação, o rótulo `X` de `P-SPEC` é renomeado para `Y`. Desta forma, `X$Component` em `P-SPEC` é instanciado por `Y$Component`. Como será visto mais adiante, isso facilita a construção de tipos complexos, onde os rótulos podem ser "renomeados" para evitar ambiguidades.

Quando P-SPEC-EXT é instanciada com uma visão V, P-SPEC é instanciada pela mesma visão.

Na extensão do tipo ORDERED-PAIRS, por exemplo, com a introdução de uma operação op, novos termos do sorte Pair podem ser construídos. No exemplo a seguir, os componentes de um par são invertidos.

```
fmod ORDERED-PAIRS-EXT {Y :: PAR} is
    protecting ORDERED-PAIRS {Y} .
    op invert_ : Pair -> Pair .
    vars fst scn : Y$Component .
    eq invert pair(fst, scn) = pair(scn, fst) .                          (86)
endfm
```

Quando ORDERED-PAIRS-EXT é instanciado por uma visão, ORDERED-PAIRS é instanciada pela mesma visão.

A construção de uma especificação parametrizada com auxílio de outras é, entretanto, totalmente geral. A interface deve ser adequada para que os parâmetros guardem correspondências com as especificações introduzidas. Além disso, a interface pode incluir parâmetros próprios, como mostrado a seguir:

```
fmod P-SPEC-EXT{X1 :: TH1 , X2 :: TH2 , X3 :: TH3} is
    protecting P-SPEC1{X1} .
    protecting P-SPEC2{X2} .
    ...
endfm
```

Nesse exemplo, o parâmetro X3 :: TH3 é próprio de P-SPEC-EXT. Nessa especificação, P-SPEC1 e P-SPEC2 podem ser vistas como especificações auxiliares.

6.5 representação gráfica dos sortes

Tipos existem no mundo real e são descritos informalmente, como, por exemplo, uma pilha de livros. Tipos são descritos formalmente em uma linguagem algébrica, como neste trabalho, e independem da aplicação. Uma das tarefas do engenheiro de *software* é traduzir a descrição informal da solução de um problema para descrição formal da solução do mesmo problema. Essa tradução pode ser simples, se for possível identificar um tipo de dado formal que, adequando o vocabulário, é a tradução do tipo do mundo real.

Cada valor do sorte Pair da especificação ORDERED-PAIRS é formado por dois valores dos sortes formais X$Component e prefixados pela construtora pair: pair(c, c'), onde c,c':X$Component. Assim, o sorte Pair pode ser representado, graficamente, como mostrado em (a) da figura 6.2. Estas representações são úteis para descrever sortes reais com base na descrição informal da especificação.

A especificação OFERTA, mostrada na figura 6.2, é uma instanciação de ORDERED-PAIRS, onde o sorte Pair foi renomeado para Oferta e X$Component instanciado por Nat. A representação gráfica da instanciação do sorte Pair é mostrada em (b) da figura 6.2, onde Mercadoria e Preço são comentários. A representação gráfica do sorte Oferta é parte do enunciado de um problema real, do qual a especificação OFERTA é a solução. A representação gráfica do sorte Pair é única

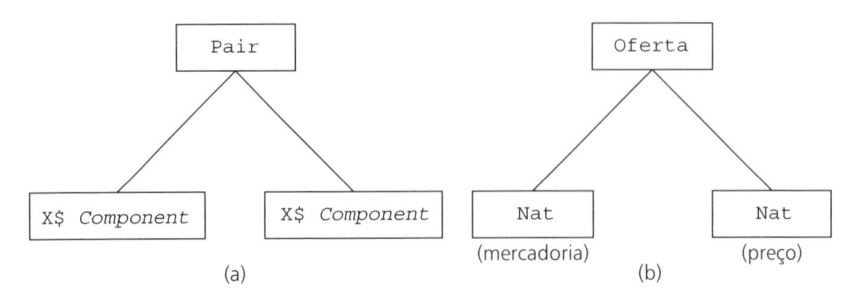

```
              Pair                              Oferta
           /        \                         /        \
   X$ Component   X$ Component              Nat         Nat
                                        (mercadoria)  (preço)
            (a)                                 (b)
```

figura 6.2 Espécie estruturada Pair (a). Espécie estruturada Pair, instanciada e renomeada (b).

Novas operações podem ser incluídas estendendo a especificação NAT-PAIRS. Entretanto, para não descaracterizá-la, as novas operações devem ser definidas, se possível, **tendo variáveis como argumentos** (e não como valores). Exemplo: Considerando o sorte NatPair, pode-se criar uma nova operação, sum_, para somar os dois componentes do par da seguinte forma:

op sum _: NatPair -> Nat.

definida por

eq sum p = first field of p + second field of p.

e não por

eq sum pair $(n, m) = n + m$.

■ exercícios propostos 6.1

1. Construir a árvore para representar o termo s 0 > first field of pair (s 0 + s s 0, s 0) do sorte Bool.
2. Estender a especificação NAT-PAIRS para incluir o operador
   invert: NatPair NatPair -> NatPair, para inverter os componentes do termo pair: o primeiro passa a ser o segundo, e vice-versa.

■ exercício resolvido 6.3

Construir uma especificação parametrizada DOUBLES para que os componentes (parâmetros: X1:$Component e X2:$Component) dos valores do sorte Double, construídos com a geradora double, possam ser de sortes diferentes. As observadoras *first field of_* e *second field of_* extraem, respectivamente, o primeiro e o segundo componente do valor *double* (*c*, *c'*) para todo *c*: X1$*Component* e *c'*: X2$*Component*.

fmod DOUBLES { X1 :: PAR, X2 :: PAR } **is**

sort Double .

op double : X1$*Component* X2$*Component*   -> Double [**ctor**] .
op first field of _ : Double   -> X1$*Component* .
op second field of _ : Double   -> X2$*Component* .

var *c* : X1$*Component* .
var *c'* : X2$*Component* .

eq first field of double (*c*, *c'*) = *c* .   (87)
eq second field of double (*c*, *c'*) = *c'* .   (88)

endfm

A operação double é total. Isso significa que todo termo *t*, construído com esta geradora, tem o sorte Double. Na instanciação, se necessário, um axioma de pertinência pode ser construído para estabelecer quais termos *t*, construídos com esta geradora, são bem formados.

Uma instanciação do tipo DOUBLES, onde X1$*Component* é instanciado por Bool e X2$*Component* por Nat, pode ser da seguinte forma:

fmod BOOL-NAT-DOUBLES **is**
protecting DOUBLES { PAR-as-BOOL, PAR-as-NAT } .
endfm

Os valores do sorte Double são: double (*c*, *c'*) para todo *c*:Bool e *c'*:Nat.

O sorte Double do tipo DOUBLES é representado graficamente na figura 6.3.

```
            ┌────────┐
            │ Double │
            └───┬────┘
         ┌─────┴─────┐
┌────────────────┐  ┌────────────────┐
│ X1$Component   │  │ X2$Component   │
└────────────────┘  └────────────────┘
```

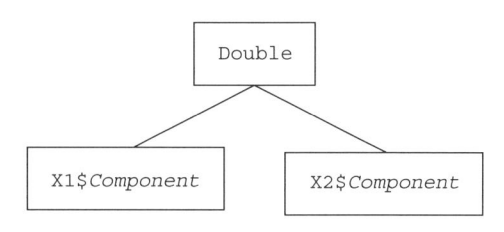

figura 6.3 Representação gráfica do sorte Double.

A figura 6.4, a seguir, mostra o sorte Double após uma instanciação e renomeação da especificação DOUBLES.

```
                    ┌─────────┐
                    │ Oferta  │
                    └────┬────┘
                    ┌────┴────┐
         ┌──────────┴─┐     ┌─┴──────┐
         │ Mercadoria │     │ Preço  │
         └────────────┘     └────────┘
```

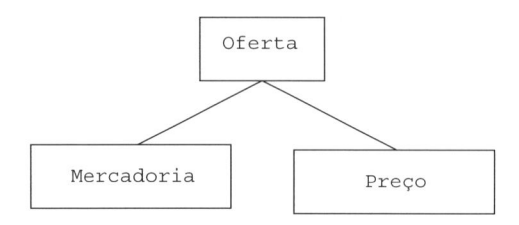

figura 6.4 Representação gráfica do sorte Oferta.

A instanciação e renomeação de DOUBLES é:

       fmod IDENTIFICACAO **is**
       protecting NAT .
       sort Mercadoria .
       op mercadoria_ :   Nat -> Mercadoria [**ctor**] .
       endfm

       fmod PRECO **is**
       protecting NAT .
       sort Preco .
       op preco_ :   Nat -> Preco [**ctor**] .
       endfm

       view PAR-como-IDENTIFICACAO
       from PAR **to** IDENTIFICACAO **is**
       sort *Component* **to** Mercadoria .
       endv

       view PAR-como-PRECO
       from PAR **to** PRECO **is**
       sort *Component* **to** Preco .
       endv

fmod OFERTA **is**
protecting DOUBLES {PAR-como-IDENTIFICACAO, PAR-como-PRECO} *
    (**sort** Double   **to** Oferta,
     op double   **to** oferta,
     op first field of _   **to** mercadoria da _,
     op second field of _ **to** preco da _) .
endfm

Alguns termos dos sortes Oferta, Mercadoria, Preco e Mercadoria são: oferta(mercadoria 32, preco 29), mercadoria 32, preco 59 e mercadoria da oferta(mercadoria 45, preco 24), respectivamente.

Capítulo 6 ⇢ Tipos Parametrizados: Sortes como Parâmetros

A figura 6.5, a seguir, é a representação gráfica de um sorte, resultado da instanciação de DOUBLE, renomeando Double por Alocacao e instanciando X1$Component por Disciplina e X2$Component por Professor. Disciplina e Professor são sortes reais.

```
           Alocação
          /        \
         /          \
   Disciplina    Professor
```

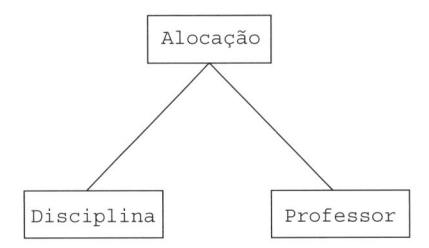

figura 6.5 Representação gráfica do sorte Alocacao.

Para a obtenção do sorte Alocacao, na figura acima, a especificação DOUBLES deve ser instanciada por:

        view PAR-como-DISCIPLINAS
        from PAR **to** DISCIPLINAS **is**
        sort Component **to** Disciplina.
        endv

        view PAR-como-PROFESSORES
        from PAR **to** PROFESSORES **is**
        sort Component **to** Professor.
        endv

fmod ALOCACAO **is**
protecting DOUBLES { PAR-como-DISCIPLINAS, PAR-como-PROFESSORES } *
                                          (**sort** Double **to** Alocacao,
                                            op double **to** alocacao).

endfm

Disciplina e Professor são sortes das especificações DISCIPLINAS e PROFESSORES, respectivamente, não apresentadas.

Esta representação gráfica pode ser generalizada para n-uplas componentes (n parâmetros). Para cada n, é necessária uma nova especificação, TRIPLES, QUADRUPLES, QUINTUPLES, SEXTUPLES, ..., com um novo sorte, Triple, Quadruple, Quintuple, Sextuple, ..., e novas geradoras triple, quadruple, quintuple, sextuple... , respectivamente.

Observe que a especificação ORDERED-PAIRS é um caso particular da especificação DOUBLES quando, nessa última, os dois parâmetros são instanciados para um mesmo sorte.

A especificação QUADRUPLES é dada por:

```
fmod QUADRUPLES {X1 :: PAR, X2 :: PAR, X3 :: PAR, X4 :: PAR} is
    sort Quadruple .
    op quadruple :      X1$Component X2$Component X3$Component
                        X4$Component        ->      Quadruple [ctor] .
    op first field of _ :  Quadruple        ->      X1$Component .
    op second field of _ : Quadruple        ->      X2$Component .
    op third field of _ :  Quadruple        ->      X3$Component .
    op fourth field of _ : Quadruple        ->      X4$Component .

        var c1 : X1$Component .
        var c2 : X2$Component .
        var c3 : X3$Component .
        var c4 : X4$Component .

        eq first field of quadruple (c1, c2, c3, c4)   =    c1 .          (89)
        eq second field of quadruple (c1, c2, c3, c4)  =    c2 .          (90)
        eq third field of quadruple (c1, c2, c3, c4)   =    c3 .          (91)
        eq fourth field of quadruple (c1, c2, c3, c4)  =    c4 .          (92)
endfm
```

A representação gráfica do sorte Quadruple é mostrada na figura 6.6:

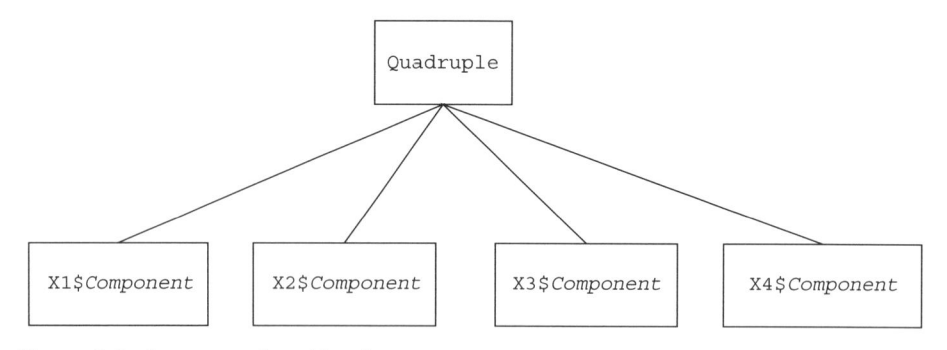

figura 6.6 Representação gráfica do sorte Quadruple.

Os valores do sorte Pair são pair (c, c'), do sorte Double são double (c, c'), do sorte Triple são triple (c, c', c"), e assim por diante para todos os valores c, c' e c" dos respectivos sortes instanciados. Estas n-uplas são identificáveis pelo nome dado à geradora. Entretanto, muitas vezes, esta identificação não é necessária. Nesse caso, usa-se a operação '(_', ...', _') como construtora de n-uplas. O operador '(_', _'), para duplas, é declarado por:

op '(_', _') : X1$Component X2$Component -> Double .

Se o construtor de tuplas não tem domínio, então a operação () é uma constante e um sorte, denominado Unit, tem somente um elemento, a tupla-0, (). Como a operação () não tem domínio, UNIT é uma especificação real:

```
fmod UNIT is
sort Unit .
op '(') : -> Unit [ctor] .
endfm
```

■ exercício resolvido 6.4

No contexto de um hotel, os clientes solicitam reservas informando o período de permanência. Construir uma especificação para o sorte representado graficamente abaixo. As datas de entrada e saída são números naturais, para simplificar. O período é bem formado se a data da saída é maior ou igual à da entrada.

```
                    Periodo
                   /       \
              Entrada      Saida
```

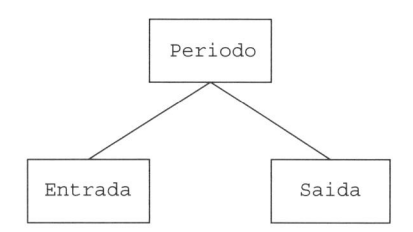

figura 6.7 Representação gráfica do sorte Periodo.

```
fmod ENTRADA-E-SAIDA is
protecting NAT .
sorts Entrada Saida .
op data de entrada _ : Nat -> Entrada [ctor] .
op data de saida _ : Nat -> Saida [ctor] .
endfm

view PAR-como-ENTRADA
from PAR to ENTRADA-E-SAIDA is
sort Component to Entrada .
endv

view PAR-como-SAIDA
from PAR to ENTRADA-E-SAIDA is
sort Component to Saida .
endv

fmod PERIODO is
protecting DOUBLES{PAR-como-ENTRADA, PAR-como-SAIDA} *
    (sort Double          to Periodo,
     op double             to periodo ,
     op first field of _   to data de entrada do _ ,
     op second field of _  to data de saida do _ ) .
```

```
sort PeriodoBf .
subsort PeriodoBf < Periodo .

var pe : Periodo .
vars de ds : Nat .            *** Datas de entrada e saida

cmb pe : PeriodoBf if data de entrada de :=  data de entrada do pe /\
                     data de saida ds   := data de saida do pe /\
                     de <= ds .                                                 (93)

endfm
```

Segue outra solução mais simples do problema apresentado:

```
fmod PERIODO is
protecting DOUBLES{PAR-como-ENTRADA, PAR-como-SAIDA} *
    (sort Double            to Periodo,
     op double              to periodo ,
     op first field of _    to data de entrada do _ ,
     op second field of _   to data de saida do _ ) .

sort PeriodoBf .
subsort PeriodoBf < Periodo .

var pe : Periodo .
vars de ds : Nat .            *** Datas de entrada e saida

cmb periodo(data de entrada de, data de saida ds) : PeriodoBf if
                                                    de <= ds .                  (94)
endfm
```

Como a operação geradora de DOUBLES é total, a separação dos períodos errados dos certos foi resolvida com o sorte PeriodoBf (períodos bem formados), como mostrado anteriormente.

O sorte Entrada da especificação ENTRADA tem os valores: data de entrada n. O sorte Saida da especificação SAIDA tem os valores: data de saida n, para n:Nat. A visão PAR-como-ENTRADA mapeia Component em Entrada e PAR-como-SAIDA mapeia Component em Saida. Na especificação PERIODO, DOUBLES é instanciada com as visões PAR-como-ENTRADA e PAR-como-SAIDA, o sorte Double é renomeado para Periodo, a operação double é renomeada para periodo, a operação first field of_ é renomeada para data de entrada do_ e a operação second field of_ é renomeada para data de saida do _.

O termo periodo(data de entrada 3, data de saida 8) tem o sorte PeriodoBf, e o termo periodo(data de entrada 15, data de saida 8) tem o sorte Periodo.

6.6 tipo união disjuntiva

Um tipo de dado muito útil é a união disjuntiva. A união disjuntiva reúne vários sortes em um só, a união de todos. A união disjuntiva tem as mesmas restrições quando se trata de n-uplas. Para cada n, deve existir um tipo de dado específico.

Para referenciar cada sorte da união disjuntiva, deve ser incluída uma operação geradora tag_i, para $i = 1..n$, onde n é o numero de sortes da união disjuntiva. Segue um modelo de união disjuntiva com três instâncias do sorte formal *Component*.

fmod THREE-DISJOINT-UNION {X1::PAR, X2::PAR, X3::PAR} **is**
sort ThreeDisjoinUnion .
  op tag1 _: X1$*Component* -> ThreeDisjoinUnion [**ctor**] .
  op tag2 _: X2$*Component* -> ThreeDisjoinUnion [**ctor**] .
  op tag3 _: X3$*Component* -> ThreeDisjoinUnion [**ctor**] .
endfm

A união disjuntiva de três sortes pode ser denotada por:

$$\text{ThreeDisjoinUnion} = \text{tag1 X1}\$Component + \text{tag2 X2}\$Component + \text{tag3 X3}\$Component$$

onde tag1_, tag2_ e tag3_ são geradoras. Os valores do sorte ThreeDisjoinUnion são:

tag1 x, para todo x: X1$*Component*,
tag2 y, para todo y: X2$*Component* e
tag3 z, para todo z: X3$*Component*.

A representação gráfica do sorte ThreeDisjoinUnion do tipo THREE-DISJOINT-UNION é mostrada na figura 6.8. O sorte ThreeDisjoinUnion tem o seguinte significado: um valor do sorte ThreeDisjoinUnion é um valor do sorte X1$*Component*, X2$*Component* ou X3$*Component*, dependendo do tag que precede. A união disjuntiva[24] tem uma representação gráfica única, como mostra a figura 6.8 a seguir, para uma união de três sortes.

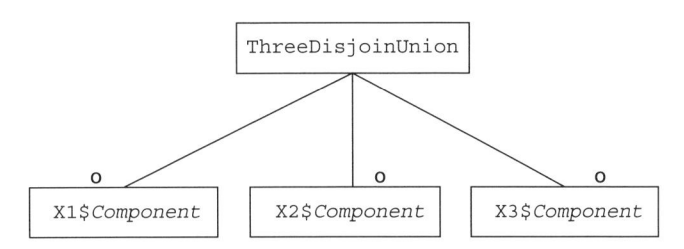

figura 6.8 Representação gráfica do sorte ThreeDisjoinUnion.

---

[24] Algumas ferramentas não aceitam a assinatura de operações sem símbolos de operação. Caso contrário, seria ambíguo unir sortes iguais, como, por exemplo: Nat + Nat.

A especificação da união dos sortes Nat e Bool é:

fmod NAT-BOOL-UNION **is**
protecting TWO-DISJOINT-UNION {PAR-as-NAT, PAR-as-BOOL}
endfm

Os valores do sorte DOUBLES são tag1 x, para todo x: Nat, e tag2 y, para todo y : Bool. Exemplos: tag1 s 0, tag2 true, tag1 0 são valores do sorte NatBool.

Na instanciação, o sorte nDisjointUnion e as operações geradoras tagm podem ser renomeados e os sortes Xi$Component instanciados. Exemplo:

Docente = auxiliar ProfessorAuxiliar + assistente ProfessorAssistente +
adjunto ProfessorAdjunto + titular ProfessorTitular

onde (ver figura 6.9) o sorte FourDisjoinUnion é renomeado para Docente, as operações tag1 renomeada para auxiliar, tag2 para assistente, tag3 para adjunto e tag4 para titular, e os sortes X$Component1 instanciado por ProfessorAuxiliar, X$Component2 por ProfessorAssistente, X$Component3 por ProfessorAdjunto e X$Component4 por ProfessorTitular.

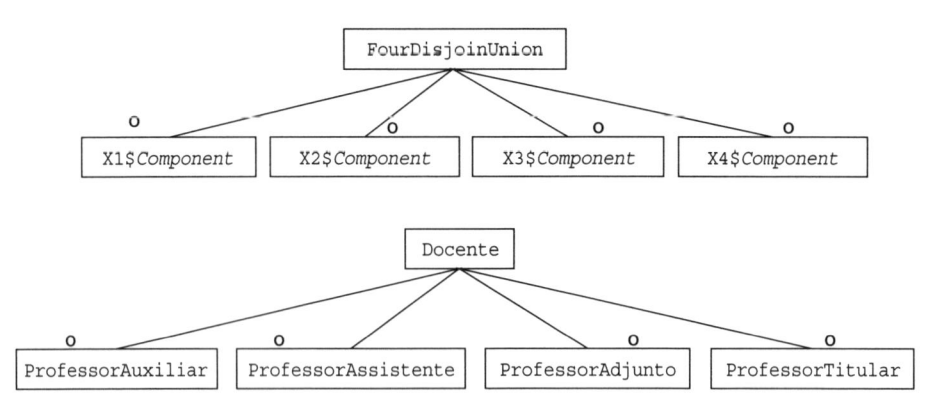

figura 6.9 Representação gráfica do sorte FourDisjoinUnion (parte superior) e do sorte Docente (parte inferior).

A união disjuntiva pode ser incluída em outras especificações que têm uma operação **op** $op: s_1, \ldots, s_i, \ldots, s_n \to s$., onde o sorte s_i é uma união disjuntiva de sorte, como, por exemplo, NatBool. Assim,

    var   v1: Nat .
    var   v2: Bool .
    eq $op (t_1, \ldots,$ tag1 $v1, \ldots, t_n) = p_1$.
    eq $op (t_1', \ldots,$ tag2 $v2, \ldots, t_n') = p_2$.

onde p_1 e p_2 são termos do sorte s, t_n e t_n' são termos do sorte s_n, tag1 $v1$ e tag2 $v2$ são termos do sorte s_i. Em geral, op tem tantas definições (equações) quantas forem o número de sortes da união disjuntiva.

Se uma especificação que tem, por exemplo, o sorte NatBool é incluída em outra, a operação *op* pode ser interpretada como uma expressão case. Seja *op* (t_1', ..., *op*' (t'), ..., t_n') um termo do sorte *s*.

```
case op (t₁', ..., op' (t'), ..., tₙ')
```
  - **op** ($t_1, t_2, ..., $ tag1 $v1, ..., t_n$)   =p_1 [t'\v1, ...]
  - **op** ($t'_1, t'_2, ..., $ tag2 $v2, ..., t'_n$)   =p_2 [t'\v2, ...]
end

Se *op*($t_1, t_2, ...,$ tag1 $v1, ..., t_n$) casar com *op* (t_1', t_2', ..., *op*' (t'),..., t_n'), então

$$op (t_1', t_2', ..., tag1(t'), ..., t_n') \equiv p_1 [t'\backslash v1, ...],$$

onde t'\v1, ... é a substituição obtida do processo de casamento. Na substituição $s = t$'\v1, ..., (...) representa os demais pares *termo**variável*. O mesmo raciocínio vale para a segunda alternativa.

■ exercícios resolvidos 6.5

1. Instanciar a especificação TWO-DISJOINT-UNION, fornecida abaixo, para definir o sorte
   NatNat = tag1 Nat + tag2 Nat.

   fmod TWO-DISJOINT-UNION { X1:: PAR, X2:: PAR } **is**
   sort TwoDisjointUnion.
   op tag1 _ :   X1$Component -> TwoDisjointUnion [**ctor**].   (95)
   op tag2 _ :   X2$Component -> TwoDisjointUnion [**ctor**].   (96)
   endfm

fmod NAT-NAT **is**
protecting TWO-DISJOINT-UNION { PAR-as-NAT, PAR-as-NAT } *
                           (**sort** TwoDisjointUnion **to** NatNat).
endfm

2. Estender a especificação NAT-NAT com a operação plus que soma 10 a *n* de tag1 *n* ou soma 20 a *n* de tag2 *n*.

   fmod NAT-NAT-PLUS **is**
   protecting NAT-NAT.
   op plus _ : NatNat -> Nat.
   vars *n m*: Nat.
   eq plus tag1 *n* = 10 + (*n*).   (97)
   eq plus tag2 *n* = 20 + (*n*).   (98)
   endfm

Outra solução seria:

fmod NAT-NAT-PLUS **is**
   protecting   TWO-DISJOINT-UNION   {PAR-as-NAT,   PAR-as-NAT}   *
                           (**sort** TwoDisjointUnion **to** NatNat).

```
op plus _ : NatNat -> Nat .
var n m : Nat .
eq plus tag1 n = 10 + (n) .                                                    (99)
eq plus tag2 n = 20 + (n) .                                                    (100)
endfm
```

Algumas reduções:

```
plus tag1 (m + 50) ≡ 10 + (m + 50) ≡ m + 60
plus tag2 (m * 2) ≡ 20 + (m * 2)
```

A definição de união disjuntiva é particularmente interessante quando os sortes são iguais. Por exemplo: `Jogo = internacional Jogador + gremio Jogador`. Admitindo que cada jogador tem um número, que pode ser repetido, a única maneira de diferenciá-los é pela cor da camisa.

Outra maneira de especificar união disjuntiva está na aplicação de subsortes, quando os subsortes não têm valores comuns. Por exemplo, se `A B < C`, o sorte `C` **inclui** os sortes `A` e `B`.[25] Portanto, um termo do sorte `C` pode ser do sorte `A` ou de `B`. Se `t:C`, o interesse está em conhecer o **sorte mínimo** de `t`, se de `A` ou de `B`. Assim, **outra versão** para TWO-DISJOINT-UNION é:

```
fmod TWO-DISJOINT-UNION {X1:: PAR, X2:: PAR} is
sort TwoDisjointUnion .
subsort X1$Component X2$Component < TwoDisjointUnion .
endfm
```

A figura 6.10, a seguir, mostra o diagrama de Hasse da inclusão de subsortes `X1$Component X2$Component < TwoDisjointUnion`.

```
                TwoDisjointUnion
                  /          \
         X1$Component      X2$Component
```

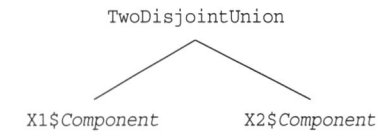

figura 6.10 Correspondente diagrama de Hasse para o sorte `TwoDisjointUnion`.

Se um subtermo de um termo `u` é do sorte de uma união disjuntiva e se `u` está em um axioma de pertinência, **cmb** `u:s` **if** *Cond*, ou no lado esquerdo de uma equação `u = u'`, então, se todas as alternativas devem ser consideradas, deve haver tantos desses axiomas, ou dessas equações, respectivamente, quantas forem as alternativas da união disjuntiva.

■ exercício resolvido 6.6

No contexto de um hotel, os quartos podem ser de dois tipos: simples ou duplos. Construir uma especificação para definir o sorte representado na figura 6.11 a seguir:

---

[25] Os sortes `A` e `B` não podem ter termos de mesma forma normal.

Capítulo 6 ⇢ **Tipos Parametrizados: Sortes como Parâmetros** **111**

```
         TipoQuarto                    TipoQuarto
         /      \                      /        \
        o        o                    /          \
    Simples    Duplo              Simples       Duplo
```

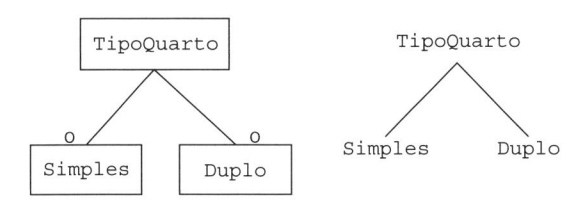

figura 6.11 Representação gráfica do sorte `TipoQuarto` e o respectivo diagrama de Hasse.

A direita, é mostrado o diagrama de Hasse para a inclusão de subsortes
`Simples Duplo < TipoQuarto`.

```
fmod SIMPLES-E-DUPLO is
sorts Simples Duplo .
op quarto simples :  -> Simples [ctor] .
op quarto duplo :    -> Duplo [ctor] .
endfm
```

```
view PAR-como-SIMPLES                    view PAR-como-DUPLO
from PAR to SIMPLES-E-DUPLO is           from PAR to SIMPLES-E-DUPLO is
sort Component to Simples .              sort Component to Duplo .
endv                                     endv
```

```
fmod TIPOQUARTO is
protecting TWO-DISJOINT-UNION {PAR-como-SIMPLES, PAR-como-DUPLO} *
                          (sort TwoDisjointUnion to TipoQuarto) .
endfm
```

■ exercício resolvido 6.7

No contexto de um hotel, os clientes solicitam reservas fornecendo o período da reserva e o tipo de quarto desejado. Construir uma especificação para definir o sorte abaixo:

```
              Reserva
              /     \
             /       \
        PeriodoBf   TipoQuarto
```

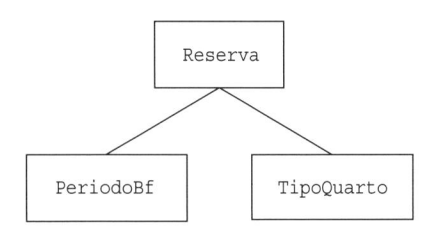

figura 6.12 Representação gráfica do sorte `Reserva`.

```
    view PAR-como-PERIODO
    from PAR to PERIODO is
    sort Component to PeriodoBf. *** Importante
    endv
```

```
view PAR-como-TIPOQUARTO
from PAR to TIPOQUARTO is
sort Component to TipoQuarto .
endv
```

```
fmod RESERVA is
protecting DOUBLES {PAR-como-PERIODO, PAR-como-TIPOQUARTO} *
                    (sort Double to Reserva,
                     op double to reserva,
                     op first field of _ to periodo da _ ,
                     op second field of _ to tipo do quarto da _) .
endfm
```

Esse exemplo mostra que os períodos da reserva são restritos aos bem formados, `t:PeriodoBf` (ver `view PAR-como-PERIODO`). Assim, para termos `u` na espécie `[Reserva]`, se o subtermo `t:PeriodoBf` de `u`, então `u:Reserva`; caso contrário, `u:[Reserva]`.

Um termo do sorte `Reserva` é, por exemplo, `reserva(periodo(data de entrada 3, data de saida 4), quarto simples)`, e um da espécie `[Reserva]` é, por exemplo, `reserva(periodo(data de entrada 8, data de saida 4), quarto simples)`

algumas reduções:

`periodo da reserva(periodo(data de entrada 23, data de saida 25), quarto simples)` ≡ `periodo(data de entrada 23, data de saida 25)`.

`data de entrada do periodo da reserva(periodo(data de entrada 23, data de saida 25), quarto simples)` ≡ `data entrada 23`.

`tipo do quarto da reserva(periodo(data de entrada 23, data de saida 25), quarto simples)` ≡ `quarto simples`

■ exercício resolvido 6.8

No contexto de um hotel, os clientes podem cancelar a reserva. Assim, uma reserva pode estar no estado ativa ou cancelada, conforme figura 6.13, a seguir. Construir uma especificação para definir o sorte `EstadoReserva`.

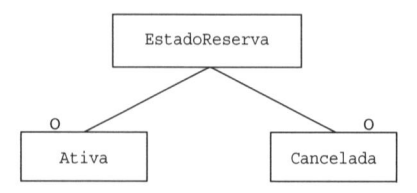

figura 6.13   Representação gráfica do sorte `EstadoReserva`.

A solução passa pela seguinte inclusão de subsortes: Ativa Cancelada < EstadoReserva.

```
fmod ATIVA-E-CANCELADA is
sorts Ativa Cancelada .
op reserva ativa :        -> Ativa [ctor] .
op reserva cancelada :    -> Cancelada [ctor] .
endfm
```

```
view PAR-como-ATIVA                     view PAR-como-CANCELADA
from PAR to ATIVA-E-CANCELADA is        from PAR to ATIVA-E-CANCELADA is
sort Component to Ativa .               sort Component to Cancelada .
endv                                    endv
```

```
fmod ESTADORESERVA is
protecting TWO-DISJOINT-UNION {PAR-como-ATIVA, PAR-como-CANCELADA} *
                            (sort TwoDisjointUnion to EstadoReserva) .
endfm
```

■ exercício resolvido 6.9

No contexto de um hotel, verificada a possibilidade de uma reserva (o hotel tem como garantir a reserva), ela é fechada, ativada e datada, sendo que os clientes complementam as informações com o número de identidade. A data em que foi feita a reserva deve ser menor ou igual à data da entrada do hóspede no hotel.

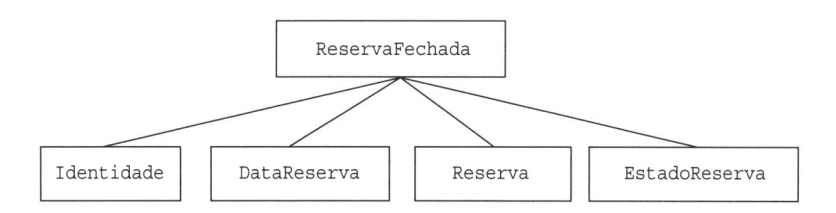

figura 6.14 Representação gráfica do sorte ReservaFechada.

```
fmod IDENTIDADE is
protecting NAT .
sort Identidade .
op identidade_ : Nat -> Identidade [ctor] .
endfm
```

```
fmod DATARESERVA is
protecting NAT .
sort DataReserva .
op data da reserva _ : Nat -> DataReserva [ctor] .
endfm
```

```
view PAR-como-IDENTIDADE
from PAR to IDENTIDADE is
sort Component to Identidade .
endv

view PAR-como-DATARESERVA
from PAR to DATARESERVA is
sort Component to DataReserva .
endv

view PAR-como-RESERVA
from PAR to RESERVA is
sort Component to Reserva .
endv

view PAR-como-ESTADORESERVA
from PAR to ESTADORESERVA is
sort Component to EstadoReserva .
endv

fmod RESERVAFECHADA is
protecting QUADRUPLES {PAR-como-IDENTIDADE ,
                       PAR-como-DATARESERVA,
                       PAR-como-RESERVA,
                       PAR-como-ESTADORESERVA} *
    (sort Quadruple to ReservaFechada,
     op quadruple to reserva fechada (_,_,_,_) , ***[26]
     op first field of _ to identidade da _ ,
     op second field of _ to data de reserva da _ ,
     op third field of _ to reserva da _ ,
     op fourth field of _ to estado de reserva da _ ) .

sort ReservaFechadaBf .
subsort ReservaFechadaBf < ReservaFechada .

var rf : ReservaFechada .
vars dr de : Nat .

cmb rf : ReservaFechadaBf
    if data reserva dr := data de reserva da rf /\
    data entrada de := data de entrada do periodo de reserva da rf /\
        dr <= de .                                                                    (101)

endfm
```

---

[26] Notar que reserva faz parte do nome. Cuidado deve ser tomado para não confundir com o operador reserva.

Algumas reduções:

a) reserva fechada (identidade 5, data de reserva 3, reserva (periodo (data de entrada 8, data de saida 10), quarto simples), reserva ativa)
    ≡ reserva fechada(identidade 5, data de reserva 3, reserva(periodo(data de entrada 8, data de saida 10), quarto simples), reserva ativa)
b) identidade da reserva fechada(identidade 5, data de reserva 3, reserva(periodo(data de entrada 8, data de saida 10), quarto simples), reserva ativa) ≡ identidade 5
c) reserva da reserva fechada(identidade 5, data de reserva 3, reserva(periodo(data de entrada 8, data de saida 10), quarto simples), reserva ativa)
    ≡ reserva(periodo(data de entrada 8, data de saida 10), quarto simples)
d) estado de reserva da reserva fechada (identidade 5, data de reserva 3, reserva (periodo (data de entrada 8, data de saida 10), quarto simples), reserva ativa)
    ≡ reserva ativa
e) periodo da reserva da reserva fechada (identidade 5, data de reserva 3, reserva(periodo(data de entrada 8, data de saida 10), quarto simples), reserva ativa) ≡ periodo(data de entrada 8, data de saida 10)
f) tipo do quarto da reserva da reserva fechada(identidade 5, data reserva 3, reserva (periodo (data entrada 8, data saida 10), quarto simples), reserva ativa) ≡ quarto simples

Os resultados das reduções abaixo são acompanhados dos seus sortes. Para determinar se um termo é bem formado, se tem um sorte ou uma espécie, recomenda-se revisar as regras de (a) a (f) (37).

a) reserva fechada(identidade 5, data da reserva 3, reserva(periodo(data de entrada 10, data de saída 15), quarto simples), reserva ativa) ≡ ReservaFechadaBf: reserva fechada(identidade 5, data da reserva 3, reserva(periodo(data de entrada 10, data de saída 15), quarto simples), reserva ativa)
b) reserva fechada(identidade 5, data da reserva 20, reserva(periodo(data de entrada 10, data de saída 15), quarto simples), reserva ativa) ≡ ReservaFechada: reserva fechada(identidade 5, data da reserva 20, reserva(periodo(data de entrada 10, data de saída 15), quarto simples), reserva ativa)
c) reserva fechada(identidade 5, data da reserva 3, reserva(periodo(data de entrada 10, data de saida 8), quarto simples), reserva ativa) ≡ [ReservaFechada] reserva fechada(identidade 5, data da reserva 3, reserva(periodo(data de entrada 10, data de saida 8), quarto simples), reserva ativa)

■ exercício resolvido 6.10

No contexto de um hotel, devem ser registrados os momentos de chegada ou de saída do hóspede. Construir uma especificação para definir o sorte `Momento`.

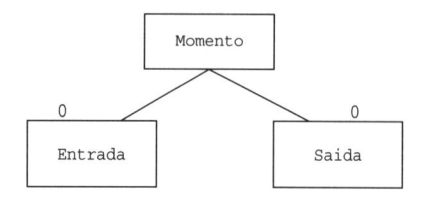

figura 6.15 Representação gráfica do sorte `Momento`.

```
fmod MOMENTO is
protecting TWO-DISJOINT-UNION {PAR-como-ENTRADA, PAR-como-SAIDA} *
                              (sort TwoDisjointUnion to Momento).
endfm
```

■ exercício resolvido 6.11

Em um hotel, são registrados a identidade do hóspede, o número do quarto, a ocupação ou desocupação de um quarto. O sorte `Ocupacao` é composto pelo número de identidade do hóspede, pelo número do quarto e pelo momento da entrada ou saída. Para facilitar, o número do quarto e a identidade são números naturais.

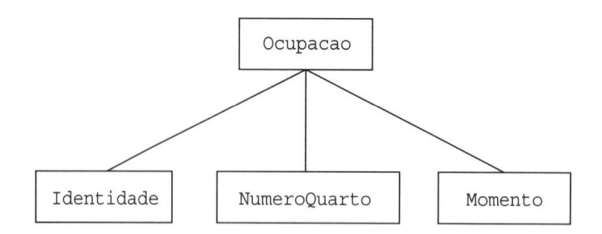

figura 6.16 Representação gráfica do sorte `Ocupacao`.

```
fmod NUMEROQUARTO is
protecting NAT.
sort NumeroQuarto.
op quarto_ : Nat -> NumeroQuarto [ctor].
endfm

view PAR-como-NUMEROQUARTO
from PAR to NUMEROQUARTO is
sort Component to NumeroQuarto.
endv
```

```
view PAR-como-MOMENTO
from PAR to MOMENTO is
sort Component to Momento .
endv

fmod OCUPACAO is
protecting TRIPLES {PAR-como-IDENTIDADE,
                    PAR-como-NUMEROQUARTO,
                    PAR-como-MOMENTO} *
            (sort Triple to Ocupacao,
             op triple to ocupacao,
             op first field of _ to identidade da _,
             op second field of _ to numero do quarto da _,
             op third field of _ to momento da _) .
endfm
```

■ exercício resolvido 6.12

No contexto de um hotel, os quartos são numerados e são do tipo simples ou duplo. Construir uma especificação para definir o sorte Quarto, conforme figura 6.17, a seguir.

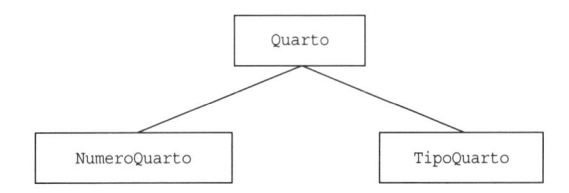

figura 6.17   Representação gráfica do sorte Quarto.

```
fmod QUARTO is
protecting DOUBLES { PAR-como-NUMEROQUARTO, PAR-como-TIPOQUARTO } *
        (sort Double          to Quarto,
         op double (_, _)     to quarto (_, _),
         op first field of _  to numero do _ ,
         op second field of _ to tipo do _) .
endfm
```

■ exercício resolvido 6.13

No contexto de um hotel, um quarto pode estar ocupado ou desocupado. Construir uma especificação para definir o sorte EstadoQuarto, conforme figura 6.18, a seguir.

```
                    ┌─────────────┐
                    │ EstadoQuarto│
                    └─────────────┘
                     0  ╱       ╲  0
              ┌─────────┐   ┌───────────┐
              │ Ocupado │   │ Desocupado│
              └─────────┘   └───────────┘
```

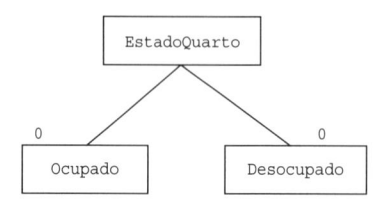

figura 6.18   Representação gráfica do sorte EstadoQuarto.

fmod OCUPADO-E-DESOCUPADO is
sorts Ocupado Desocupado .
op quarto ocupado : -> Ocupado [ctor] .
op quarto desocupado : -> Desocupado [ctor] .
endfm

view PAR-como-OCUPADO
from PAR to OCUPADO-E-DESOCUPADO is
sort Component to Ocupado .
endv

view PAR-como-DESOCUPADO
from PAR to OCUPADO-E-DESOCUPADO is
sort Component to Desocupado .
endv

fmod ESTADOQUARTO is
protecting TWO-DISJOINT-UNION {PAR-como-OCUPADO, PAR-como-DESOCUPADO}
                    * (sort TwoDisjointUnion to EstadoQuarto) .
endfm

6.7   tipo LISTS

Lista é um tipo básico da computação. Com o uso de listas, pilhas, filas, etc. podem ser construídas. Uma lista é uma sequência de (zero ou mais) componentes, podendo haver componentes repetidos. Todos os componentes da lista são do mesmo sorte. Portanto, trata-se de listas homogêneas. Pode-se caracterizar o tipo LISTS com as seguintes operações: lista vazia (empty-list, uma constante); a operação prefixada para adicionar um componente à lista, cons; a operação para selecionar a cabeça da lista, head of_ ; a operação para obter a cauda da lista, tail of_; a operação para fornecer o tamanho da lista, lenght of_.

Como no caso dos pares ordenados, nenhuma propriedade do sorte X$Component é exigida para especificar listas. Ou seja, o parâmetro real pode ser de qualquer sorte. Para especificar a operação lenght of_, número de componentes da lista, deve-se incluir o tipo NAT em LISTS. Segue a especificação do tipo LISTS.

```
fmod LISTS { X :: PAR } is
     protecting NAT .
     sort List .

     op empty-list :                                -> List [ctor] .
     op cons :            X$Component List          -> List [ctor] .
     op head of _ :       List                      ~> X$Component .
     op tail of _ :       List                      -> List .
     op length of _ :     List                      -> Nat .
     op is empty-list _ : List                      -> Bool .

     var  c c' : X$Component .
     var  l : List .

     eq head of cons (c, l)       =    c .                       (102)
     eq tail of cons (c, l)       =    l .                       (103)
     eq tail of empty-list        =    empty-list .              (104)
     eq length of empty-list      =    0 .                       (105)
     eq length of cons (c, l)     =    1 + length of l .         (106)
     eq is empty-list empty-list  =    true .                    (107)
     eq is empty-list cons(c, l)  =    false .                   (108)

endfm
```

As operações geradoras são: empty-list e cons. Os valores do sorte List são empty-list, cons (c, empty-list), para todo c: X$Component, cons(c, cons (c', empty-list), para todo c, c': X$Component, ... Trata-se, portanto, de um conjunto infinito de valores, mesmo que um sorte finito vier a instanciar X$Component, Bool, por exemplo. Se c: X$Component e l: List são variáveis, então o sorte List pode ser dividido em duas partes:

empty-list e

cons (c, l) para todo c: X$Component e l: List

Observar que operação head of_ não é definida para empty-list. É uma operação parcial. As demais, tail of_ e length of_, foram definidas para todos os valores do tipo, usando variáveis. A equação (103), por exemplo, tem a seguinte interpretação: para todo valor l de List, tail of_ aplicado à lista cons (c, l) é igual a l, ou seja, tail of cons (c, l) = l.

Observar que os termos gerados pelo operador head of_ têm a espécie [X$Component]. Entretanto, pela aplicação da equação (102) o resultado pode ter o sorte X$Component. O operador cons gera termos do sorte List. Entretanto, se um argumento tem a espécie [X$Component], então o termo tem a espécie [List]. Por exemplo: o termo cons(head of empty-list, emptylist) tem a espécie [List], como visto no capítulo 5.

A representação gráfica do sorte List é mostrado na figura 6.19(a)[27]

---

[27] O asterisco (*) significa repetição, zero ou mais vezes.

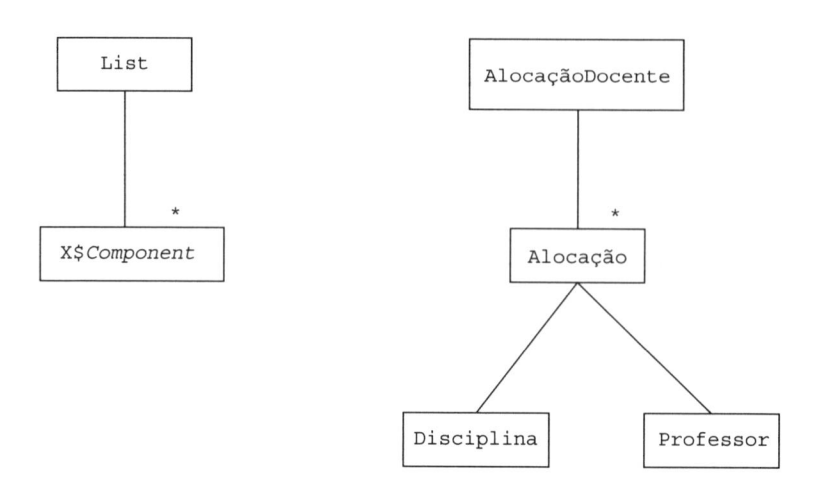

```
          List                              AlocaçãoDocente
           |                                       |
           * X$Component                           * Alocação
                                                    /      \
                                              Disciplina  Professor
```

(a) espécie estruturada List   (b) espécie estruturada List renomeada

figura 6.19 Representação gráfica do sorte List (a) e do sorte AlocacaoDocente (b).

A figura 6.19 (b) mostra uma instanciação e renomeação do sorte List. Pela especificação, pode-se concluir que o sorte List pode ter componentes duplicados.

exemplos de instanciações

listas de naturais:

fmod NAT-LISTS **is**
protecting LISTS { PAR-as-NAT } * (**sort** List **to** NatList,
                                    op empty-list **to** empty-natlist).
endfm

listas de booleanos:

fmod BOOL-LISTS **is**
protecting LISTS { PAR-as-BOOL } * (**sort** List **to** BoolList,
                                    op empty-list to empty-boollist).
endfm

Como visto, a especificação BOOL-LISTS não é uma extensão completa de BOOL, pois, informalmente, para um termo t:Bool, gerado da assinatura de BOOL-LIST, com ocorrência do subtermo head of empty-boollist, não existe um termo t':Bool, gerado da assinatura de BOOL, tal que $t \equiv t'$. Exemplo: o termo (true and head of empty-boollist):Bool não é equivalente a nenhum termo gerado pela assinatura de BOOL.

pares de naturais:

```
view PAR-as-NAT-PAIRS
from PAR to NAT-PAIRS is
sort Component to NatPair .
endv

fmod NAT_PAIR-LISTS is
protecting LISTS {PAR-as-NAT-PAIRS} *
                                        (sort List to NatPairList) .
endfm
```

■ exercício resolvido 6.14

Construir termos do sorte da especificação DOUBLE{LIST{DOUBLE{NAT, BOOL}}, DOUBLE{NAT,BOOL}}:

1. double (cons (double (s 0, false), cons (double (0, true), cons (double (s 0, false), empty-list))), double (s 0, true))
2. double (x, double (s 0, true))   x: List
3. double (x, y)   x: List, y: Double
4. double (x, double (n, t)),   x: List, n: Nat, t : Bool
5. double (cons(x, empty-list), y)   x, y: Pair

■ exercício resolvido 6.15

No contexto de um hotel, o livro de reservas tem o histórico de reservas feitas. Os valores do sorte LivroReserva são bem formados se: as reservas estiverem ordenadas pela data, as reservas canceladas forem posteriores às reservas feitas e as reservas feitas não se sobreporem a outras feitas pelos mesmos hóspedes. Existe a possibilidade de o cliente desistir da reserva sem comunicar ao hotel (a reserva permanece ativa). Construir uma especificação para definir o sorte LivroReserva conforme figura 6.20, a seguir. O sorte ReservaFechada é mostrado na figura 6.14.

```
┌─────────────────┐
│  LivroReserva   │
└─────────────────┘
         │
         │ *
┌─────────────────┐
│ ReservaFechadaBf│
└─────────────────┘
```

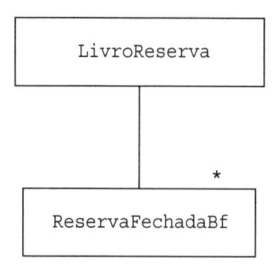

figura 6.20   Representação gráfica do sorte LivroReserva.

view PAR-como-RESERVAFECHADA

```
from PAR to RESERVAFECHADA is
sort Component to ReservaFechadaBf .
endv

fmod LIVRORESERVA is

protecting LISTS { PAR-como-RESERVAFECHADA } * (sort List to LivroReserva) .
sort LivroReservaBf .
subsort LivroReservaBf < LivroReserva .

    vars rf rf' : ReservaFechadaBf .
    var lr lr' : LivroReserva .
    var id id' : Nat .              *** Identidade
    var dr dr' : Nat .              *** datas de reserva
    vars de de' : Nat .             *** datas de entrada
    vars ds ds' : Nat .             *** datas de saida
    vars tq tq' : TipoQuarto .
    vars er er' : EstadoReserva .
```

mb empty-list	: LivroReservaBf .	(109)
mb cons (rf, empty-list)	: LivroReservaBf .	(110)
cmb cons (rf, cons(rf', lr'))	: LivroReservaBf .	

if
reserva fechada (identidade id, data da reserva dr,
reserva(periodo(data de entrada de, data de saida ds),tq), er):= rf   (111)
/\
reserva fechada (identidade id', data de reserva dr',
reserva(periodo(data de entrada de', data de saida ds'),tq'), er'):= rf'   (112)
/\
dr >= dr'   (113)
/\
id == id' and de == de' and ds == ds' implies (er == reserva cancelada and er' ==
reserva ativa)   (114)
/\
id == id' and de =/= de' and ((de < de' implies ds <= de') and (de' < de implies ds' <=
de)))   (115)
/\
cons(rf, lr') : LivroReservaBf   (116)
/\
cons(rf', lr') : LivroReservaBf .   (117)

endfm

Para comparar a reserva rf com outra qualquer rf', posterior a rf, os axiomas de pertinência (111) e (112) explicitam as variáveis id, dr, de, ds, tq, er, rf e id', dr', de', ds', tq', er', rf' de rf e rf', respectivamente, a serem usadas mais adiante.

A condição de equação (113) estabelece que as reservas (fechadas)[28] estão em ordem decrescente de data no livro de reservas.

A condição de equação (114) estabelece que, se a reserva rf está cancelada, existe outra rf', **anterior**, que está ativa.

A condição de equação (115) estabelece que duas reservas de um mesmo hóspede não podem ter períodos sobrepostos.

A condição de equação (116) estabelece que a reserva rf deve ser comparada com todas as demais.

A condição de equação (117) estabelece que cada reserva deve ser comparada com todas as demais.

■ exercício resolvido 6.16

Os cômodos de um hotel são todos os seus quartos. Os cômodos são bem formados se não existir número de quarto duplicado. Construir uma especificação para definir o sorte Comodos conforme figura 6.21, a seguir. O sorte Quarto está definido na figura 6.17.

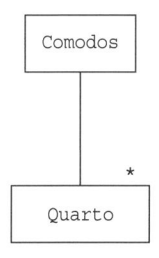

figura 6.21 Representação gráfica do sorte Comodos.

```
view PAR-como-QUARTO
from PAR to QUARTO is
sort Component to Quarto .
endv

fmod COMODOS is
protecting LISTS {PAR-como-QUARTO} *
     ( sort List to Comodos ) .

sort ComodosBf .
subsort ComodosBf < Comodos .
```

---

[28] Canceladas ou não.

```
op comparar : Comodos Comodos -> Bool .
vars comd comd' : Comodos.
vars nq nq' : Nat. ***Números de quarto
ceq comparar (comd, comd') = true
                              if is empty-list comd'.                          (118)
ceq comparar (comd, comd') = true
     if   numero do quarto nq:= numero do quarto head of comd /\
          numero do quarto nq':= numero do quarto head of comd' /\
          nq =/= nq' and
          comparar (comd, tail of comd') and
          comparar (comd', tail of comd').                                     (119)
cmb comd: ComodosBf if is empty-list comd.                                     (120)
cmb comd: ComodosBf if comparar (comd, tail of comd).                          (121)
endfm
```

O axioma de pertinência condicional (120) estabelece que os cômodos *comd* do hotel, uma lista de quartos, são bem formados mesmo quando a lista de quartos é vazia. O axioma de pertinência (121) estabelece que os quartos do hotel são comparados uns com os outros. A equação condicional (119) compara cada quarto com todos os demais. Supondo que, na instanciação, os valores devem ser escondidos, então o acesso a eles é feito via operações: head of_ acessa o cabeça da lista e tail of_ navega na lista. Assim, os termos empty-list e cons (q, cons (q', ...)), onde q, q' ... são termos do sorte Quarto não são visíveis ao especificador.

Algumas aplicações:

a. cons(quarto(numero do quarto 3, quarto simples), cons(quarto(numero do quarto 6, quarto duplo), cons(quarto(numero do quarto 3, quarto simples), empty-list)):Comodos
   Nessa aplicação, o termo não é bem formado. O quarto 3 é repetido. O termo é do sorte Comodos.
b. cons(quarto (numero do quarto 3, quarto simples), cons(quarto(numero do quarto 6, quarto duplo), cons(quarto(numero do quarto 9, quarto simples), empty-list))):ComodosBf
c. cons(quarto(numero do quarto 3, quarto duplo), empty-list):ComodosBf
d. empty-list:ComodosBf
   Nessas aplicações, os termos são bem formados.

■ exercícios propostos 6.2

1. No contexto de um hotel, o livro de ocupação guarda a história de ocupação do hotel, registrando a identidade dos hóspedes, o quarto ocupado e a data de entrada ou de saída. O livro de ocupação é bem formado se (a) um hospede não ocupar mais de um quarto ao mesmo tempo, (b) os momentos estiverem em ordem crescente e (c) existir uma coerência entre o livro de ocupação, o livro de reserva e os cômodos do hotel.

Um hóspede que tem registrada sua entrada, mas ainda não sua saída, está hospedado. É garantido que o hóspede deixa o hotel, no máximo, até o dia final da reserva. O sorte LivroOcupacao é definido na figura 6.22.

```
┌─────────────┐
│ LivroOcupação │
└──────┬──────┘
       │
       * 
┌──────┴──────┐
│   Ocupação   │
└─────────────┘
```

figura 6.22 Representação gráfica do sorte LivroOcupacao.

2. Escrever três termos do sorte Pair-List, conforme a especificação PAIR-LISTS. Representar os mesmos termos na forma de árvore.
3. Especificar uma lista de pares de listas de booleanos, conforme ORDERED-PAIRS.
4. Especificar o tipo LISTS⁺, onde a geradora empty-list é substituída pela operação unit-list _ : X$Component -> List⁺.
5. Considerando a especificação NAT-LISTS, expandir a especificação para incluir as seguintes operações:

   op max _ : NatList -> Nat .
   op sum _ : NatList -> Nat .

A primeira operação, max_, fornece o valor máximo da lista (cogite usar uma operação auxiliar) e a segunda, sum_, a soma dos elementos da lista.

O exercício 4 da lista de exercícios propostos 6.2 propõe a especificação do tipo LISTS⁺. A representação gráfica do sorte Lists⁺ é igual a do sorte List, trocando o asterisco (*) por (+).

6.8 ⇢ sortes estruturados

Uma lista pode ser formada, por exemplo, por duplas, onde o primeiro elemento de cada dupla é um natural e o segundo, uma lista de booleanos. O nome adequado para o sorte é List{Double{Nat, List{Bool}}}. Tais nomes podem ser criados na instanciação de tipos parametrizados, onde os sortes dos tipos são, também, parametrizados, chamados de **sortes estruturados**. Por exemplo, o sorte parametrizado do tipo parametrizado LISTS é List{X}. Maude, na instanciação desse tipo, substitui o rótulo do parâmetro X pelo nome da visão.

Seja P-SPEC uma especificação parametrizada:

fmod P-SPEC { X::..., Y::..., Z::... } **is**
sort Esort { X, X, Y, Z, Z }
....
endfm

O **nome** do sorte estrutuado é `Esort{ X, X, Y, Z, Z }`. Para instanciar `P-SPEC`, é necessário construir visões:

```
view V1...          view V2...          view V3...
....                ....                ....
endv                endv                endv
```

Uma instanciação de `P-SPEC` é:

```
fmod SPEC is
protecting P-SPEC{V1, V2, V3}.
endfm
```

Na instanciação, Maude simplesmente **substitui**, nos sortes estruturados, os rótulos dos parâmetros pelos nomes das respectivas visões: `Esort{V1,V1,V2,V3,V3}`. Este é o **nome** do sorte na especificação real `SPEC`. Para que o nome do sorte seja significativo, as visões devem ter nomes sugestivos. É recomendável que o nome da visão seja igual ao do sorte alvo:

```
view Int
from PAR to INT is
sort Component to Int .
endv
```

Se o tipo `LISTS {X :: PAR}`, que tem o sorte `List{X}`, é instanciado pela visão `Int`, Maude cria o sort `List{Int}`.

Normalmente, quando um tipo parametrizado é construído, o número de parâmetros do sorte estruturado é o número de valores que compõem os valores do tipo. Por exemplo: `List{X}`, `Double{X,Y}`, `Pair{X,X}`. No caso das uniões disjuntas, em que os valores dos sortes são compostos apenas por um dos valores dos sortes da união, é mais claro parametrizar o sorte com todos os rótulos dos parâmetros da união. Exemplo: `ThreeDisjoinUnion{X,Y,Z}`.

Segue outra forma de especificar o tipo `LISTS` e uma instanciação para obter o sorte `List{List{Nat}}`.

```
fmod  LISTS {X:: PAR} is
protecting  NAT .
sort List{X}.
op empty-list :                          -> List{X} [ctor].
op cons : X$Component  List{X}           -> List{X} [ctor].
op head of _  : List{X}                  ~> X$Component.
op tail of _  : List{X}                  -> List{X} .
op length of _  : List{X}                -> Nat .
op is empty-list _ : List{X}             -> Bool .
vars   c c' : X$Component.
var l : List{X} .
eq head of cons (c, l) =      c .                              (122)
```

eq tail of cons (*c*, *l*) =	*l* .	(123)
eq tail of empty-list =	empty-list .	(124)
eq length of empty-list =	0 .	(125)
eq length of cons(*c*, *l*) =	s(length of *l*) .	(126)
eq is empty-list empty-list =	true .	(127)
eq is empty-list cons(c, l) =	false .	(128)

endfm

view Nat
from PAR **to** NAT **is**
sort *Component* **to** Nat .
endv

fmod NAT-LISTS **is**
protecting LISTS{Nat} .
endfm

view List'{Nat'}
from PAR **to** NAT-LIST **is**
sort *Component* **to** List{Nat} .
endv

fmod NAT-LISTS-LISTS **is**
protecting LISTS{ List'{Nat'} } .
endfm

Segue uma reescrita de termo:

cons(cons(3, empty-list), empty-list) ≡
List{List{Nat}}:   cons(cons(3,(empty-list).*List*{*Nat*}),(empty-list).
List{*List*{*Nat*}})

Observe que Maude identifica subtermos idênticos pelo seu sorte (empty-list). Observe, também, que a construção da especificação NAT-LISTS-LISTS é de baixo para cima, ou seja, primeiro é construída a especificação NAT-LISTS.

O nome de um sorte estruturado é um identificador Maude. A sintaxe da declaração de sortes estruturados é:

⟨Sort⟩::= ⟨Sort identifier⟩
    | ⟨Sort⟩{⟨SortList⟩}
⟨SortList⟩::= ⟨Sort⟩
    | ⟨SortList⟩,⟨Sort⟩

O prefixo do nome do sorte estruturado é seguido pelo símbolo "{". Por exemplo, *s-Id*{..., *X*, ...} é o nome de um sorte estruturado e *s-Id* é o prefixo. Os parâmetros *X* de *s-Id* são rótulos de parâmetros ou sortes estruturados (definição recursiva). Exemplos: Pair{X}, Double{X, Y}, Double{Pair{X}, Pair{Y}}, List{X}{Y}, onde X e Y são rótulos de parâmetros.

6.9 tipo ARRAYS

Um array é caracterizado pelas seguintes operações: unit-array para criar um array unitário, abutted to para juntar dois *arrays* e formar um novo, component_of_ parcial para fornecer o i-ésimo componente do *array* e size of_ para fornecer o número de componentes do *array*.

Segue a especificação algébrica do tipo ARRAYS.

```
fmod ARRAYS { X::PAR } is
Protecting NAT .
sort Array .

op unit-array      : X$Component    -> Array [ctor] .
op _ abutted to _  : Array Array    -> Array [assoc ctor] .
op component _ of _ : Nat    Array ~> X$Component .
op size of _ :       Array          -> Nat .

var a a' a"  : Array .
var     c :   X$Component .
var     i :   Nat .
```

eq component 0 of unit-array(c) =	c .	(129)
eq component 0 of unit-array(c) abutted to a =	c .	(130)
ceq component i of unit-array(c) abutted to a =	component (i-1) of a if $i > 0$.	(131)
eq size of unit-array(c) = 1 .		(132)
eq size of unit-array(c) abutted to a =	1 + (size of a) .	(133)

endfm

Os operadores unit-array e _abbuted to_ são geradores. Os valores do sorte Array são: unit-array(c) ou unit-array(c_0) abutted to unit-arrray(c_1) ou unit-array(c_0) abutted to unit-arrray(c_1) abutted to unit-array(c_2) ... . Estes valores podem ser divididos em duas partes: unit-array(c) para todo c: X$Component e unit-array(c) abutted to a para todo c: X$Component e para todo a: Array.

O termo unit-array(c_0) abutted to unit-arrray(c_1) abutted to ... unit-array(c_{n-1}) não é ambíguo, visto que o operador _abbuted to_ é associativo.

Todos os componentes de qualquer *array* são de mesmo sorte, X$Component. Trata-se, portanto, de *arrays* homogêneos.

Arrays diferem bastante de listas. Enquanto, nas listas, um novo componente é agregado no início da lista (operação cons), em *arrays* pode-se juntar dois *arrays* quaisquer para formar um novo. Os componentes do *array* são indexados, permitindo, por meio da operação component_of_, obter o i-ésimo componente de um *array*. Isso difere também de listas, que têm, por meio da operação head of_, acesso somente ao primeiro componente da lista (topo da lista).

6.10 equações

Pelas equações (129) e (130), pode ser concluído que os componentes são indexados a partir de 0 (zero). O operador _abbuted to_ é associativo, conforme atributo dado a ele. Isto implica que cada valor Array é um termo da forma:

unit-array(c0),
unit-array(c0) abbuted to unit-array(c1),
unit-array(c0) abbuted to (unit-array(c1) abbuted to unit-array(c2))
unit-array(c0) abbuted to (unit-array(c1) abbuted to (unit-array(c2)
                                          abbuted-to unit-array(c3))), ...,
para todo c0,c1,c2,c3,...: X$Component.

Como o operador _abbuted to_ é associativo, qualquer outro valor diferente da forma acima apresentada é reescrito da seguinte maneira:

(a abbuted to a') abbuted to a" é rescrito para a forma a abbuted to (a' abbuted to a"), para todo a, a', a":Array.

■ exercício resolvido 6.17

Reduzir o termo:

component s 0 of (unit-array(c1) abbuted to unit-array(c2)) abbuted to unit-array(c3).

component s 0 of unit-array(c1) abbuted to (unit-array(c2) abbuted to unit-array(c3))
≡ component s 0 – 1 of unit-array(c2) abbuted to unit-array(c3) (131)
≡ component 0 of (unit-array(c2) abbuted to unit-array(c3)) NAT[29]
≡ c2 (130)

O tipo ARRAY pode ser instanciado para obter, por exemplo, *array* de naturais, de pares de valores verdade ou de qualquer outro tipo instanciado. O tipo ARRAY representa um vetor. Para representar uma matriz, o tipo deve ser instanciado por um tipo instanciado de ARRAY. Para representar um estrutura tridimensional, esse ARRAY deve ser mais uma vez instanciado por ARRAY. Assim, uma estrutura tridimensional de naturais seria representada por um ARRAY, formado por ARRAY de ARRAY de ARRAY de naturais. (O componente i, j, k de um *array* a desse tipo seria obtido da seguinte maneira: component k of (component j of (component i of a)))

---

[29] A reescrita usa uma equação de NAT, uma especificação predefinida.

■ exercícios propostos 6.3

1. Criar a especificação ARRAY{NAT}.
2. Construir a representação gráfica do termo: unit-array(c1) abutted to unit-array(c2) abutted to unit-array(c3) abutted to unit-array (c4) abutted to unit-array(c5)
3. Especificar uma lista de pares de *arrays* de naturais: List{Pair{Array{Natural}, Array{Natural}}}.

6.11 ⇢ visões parametrizadas

Sortes estruturados ou extensões de tipos parametrizados não possibilitam a obtenção de tipos parametrizados instanciando tipos parametrizados. Exemplo: ARRAYS{ARRAYS{X}} é um tipo parametrizado, resultado de instanciação.

A ferramenta Maude tem duas versões de implementação: o **Core-Maude** e o **Full-Maude**. O Full-Maude é mais poderoso que o Core-Maude, mas tem uma sintaxe mais restrita. O Core-Maude é escrito em C++ e o Full-Maude é escrito em Core-Maude. Assim, especificações Maude são entradas para o Full-Maude. As especificações e comandos devem ser colocados entre parênteses. Somente identificadores simples[30] podem ser usados na declaração dos operadores, como, por exemplo: **op** op`simples: ... . Na definição, o operador pode ser escrito na forma normal **eq** op simples ... . O Full-Maude é disparado por:

> Maude> load full-maude.maude

Em Full-Maude, é possível estabelecer um **mapeamento entre uma teoria e um tipo parametrizado**. A visão que estabelece esse mapeamento deve ser parametrizada. A instanciação de um tipo parametrizado por uma **visão parametrizada** resulta em um tipo parametrizado. Especificações que têm visões parametrizadas rodam somente em Full-Maude. Os nomes de operadores, nas declarações, devem ser um identificador simples.[31]

Seja uma teoria TH e uma especificação parametrizada $A\text{-}SPEC\{\ldots, Xi :: THi, \ldots\}$. Por hipótese, a especificação parametrizada $A\text{-}SPEC\{\ldots, Xi :: THi, \ldots\}$ satisfaz a teoria TH.[32] Uma visão V da teoria TH para a especificação parametrizada $A\text{-}SPEC\{\ldots, Xi :: THi, \ldots\}$ pode ser parametrizada. Assim, a visão V assume os parâmetros de $A\text{-}SPEC$[33] esquematicamente:

$$TH \rightarrow V\{\ldots, Xi :: THi, \ldots\} \rightarrow A\text{-}SPEC\{\ldots, Xi, \ldots\}$$

Formalmente:

> **view** $V\{\ldots, Xi :: THi, \ldots\}$
> **from** TH **to** $A\text{-}SPEC\{\ldots, Xi, \ldots\}$ **is**
> **endv**

---

[30] Ver nota 13 do capítulo 1.
[31] O marcador de lugar (_) faz parte do identificador e não pode ser precedido por espaços em branco.
[32] $A\text{-}SPEC$ deve satisfazer as propriedades estabelecidas pela teoria TH, como é mostrado no capítulo 8.
[33] Como visto, os rótulos dos parâmetros podem ser renomeados, evitando ambiguidades.

Capítulo 6 ⋯→ Tipos Parametrizados: Sortes como Parâmetros

A instanciação de uma especificação parametrizada P-SPEC{..., Xj :: TH, ...} pela visão V consiste em instanciar um de seus parâmetros que tem a teoria TH pela visão V{..., Xi, ...}:

P-SPEC{..., V{..., Xi, ...}, ...}.

A especificação resultante tem os parâmetros Xi::THi na sua interface.

fmod R-SPEC{..., Xi :: THi, ...}
protecting P-SPEC {..., V{..., Xi, ...}, ...}.
...
endfm

Isto significa que agora, R-SPEC é parametrizada com os parâmetros de A-SPEC. A interface de R-SPEC inclui os parâmetros de todas as demais visões, bem como os parâmetros de P-SPEC não instanciados e novos parâmetros próprios.

Seguem dois exemplos de visões parametrizadas:

1. Especificar ARRAY{ARRAY{X:PAR}}.

   (**fth** PAR **is**
   sort Component .
   endfth)

   (**fmod** ARRAYS {X :: PAR} **is**
   protecting INT .

   sort Array {X} .   ***Sorte Estruturado

   op unit-array: X$Component -> Array{X} [**ctor**] .
   op _abutted'to_ : Array{X} Array{X} -> Array{X} [**assoc ctor**] .
   op component_of_ : Int Array{X} ~> X$Component .
   op size'of_ : Array{X} -> Int .

   var a : Array{X} .
   var c : X$Component .
   var i : Int .

   eq component 0 of unit-array (c) = c .   (134)
   eq component 0 of unit-array (c) abutted to a = c .   (135)
   ceq component i of unit-array (c) abutted to a = component (i - 1) of a
                                                          if $i > 0$.   (136)
   eq size of unit-array (c) = 1 .   (137)
   eq size of (unit-array (c) abutted to a) = s (size of a) .   (138)
   endfm)

   (**view** Array{X:: PAR}
   from PAR **to** ARRAYS{X} **is**
   sort Component **to** Array{X} .
   endv)

```
(fmod ARRAY-OF-ARRAY{X :: PAR} is
protecting ARRAYS{Array{X}} .
endfm)
```

Neste exemplo, ARRAY-OF-ARRAY{X :: PAR} é uma especificação parametrizada, tem uma cópia original de ARRAYS{X :: PAR} e outra adaptada, em virtude da instanciação. O sorte de ARRAY-OF-ARRAY{X :: PAR} é Array{Array{X}}. A operação component_of_ da cópia original de ARRAYS{X :: PAR} em ARRAY-OF-ARRAY é declarada por:

   op component_of_ : Nat Array{X} -> X$Component .

Na cópia adaptada, a operação é declarada por:

   op component_of_ : Nat Array{Array{X}} -> Array{X} .

Segue um exemplo de redução:

```
Maude> (red in ARRAY-OF-ARRAY : unit-array(unit-array(c:X$Component)) .)
rewrites: 2357 in 5981374573ms cpu (88ms real) (0 rewrites/second)
reduce in ARRAY-OF-ARRAY :
unit-array(unit-array(c:X$Component))
result Array{Array'{X'}} :
unit-array(unit-array(c:X$Component))
```

A especificação ARRAY-OF-ARRAY{X :: PAR} pode, por exemplo, ser instanciada por DOUBLES{X1 :: PAR, X2 :: PAR}, LISTS{X}, entre outras.

A instanciação de ARRAY-OF-ARRAY{X :: PAR} por INT é:

```
(view Int
from PAR to INT is
sort Component to Int .
endv)
```

```
(fmod ARRAY-OF-ARRAY-OF-INT is
protecting ARRAY-OF-ARRAY{Int} .
endfm)
```

O sorte de ARRAY-OF-ARRAY-OF-INT é Array{Array{Int}}, e os operadores são:

```
op _abutted'to_ :
     Array{Array{Int}} Array{Array{Int}} -> Array{Array{Int}} [assoc] .
op _abutted'to_ : Array{Int} Array{Int} -> Array{Int} [assoc] .
op component_of_ : Int Array{Array{Int}} -> Array{Int} .
op component_of_ : Int Array{Int} -> Int .
op size'of_ : Array{Array{Int}} -> Int .
op size'of_ : Array{Int} -> Int .
op unit-array : Array{Int} -> Array{Array{Int}} .
op unit-array : Int -> Array{Int} .
```

Capítulo 6 ⇢ Tipos Parametrizados: Sortes como Parâmetros

Seguem exemplos de redução:

```
Maude> (red component 0 of unit-array(unit-array(2)).)
rewrites: 1401 in 5981374573ms cpu (24ms real) (0 rewrites/second)
reduce in ARRAY-OF-ARRAY-OF-INT:
 component 0 of unit-array(unit-array(2))
result Array{Int}: unit-array(2)
Maude> (red component 0 of component 0 of unit-array(unit-array(2)).)
rewrites: 1142 in 5981374573ms cpu (15ms real) (0 rewrites/second)
reduce in ARRAY-OF-ARRAY-OF-INT:
 component 0 of component 0 of unit-array(unit-array(2))
result NzNat : 2

Maude> (red unit-array(unit-array(3)).)
rewrites: 1886 in 20ms cpu (21ms real) (94300 rewrites/second)
reduce in ARRAY-OF-ARRAY-OF-INT:
 unit-array(unit-array(3))
result Array{Array'{Int'}}: unit-array(unit-array(3))
```

2. Especificar LISTS{DOUBLES{X :: PAR, Y :: PAR}}. A figura 6.23 mostra em (a) o problema e em (b) a solução.

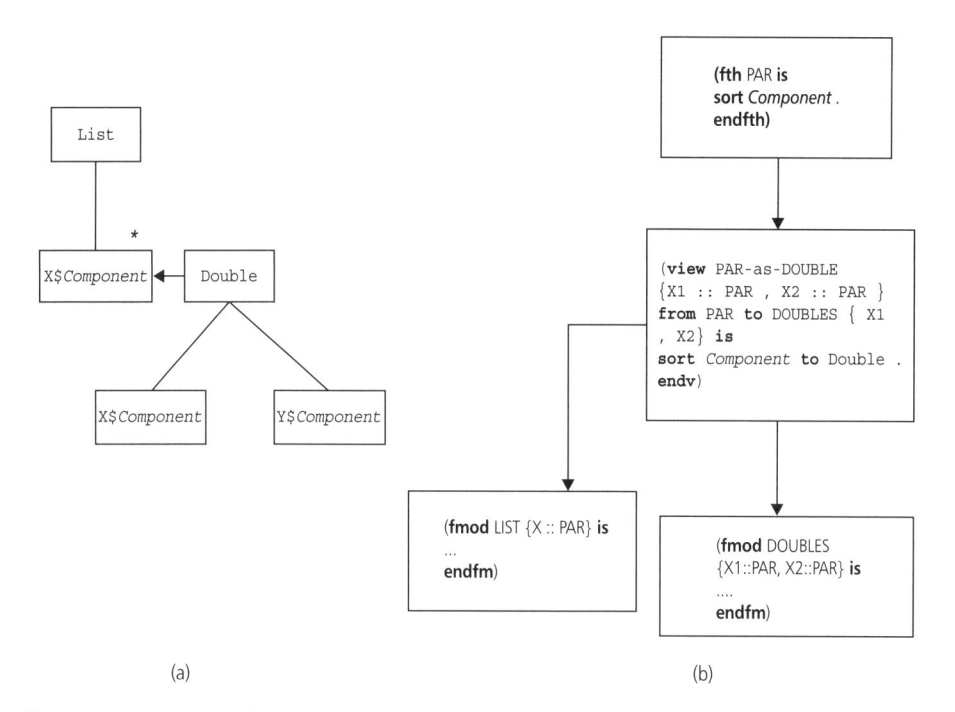

figura 6.23 Criação de uma lista de duplas parametrizadas.

A visão parametrizada é:

```
(view PAR-as-DOUBLE {X1 :: PAR, X2 :: PAR }
from PAR to DOUBLES { X1, X2} is
sort Component to Double.
endv)
```

A instanciação é:

```
(fmod DOUBLE-LIST {X :: PAR, Y :: PAR} is
protecting LISTS {PAR-as-DOUBLE {X, Y}}.
endfm)
```

Uma instanciação de DOUBLE-LIST, criando uma lista de duplas de naturais e booleanos é:

```
(fmod DOUBLE_NAT_BOOL-LIST is
protecting DOUBLE-LIST {PAR-as-NAT, PAR-as-BOOL}.
endfm)
```

Como visto na seção 6.4 – extensão de tipos parametrizados, cuidado especial deve ser tomado para evitar a criação de especificações parametrizadas ambíguas com respeito a sua interface. A especificação

DOUBLES {LISTS{X}, ARRAYS{X}}

é ambígua, se os parâmetros forem diferentes. Usando rótulos de parâmetros diferentes, a ambiguidade desaparece da seguinte forma:

DOUBLES{LISTS{X}, ARRAYS{Y}}

Para criar uma especificação complexa (mais de um nível de hierarquia), parametrizada ou não, não é necessário criar especificações intermediárias. Por exemplo: para criar a especificação DOUBLES{LISTS{INT},ARRAYS{ORDERED-PAIRS{BOOL}}, basta criar visões parametrizadas e instanciá-las todas de uma vez:

....

protecting DOUBLES{List{Int}, Array{Pair{Bool}}

...

onde List, Array e Pair são visões parametrizadas.

■ exercícios propostos 6.4

Construir as seguintes especificações parametrizadas:

1. DOUBLE{LIST{X}, ARRAY{Y}}
2. LIST{DOUBLE{ORDERED-PAIRS{X}, ORDERED-PAIRS{Y}}

6.12 ⟶ tipo STACKS

O tipo STACKS é caracterizado pelas operações empty-stack (para pilha vazia), push (para colocar um componente no topo da fila), pop (para tirar o componente que está no topo da pilha), top (para obter o componente que está no topo da pilha), is empty (para indagar se a pilha está vazia) e replace (para substituir o componente que está no topo da pilha por outro dado). As operações geradoras são empty-stack e push.

Uma pilha é chamada também de FILO (*First In Last Out*: o primeiro que entra é o último que sai). Uma pilha pode ser representada de forma gráfica, conforme figura 6.24 a seguir.

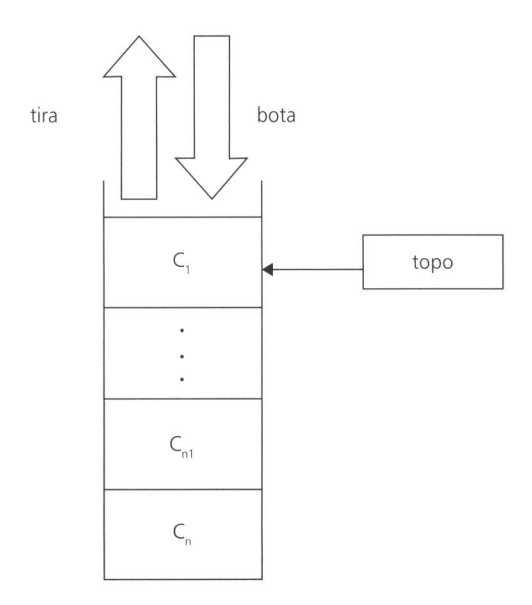

figura 6.24 Abstração gráfica de uma pilha.

```
fmod STACKS { X :: PAR } is

   sort Stack .

      op empty-stack:                          -> Stack [ctor] .
      op push:            Stack X$Component -> Stack [ctor] .
      op pop _ :          Stack              ~> Stack .
      op top _ :          Stack              ~> X$Component .
      op is empty _ :     Stack              ~> Bool .
      op replace:         Stack X$Component ~> Stack .

   var s : Stack .
   var c : X$Component .
```

eq pop push(s, c)	=	s.	(139)
eq top push (s, c)	=	c.	(140)
eq is empty empty-stack	=	true.	(141)
eq is empty push (s, c)	=	false.	(142)
ceq replace (s, c) =	push (pop s, c)		
	if not (is empty s) .		(143)

endfm

As operações geradoras são empty-stack e push. Stack é o nome dado ao sorte formado pelos valores empty-stack, push(empty-stack, c), push(c, push(c', empty-stack)), ... para todo valor c, c', ...: X$Component. Esses valores podem ser divididos em duas partes, empty-stack e push (c, s) para todos os valores c:X$Component e s: Stack.

Notar que pop_, top_ e replace são operações parciais (não são definidas para empty-stack) e que replace(empty-stack, c) e push(pop empty-stack, c) não são equivalentes.

A assinatura de STACKS tem as operações que caracterizam uma pilha. Entretanto, usando a facilidade de estender especificações por meio do recurso de inclusão (**protecting**), novas operações com imagem em Stack podem ser definidas, **desde que a especificação se mantenha consistente**. Além disso, essas operações não podem descaracterizar o que se entende por pilha, como, por exemplo, a inclusão de uma operação que possibilite a inserção de componente na base da pilha.

■ exercícios propostos 6.5

1. Especifique o tipo parametrizado V-STACKS que tem o sorte VStack, onde o tamanho máximo da pilha está "amarrado" à pilha vazia: **op** empty stack_ : Nat -> VStack.
2. Especificar o tipo: STACK{ARRAY{NAT}}

6.13 ⋯→ tipo QUEUES

O tipo QUEUES é caracterizado por um conjunto de valores chamado Queue e pelas operações mtq (para fila vazia), append (para adicionar um componente na fila), remove_ (para remover o primeiro componente da fila), front_ (para fornecer o primeiro componente da fila), concat (para juntar duas filas), is mtq_ (para indagar se a fila está vazia). As operações geradoras são mtq e append. Filas são também chamadas de FIFO (First In First Out). Abaixo, na figura 6.25, segue uma representação gráfica de fila.

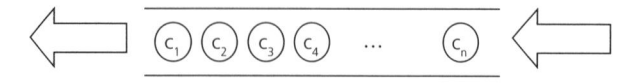

figura 6.25 Abstração gráfica de uma fila.

```
fmod QUEUES { X::PAR } is

  sort Queue .

    op mtq :                                  -> Queue [ctor] .
    op append : Queue X$Component             -> Queue [ctor] .
    op remove _ :        Queue                -> Queue .
    op front _ :         Queue                ~> X$Component .
    op concat :          Queue Queue          -> Queue .
    op is mtq _ :        Queue                -> Bool .

    var q r : Queue .
    var c : X$Component .

    eq remove mtq                    = mtq .                                  (144)
    eq remove append (mtq, c)        = mtq .                                  (145)
    ceq remove append (q, c) = append (remove q, c)
                                       if not (is mtq q) .                    (146)

    eq front append (mtq, c) = c .                                            (147)
    ceq front append (q, c) = front q
                                       if not (is mtq q) .                    (148)
    eq concat (q, mtq)               = q .                                    (149)
    eq concat (q, append (r, c)) = append (concat (q, r), c) .                (150)
    eq is mtq mtq                    = true .                                 (151)
    eq is mtq append (q, c)          = false .                                (152)
endfm
```

Os valores do sorte Queue são: mtq, append(mtq, c), append(append(mtq, c), c1)... para todo c, c1, ...: X$Component. Esse conjunto de valores pode ser dividido em duas partes: mtq e append (q, c) para todo c: X$Component e q: Queue. As operações front e remove são indefinidas para mtq. Para concatenar duas filas, q_1 e q_2, o primeiro componente da fila resultante é o primeiro de q_1, e o último, o último de q_2.

■ exercícios propostos 6.6

1. Redefinir a operação front_ e remove_ sem fazer uso de equações condicionais.
2. Mostrar que a operação concat é associativa: concat(q1, concat (q2, q3)) ≡ concat(concat (q1, q2), q3).

Termos-chave

especificação parametrizada, p. 88
extensão, p. 98
instanciação, p. 88
interface da especificação, p. 90

parâmetros formais, p. 88
parâmetros reais, p. 88
representação gráfica, p. 99
sortes estruturados, p. 125
sortes formais, p. 88

teoria, p. 89
tipos compostos, p. 88
visão, p. 90
visão parametrizada, p. 130

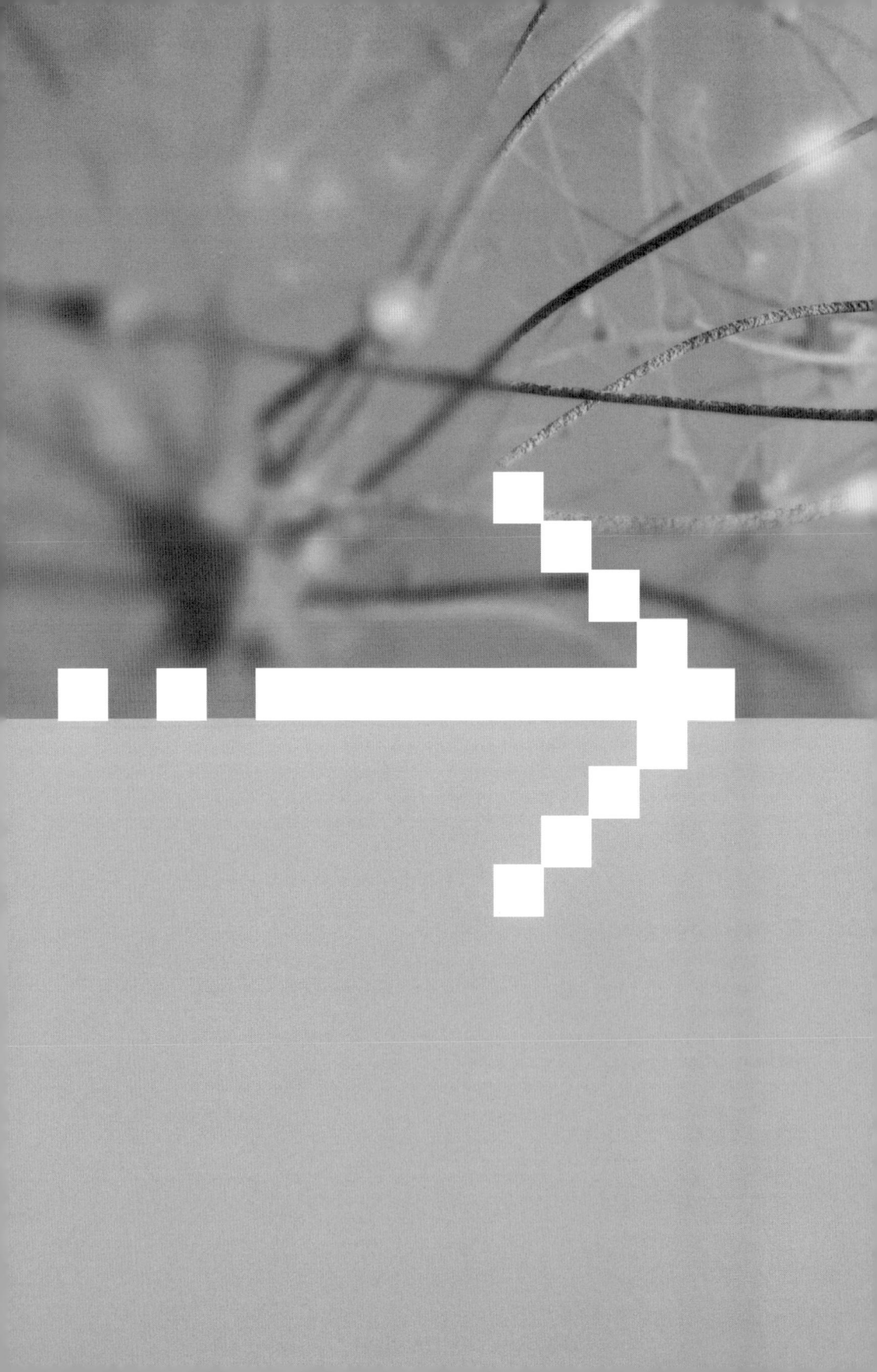

capítulo 7

tipos parametrizados: termos como parâmetros

Termos podem, também, ser usados como parâmetros, potencializando as especificações de tipos parametrizados. Neste caso, uma teoria TH declara um operador f na forma
op f : s1 ... si ... sn -> s .
e uma visão V que mapeia uma expressão f(..., x, ...), onde x é uma variável do sorte si, em um termo t com ocorrências de variáveis x.
Uma especificação parametrizada pode ter ocorrências de um termo f(..., ti, ...), onde ti é um termo do sorte si.
O termo f(..., ti, ...) é, na instanciação, substituído por t[..., ti\x,...].
As especificações de P-STACK e SPARSE-ARRAY mostram a aplicação deste tipo de parâmetro.

Operadores formais `op`, declarados nas teorias `TH`,

```
fth TH is
  ................
  op op:..., si,... -> s.
  ................
endfth
```

onde `si` e `s` são sortes formais ou reais, podem ser mapeados, em uma visão `v`, para termos da assinatura de `A-SPEC` ou da assinatura de teorias,[1] como mostrado na seguinte sintaxe:

```
view ⟨view-name⟩
(var ⟨VarId⟩⁺ : ⟨Sort⟩ .) *
from ⟨theory-name⟩ to ⟨actual-specification-name⟩
(sort ⟨formal-sort⟩ to ⟨actual-sort⟩ . ) *
(op ⟨op-expr⟩ to term ⟨term⟩) *.
...
endv
```

O mapeamento, conforme a sintaxe

$$\mathbf{op}\,\langle\text{op-expr}\rangle\,\mathbf{to}\,\mathbf{term}\,\langle\text{term}\rangle.$$

pode ser interpretado como a definição de uma função matemática; por exemplo: $f(x, y) = x*(y+x)$, onde $f(x, y)$ é uma ⟨op-expr⟩ e $x*(y+x)$ um ⟨term⟩. As variáveis x e y são declaradas localmente ou globalmente na visão.

Genericamente, o mapeamento de `op(..., x,...)`, em que x deve ser uma variável, para `op'(..., ti',...)`, em que `ti'` são termos, é declarado em uma visão `v` por:

$$\mathbf{op}\,op(...,\,x,...)\,\mathbf{to}\,\mathbf{term}\,op'(...,\,ti',...).$$

Na instanciação de uma especificação parametrizada `P-SPEC`[2] por uma visão `v`, `op(..., ti,...)` em `P-SPEC` é interpretado como a aplicação do operador `op` aos argumentos `ti`, ou seja, `op(..., ti,...)` em `P-SPEC` é instanciado por

$$op'(...,\,ti',...)\,[...,\,ti\backslash x,...].$$

Por exemplo: se, em uma especificação parametrizada, ocorrer o termo `f(3, 4)`, ele é, na instanciação, substituído por `x*(y+x) [3\x,4\y]`.

---

[1] Como é visto no capítulo 8, podem existir visões entre teorias.
[2] O operador formal `op` não é declarado em `P-SPEC` assim como não o é o sorte formal `X$Component`.

7.1 ⇢ tipo P-STACKS

Segue um exemplo de aplicação. Dependendo da aplicação, pilhas que comportem, no máximo, n componentes devem ser criadas. Para possibilitar a criação de pilhas de tamanhos diferentes, um novo tipo de pilha deve ser construído. Essas limitações são colocadas como parâmetros formais da especificação parametrizada.

O tipo P-STACKS (pilhas parametrizadas descritas abaixo) é diferente do tipo STACKS, apresentado no capítulo 6. O tipo P-STACKS é caracterizado pelas operações empty-stack (para criar uma pilha), push (para colocar um componente no topo da pilha), pop_ (para retirar o componente que está no topo da pilha), top_ (para obter o componente que está no topo da pilha), is empty_ (para verificar se a pilha está vazia), replace (para substituir o componente que está no topo da pilha por outro dado), depth_ (para fornecer o número de componentes da pilha). A operação depth_ é auxiliar. Observe que o operador formal *maxsize* na visão SIMPLE é uma constante. Segue a especificação de uma nova teoria SIMPLE e da pilha parametrizada P-STACKS.

fth SIMPLE **is**
protecting NAT .
sort *Component* .
op *maxsize* : -> Nat .
endfth

fmod P-STACKS { X :: SIMPLE } **is**
sort PStack .

op empty-stack :	-> PStack [**ctor**] .	
op push :	PStack X$*Component*	-> PStack [**ctor**] .
op pop _ :	PStack	~> PStack .
op top _ :	PStack	~> X$*Component* .
op is empty _ :	PStack	~> Bool .
op replace :	PStack X$*Component*	~> PStack .
op depth _ :	PStack	~> Nat .

var *s* : PStack .
var *c* : X$*Component* .

ceq pop push (*s*, *c*)	= *s*	
	if depth *s* < *maxsize* .	(153)
ceq top push (*s*, *c*)	= *c*	
	if depth *s* < *maxsize* .	(154)
eq is empty empty-stack	= true .	(155)
eq is empty push (*s*, *c*)	= false .	(156)

ceq replace (*s*, *c*)   = push (pop *s*, *c*)
                          if not (depth *s* > *maxsize*) and
                               not is empty *s* .   (157)
eq depth empty-stack   = 0 .   (158)
eq depth push (*s*, *c*) = 1 + depth *s* .   (159)

endfm

As operações geradoras são empty-stack e push. PStack é o nome dado ao sorte formado pelos valores empty-stack, push(empty-stack, c), push(push(empty-stack, c), c'),... para todo valor *c, c'*: X$*Component*. Os valores do sorte PStack podem ser divididos em duas partes: empty-stack e push(*s, c*) para todo *s*: PStack e *c*: X$*Component*.

O operador formal *maxsize* fixa o número máximo de elementos da pilha. P-STACKS reconhece *maxsize* como um parâmetro formal pela teoria SIMPLE. A maioria das operações é definida apenas para pilhas *s* bem construídas (depth *s* < maxsize). Os operadores pop_ e top_ não são definidos para empty-stack.

A especificação P-STACKS pode igualar pilhas com componentes acima do *maxsize*. Ou seja, uma pilha *s* com um número de componentes maior que *maxsize* é igual a outra sem o componente que está no topo. Para tanto, basta adicionar a seguinte equação:

ceq push(*s*, *c*) = *s*
                        if not (depth *s* <= maxsize) .

A visão SIMPLE-as-NAT mapeia a teoria SIMPLE na especifição real NAT, onde maxsize é mapeado para a constante 3.

> **view** SIMPLE-as-NAT
> **from** SIMPLE **to** NAT is
> **sort** *Component* **to** Nat .
> **op** maxsize **to term** 3 .
> **endv**

Uma pilha de naturais com, no máximo, 3 elementos pode ser criada pela instanciação de P-STACKS com a visão SIMPLE-as-NAT

> **fmod** NAT-P-STACKS **is**
> **protecting** P-STACKS {SIMPLE-as-NAT} .
> **endfm**

A assinatura da especificação P-STACK mostra que somente os termos empty-stack e push(*s, c*) para todo *s*:PStack e *c*:X$*Component* têm o sorte Pstack. Todos os demais operadores, exceto o operador top_, geram termos que têm a espécie [Pstack].

7.2 ⋯→ tipo SPARSE-ARRAYS

Esse tipo é caracterizado pelas operações empty-array (para *array* vazio), modify (para incluir, juntamente com sua posição, um novo componente no *array*), component_of_ (para obter o i-ésimo componente do *array*). As operações geradoras são empty-array e modify.

A operação formal, *maxsize* (parâmetro), é do sorte Natural. Esse parâmetro limita o índice do *array*, ou seja, não faz sentido incluir no *array* componentes cujos índices sejam maiores do que um máximo fixado.

fmod SPARSE-ARRAYS { X :: SIMPLE } **is**
protecting NAT .
sort SparseArray .
op empty-array :   ->SparseArray [**ctor**] .
op modify :   Natural X$Component SparseArray   -> SparseArray [**ctor**] .
op component _ of _ : Nat SparseArray   ~> X$Component .

var c : X$Component .
vars i j : Nat .
var a : SparseArray .

ceq component i of modify (j, c, a) = c
                                              if i == j and i < maxsize .   (160)
ceq component i of modify (j, c, a) = component i of a
                                              if not (i == j) .   (161)
ceq modify (i, c, a)   = a
                                              if not (i < maxsize) .   (162)
endfm

As operações geradoras dessa especificação são empty-array e modify. O sorte SparseArray é formado pelos valores empty-array, modify(n, c, empty-array), modify(n, c, modify(n', c', empty-array) ... para todo n n':Nat e c c': X$Component. Os valores do sorte Sparse-Array podem ser divididos em duas partes: empty-array e modify(n, c, a) para todo n: Nat, c: X$Component e a: SparseArray. Os *arrays* esparsos guardam, em qualquer ordem, não somente os componentes, mas, também, a posição em que eles se encontram no *array* (vetor).

Observar que a operação component _ of _ não é definida para empty-array. Se o i-ésimo componente não está no *array*, então a operação component _ of _ não vai encontrá-lo. Assim: component i of modify (j, c, a) ≡ component i of empty-array para todo j ≠ i.

Note que, em modify(n, c, a), c é o n-ésimo componente do *array* e o último colocado. Nada impede que dois ou mais componentes tenham o mesmo índice no *array*. A operação component _ of _ é inteligente o suficiente para "pegar" o último componente colocado no *array*. Isso mostra que importa o conceito de SPARSE-ARRAY e não como ele é armazenado na memória do computador.

Pela equação (162), o operador modify tem a seguinte propriedade: o componente c no termo modify(n, c, a) é ignorado se seu índice i é maior que maxsize. Isso pode ser observado pela equação (160). Mesmo que i seja igual a j, a equação não poderá ser aplicada se i não for menor que maxsize. Entretanto, neste caso, a equação (162) sempre poderá ser aplicada, descartando o componente c do *array* esparso.

Nas linguagens de programação imperativas, por exemplo, um *array x*, pode ser usado da seguinte maneira:

```
...............
x[i] := k1;
x[j] := k2;
...............
```

Se i é diferente de j, a ordem em que essas atribuições são feitas é irrelevante. Entretanto, conforme a especificação, os termos modify(i, $k1$, modify(j, $k2$, a)) e modify (j, $k2$, modify(i, $k1$, a)) não são equivalentes, ou seja, (modify (i, $k1$, modify(j, $k2$, a)) $\neq$ modify (j, $k2$, modify(i, $k1$, a))).

Para tornar os termos equivalentes, a geradora modify deve ter a seguinte propriedade:

$$\text{modify }(i, k1, \text{modify}(j, k2, a)) = \text{modify }(j, k2, \text{modify}(i, k1, a))$$
$$\textbf{if } \text{not } (i == j)$$

Essa propriedade diminui o número de valores distintos do sorte SparceArray. Uma extensão da especificação SPARSE-ARRAYS, com esta equação, claramente introduz inconsistências, conforme secção 3.1 – conceitos de consistência e completeza. A introdução dessas inconsistências, entretanto, é aceitável em uma extensão de SPARSE-ARRAYS.

Cuidado especial deve ser tomado quando da especificação de tipos parametrizados, particularmente quando o tipo é "limitado" de alguma forma, como o tipo SPARCE-ARRAYS. Seja TRUTH-VALUE-SPARSE-ARRAYS a especificação resultante da instanciação de SPARSE-ARRAYS por BOOL. Suponha que a equação (160) seja, agora:

$$\textit{component } i \text{ of modify } (j, c, a) \quad = c$$
$$\textbf{if } i == j \qquad (163)$$

retirando da condição de equação o limite $i <$ maxsize. Então, a especificação TRUTH-VALUE-SPARSE-ARRAYS, uma instância de SPARCE-ARRAYS, é inconsistente.

Prova:

Seja $i > \mathit{maxsize}$, então:

component i of modify(i, true, empty-array) ≡
       component i of empty-array   pela (162)

component i of modify (i, false, empty-array) ≡
       component i of empty-array   pela (162)

Mas,

component i of modify (i, true, empty-array) ≡ true   pela (163)
component i of modify (i, false, empty-array) ≡ false   pela (163)

Portanto, por transitividade, true ≡ false.

Como conclusão, TRUTH-VALUE-SPARSE-ARRAYS, com (163) em vez de (160), não é uma extensão consistente de TRUTH-VALUES porque true ≡ false mantém-se válida na primeira especificação (extensão), mas não na segunda.

Termos-chave

operadores formais, p. 140   termos como parâmetros, p. 139

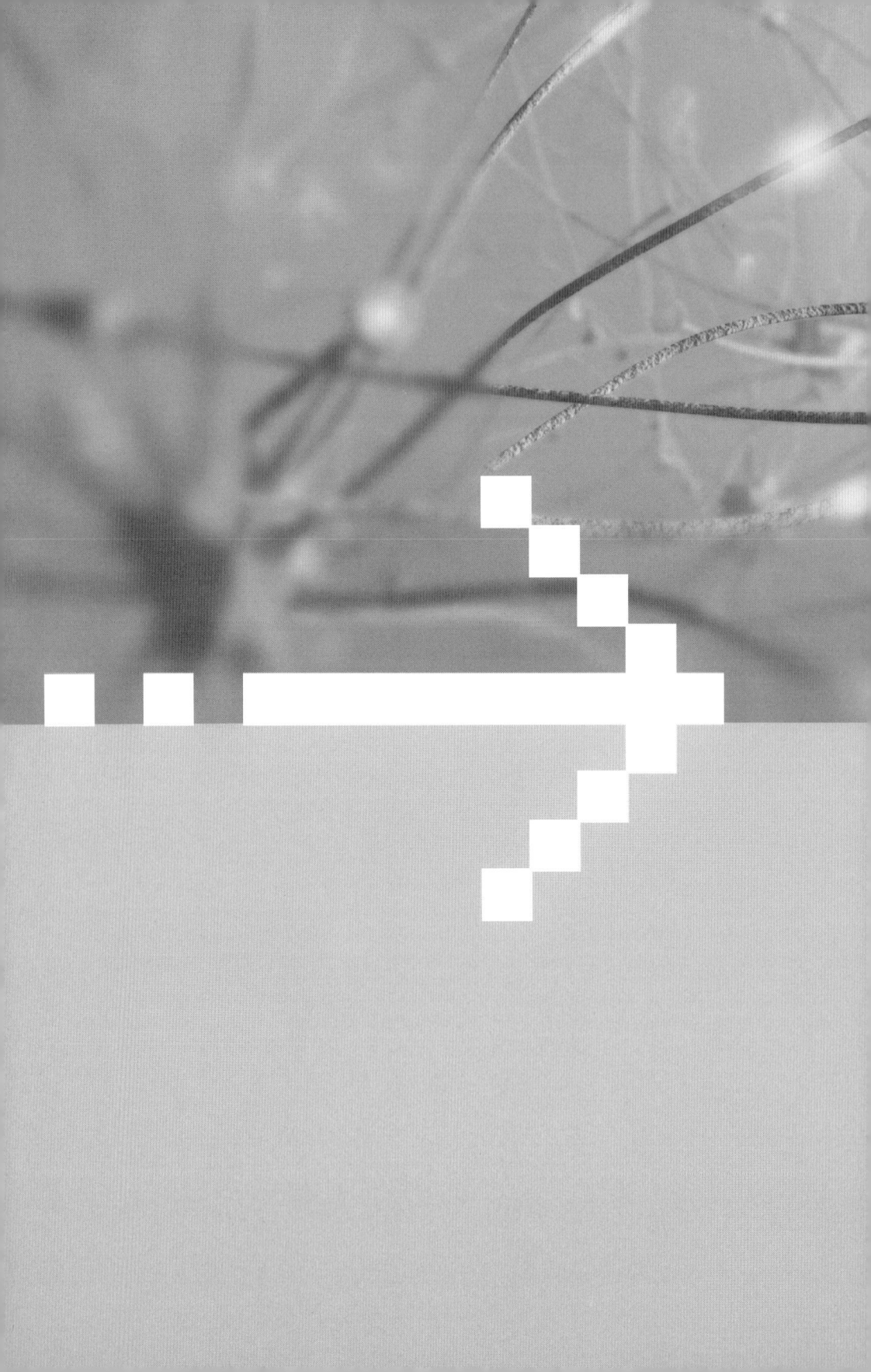

capítulo

tipos parametrizados: operadores como parâmetros

■ ■ Operadores podem, também, ser usados como parâmetros, potencializando mais ainda as especificações de tipos parametrizados. Neste caso, uma teoria `TH` declara um operador formal `op` na forma
`op op : s1 ... si ... sn -> s .`
e uma visão `V` mapeia o operador `op` no operador `op'` de uma especificação `A-SPEC`. Existem duas maneiras de fazer este mapeamento, causando efeitos diferentes. Equações formais podem ser declaradas nas teorias, estabelecendo propriedades do operador formal. No mapeamento, o operador `op'` deve satisfazer essas propriedades. Como exemplos de aplicação, são mostradas as especificações `MAPPING`, `SET` e `BTREE`. Visões entre teorias permitem instanciar especificações parametrizadas, mantendo-as ainda parametrizadas.

Operadores formais *op*, declarados nas teorias *TH* como

```
fth TH is
    ................
    op op: ..., si, ... -> s .
    ................
endfth
```

onde *si* e *s* são sortes formais ou reais, podem ser mapeados, em uma visão *V*, para operadores de especificações reais *A-SPEC* ou de teorias, como mostra a sintaxe:

view ⟨view-name⟩
from ⟨theory-name⟩ **to** ⟨actual-specification-name⟩
(**sort** ⟨formal-sort⟩ **to** ⟨actual-sort⟩ .)*
(**op** ⟨op-expr⟩ **to** **term** ⟨term⟩)*
(**op** ⟨Opname⟩ **to** ⟨Opname⟩ .)*
(**op**   ⟨OpName⟩ : ⟨Type-list⟩ -> ⟨Type⟩ **to** ⟨OpName⟩ .)*

...

endv

Inicialmente, é vista a alternativa: **op** ⟨Opname⟩ **to** ⟨Opname⟩. Termos formais, como, por exemplo, *op(..., ti, ...)*, podem ocorrer nas equações, axiomas de pertinência e condições de equação de uma especificação parametrizada *P-SPEC* que tem o parâmetro *X :: TH* na sua interface.

Em uma visão *V*, de uma teoria *TH* para uma especificação *A-SPEC*, o operador *op* é mapeado para um operador *op'* de *A-SPEC*, da forma:

op *op* **to** *op'*.

O operador *op'* deve ser compatível com *op*: mesma aridade e coerência entre os sortes dos domínios e imagens. Esse mapeamento afeta todos os operadores com o mesmo nome *op'*.[1] Na instanciação de uma especificação parametrizada *P-SPEC* por uma visão *V*, *op* é instanciado por *op'*.

A outra alternativa de visão mapeia a declaração de operadores da teoria *TH* para operadores de *A-SPEC* da forma:

op ⟨OpName1⟩ : ⟨Type-list⟩ -> ⟨Type⟩ **to** ⟨OpName2⟩ .

onde ⟨OpName1⟩ é um operador formal, fonte do mapeamento, declarado em uma teoria *TH*, e ⟨OpName2⟩ é um operador alvo, declarado em uma especificação *A-SPEC*.[2]

Essa nova alternativa de mapeamento afeta não somente os operadores que têm os mesmos domínios e imagens, mas também toda a família de operadores sobrecarregados por subsor-

---

[1] Por exemplo, na especificação ARRAY-OF-ARRAY{X:: PAR}, o operador _abutted to_ tem duas declarações.
[2] Lembrando que *A-SPEC* pode ser, também, uma especificação parametrizada.

te, associados com o operador alvo. Exemplo: Seja o mapeamento do operador _op_ em uma visão V:

op _op_ : Component Component -> Component **to** _+_ .

onde _op_ é declarado em uma teoria TH, o operador _+_ é declarado na especificação NAT por:

op _+_ : Int Int -> Int .

e o mapeamento de Component para Int na visão V é

sort Component **to** Int .

Então, o operador _+_ : Nat Nat -> Nat é também afetado, pois NAT tem a declaração desse operador e, também, da declaração de inclusão de subsorte Nat < Int.

Operadores formais op: s_1 s_2 ... s_i ... s_n -> s, equações formais t1=t2 e axiomas de pertinência podem ser usados nas teorias TH. Equações formais são criadas para definir **propriedades** do operador op. Nas visões V de uma teoria TH para especificações A-SPEC, operadores op são mapeados para operadores op' ou para termos op(...). As visões V são válidas se op' tem as propriedades de op.[3]

No exemplo mostrado abaixo, a teoria DOMAIN tem **equações formais**, ou seja, **propriedades do operador formal que devem ser satisfeitas pelos operadores reais**. A teoria declara o operador binário formal _equals_, possuindo três propriedades (equações formais): reflexiva, simétrica e transitiva. Uma relação que tem essas três propriedades é uma relação de equivalência. Ora, isso caracteriza um operador de **igualdade** entre dois valores do sorte formal Domain.

fth DOMAIN **is**
protecting TRUTH-VALUES .
sort Domain .
op _ equals _ : Domain Domain -> Truth-Value .
vars a b c : Domain .
eq a equals b   = b equals a .   (164)
eq a equals a   = true .   (165)
eq (((a equals b) ∧ (b equals c)) => a equals c) = true .   (166)
endfth

Assim, em uma visão de DOMAIN para STACKS, por exemplo, se Domain for mapeado em Stack, então, em STACKS, deve existir um operador que compara duas pilhas para a igualdade, e esse operador deve ser reflexivo, simétrico e transitivo. Além disso, esse operador deve ser binário, os dois sortes dos domínios devem ser Stack e a imagem, Truth-Value. Uma análise informal da especificação STACKS mostra que esse operador não existe.[4]

---

[3] Maude tem ferramentas para verificar estas propriedades.
[4] Existe o operador _==_ introduzido automaticamente pelo MAUDE.

A seguinte visão mapeia DOMAIN em NATURALS.

```
view DOMAIN-as-NAT
from DOMAIN to NATURALS .
sort Domain to Natural .
op _equals_ : Domain Domain -> Truth-Value to _is_ .
endv
```

Do ponto de vista sintático, essa visão é perfeita, pois o operador _is_ é binário, os sortes do domínio são iguais e a imagem é Truth-Value. Entretanto, deve ser provado que o operador _is_ é reflexivo, simétrico e transitivo.

Como o operador _is_ tem a propriedade comutativa,[5] a segunda propriedade da teoria é imediata. Para provar que o operador _is_ é reflexivo para todo n:Natural n is n = true), deve-se recorrer ao método de indução matemática:

Passo base:

0 is 0 = true (pela equação 0 is 0 = true).

Passo indutivo:

n is n = true .

Provar:

succ n is succ n = true (pela aplicação da equação succ n is succ m = n is m e o passo base).

O operador _is_ é transitivo. Esta prova é deixada para o leitor como exercício proposto.

As equações de TRUTH-VALUES são bem conhecidas, permitindo, de imediato, mostrar as obrigações de prova, ou seja, as provas de que o operador _is_ satisfaz as propriedades descritas na teoria DOMAIN, como mostrado acima. Entretanto, para fins práticos, BOOL é incluído em DOMAIN, como segue:

```
fth DOMAIN is
protecting BOOL .
sort Domain .
op _ equals _ : Domain Domain -> Bool .
vars a b c : Domain .
eq a equals b      = b equals a .                              (167)
eq a equals a      = true .                                    (168)
eq ((a equals b) and
    (b equals c)) implies a equals c = true .                  (169)
endfth
```

---

[5] Ver especificação NATURALS.

A seguinte visão mapeia DOMAIN em NAT.

```
view DOMAIN-as-NAT
from DOMAIN to NAT .
sort Domain to Nat .
op _equals_ : Domain Domain -> Bool to _==_ .
endv
```

8.1 tipo MAPPINGS

O tipo abstrato MAPPINGS é muito usado. Por exemplo, para estabelecer uma relação entre disciplinas e professores, cada disciplina, a cada semestre, é alocada a um professor. Uma disciplina pode somente ser alocada a um único professor, mas um professor pode ser responsável por várias disciplinas. Estabelecida a relação, dada uma disciplina, pode ser determinado o professor responsável pela mesma. As disciplinas são chamadas de domínio do mapeamento (*domain*) e os professores, de sua imagem (*range*). O tipo MAPPINGS tem, portanto, na interface, duas teorias: DOMAIN e RANGE. RANGE é idêntico[6] à teoria PAR, mas com outro nome, para fins de clareza.

```
fth RANGE is
sort Range.
endfth
```

O tipo MAPPINGS, mostrado abaixo, é caracterizado pelas seguintes operações: empty-mapping (para construir um mapeamento vazio), modify (para incluir um par (d, r) no mapeamento) e image of_in_ (parcial, para fornecer a imagem, dado um domínio). As operações geradoras são: empty-mapping e modify.

```
fmod MAPPINGS {X :: DOMAIN, Y :: RANGE} is

sort Mapping .

op empty-mapping :                          -> Mapping [ctor] .
op modify :    X$Domain Y$Range Mapping     -> Mapping [ctor] .
op image of_in_ : X$Domain Mapping          ~> Y$Range .

  vars d d'  : X$Domain .
  var r  : Y$Range .
  var m  : Mapping .

ceq image of d in modify(d', r, m)    = r
                                      if d equals d' .                  (170)
ceq image of d in modify(d', r, m)    = image of d in m
                                      if not( d equals d' ) .           (171)

endfm
```

---

[6] A menos dos nomes.

A operação `image of_in_` é a única observadora. Duas equações condicionais a definem, a (170) e a (171). O predicado da equação (170) tem como objetivo comparar dois valores do sorte formal X$*Domain* para verificação de igualdade. Isso é feito através da operação formal `_equals_`, tendo como operandos duas variáveis, `d` e `d'`, do sorte formal X$*Domain*. Note que nenhuma restrição é feita ao sorte formal Y$*Range*.

Se um termo do sorte `Mapping` é formado por diversos pares (`d`, `r`), a operação `image of_in_` é inteligente o suficiente para fornecer `r` correspondente ao primeiro `d` que encontrar (o par mais recentemente inserido no mapeamento).

Mapeamentos podem ser, agora, criados. Entretanto, a especificação (real) alvo da teoria DO-MAIN deve ter uma operação de igualdade. Como visto, todas as especificações, para qualquer sorte `s`, incluem o operador polimórfico `_==_`. Deve-se provar que esse operador é reflexivo, simétrico e transitivo. A teoria RANGE, por outro lado, não impõe nenhuma restrição e pode ser mapeada para qualquer especificação. A especificação abaixo mapeia NAT em BOOL.

view RANGE-as-BOOL
from RANGE **to** BOOL **is**
sort *Range* **to** Bool .
endv

Segue uma instanciação:

fmod NAT-BOOL-MAPPINGS **is**
protecting MAPPINGS {DOMAIN-as-NAT, RANGE-as-BOOL}
endfm

O sorte `Mapping` tem a representação gráfica mostrada em (a) na figura 8.1. Em (b), a figura mostra uma renomeação do sorte `Mapping` e instanciação do sorte X$*Domain* para `Disciplina` e do sorte `Professor` para X$*Range*.

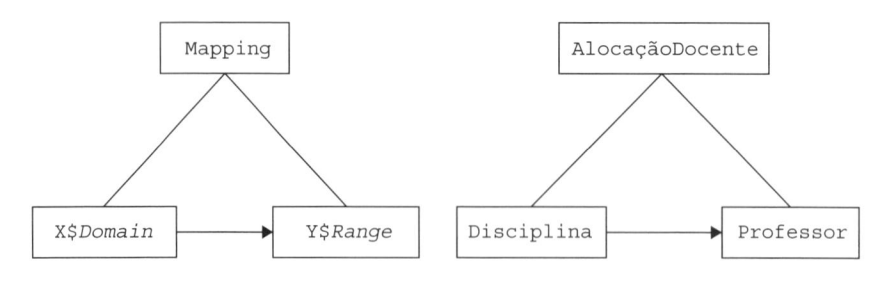

(a) espécie estruturada `Mapping`   (b) espécie estruturada `Mapping` renomeada

figura 8.1 Em (a), uma representação gráfica do sorte `Mapping` e, em (b), uma instanciação e renomeação.

■ exercícios propostos 8.1

1. Prove que a seguinte visão não é válida:
   ```
   view DOMAIN-as-BOOL
   from DOMAIN to Truth-Value .
   sort Domain to Truth-Value .
   op _equals_ to _v_ .
   endv
   ```

2. No contexto de um hotel, para cada quarto há uma informação de seu estado, ou seja, se ocupado ou desocupado. Construir uma especificação para definir o sorte Lotacao, conforme figura 8.2 a seguir. O sorte NumeroQuarto integra o sorte Ocupacao como mostrado na figura 6.16, e a representação gráfica do sorte EstadoQuarto é apresentada na figura 6.18.

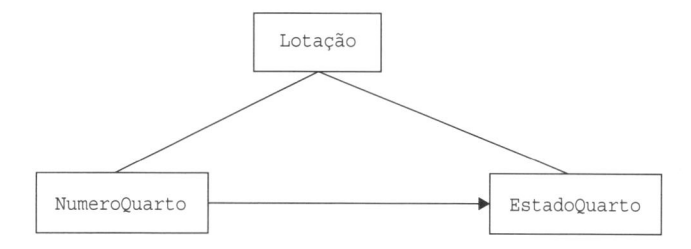

figura 8.2 Renomeação e instanciação do sorte Mapping.

8.2 ⋯→ tipo SETS

O tipo abstrato SETS é caracterizado pelas operações {} (para conjunto vazio), _;_ (para compor dois conjuntos) e delete (para excluir um componente do conjunto). As operações geradoras são: {} e _;_.

O operador _;_ possui as propriedades comutativa (a ordem dos elementos no conjunto é irrelevante) e associativa.

```
fmod SETS {X:: PAR} is

sort Set .
subsort X$Component < Set .

op {} :                    -> Set [ctor] .
op _ ; _ :     Set Set     -> Set [ctor comm assoc ] .
op delete :    Set X$Component  -> Set .

var   c c' : X$Component .
var   s   : Set .
```

```
eq s ; s              = s .                                              (172)
eq c ; {}             = c .                                              (173)

ceq delete(c' , c)    = c'                          if c =/= c' .        (174)
eq  delete({} , c)    = {} .                                             (175)
eq  delete(c , c)     = {} .                                             (176)
ceq delete(c' ; s , c) = c' ; delete(s , c)         if c =/= c' .        (177)

endfm
```

A operação construtora `_;_` possui duas propriedades expressas pelas equações (172)[7] e (173), além das propriedades declaradas. A operação `delete` tira proveito da propriedade de repetição de elementos no conjunto, mas não admite subconjuntos não vazios como elementos de conjuntos. Instanciando SETS por INT, têm-se as seguintes reduções:

```
delete(3 ; 3 ; 3 ; {} ; {}, 3) ≡ {}
delete(3 ; 4 ; 3 ; {} ; {}, 3) ≡ {4}
```

A especificação abaixo aceita subconjuntos não vazios como elementos de conjuntos e inclui as operações de inserção `insert`, retirar um elemento `delete`, predicado de pertinência `_in_`, cardinalidade `|_|`, união `union`, interseção `intersection`, diferença `_\_`, conjunto potência `2^_` e teste de subconjunto `_subset_`. Algumas dessas operações usam auxiliares. As geradoras são: `preset`, `_,_`, `neSet {_}` e `set {}`. Na definição da operação retirar, `delete`, as duas últimas equações podem ser substituídas pelas duas colocadas como comentário. Na especificação, os operadores que começam com o símbolo $ são auxiliares. Observe nesta especificação que as declarações de operadores podem ser intercaladas com equações. O sort `Set` tem a representação gráfica indicada na figura 8.3:

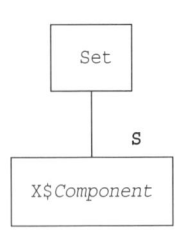

```
          ┌─────────┐
          │   Set   │
          └─────────┘
               │
               s
          ┌──────────────┐
          │ X$Component  │
          └──────────────┘
```

figura 8.3 Representação gráfica do sorte `Set`.

O diagrama de inclusão de subsortes é mostrado a seguir, na figura 8.4:

---

[7] Se um conjunto tem dois elementos repetidos, ele é equivalente a outro que não tem elementos repetidos.

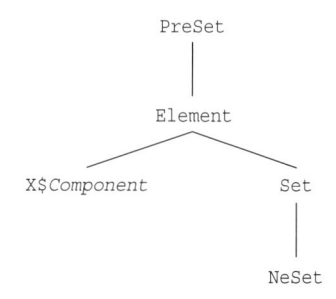

Capítulo 8 → Tipos Parametrizados: Operadores como Parâmetros

```
                    PreSet
                      |
                   Element
                   /      \
          X$Component      Set
                            |
                          NeSet
```

figura 8.4 Grafo da inclusão de subsortes.

```
fmod SETS{X :: PAR} is
protecting EXT-BOOL .
protecting NAT .
sorts Element PreSet NeSet Set .
subsort X$Component Set < Element < PreSet .
subsort NeSet < Set .

op _,_ : PreSet PreSet -> PreSet [ctor assoc comm prec 121] .
op {_} : PreSet -> NeSet [ctor] .
op {} : -> Set [ctor] .

vars p q : PreSet .
vars a s : Set .
var e : Element .
var n : NeSet .
var c : Nat .

eq {p, p} = {p} .
eq {p, p, q} = {p, q} .

op insert : Element Set -> Set .

eq insert(e, {}) = {e} .                                          (178)
eq insert(e, {p}) = {e, p} .                                      (179)

op delete : Element Set -> Set .

eq delete(e, {e}) = {} .                                          (180)
eq delete(e, {e, p}) = delete(e, {p}) .                           (181)
eq delete(e, s) = s [owise] .                                     (182)

***ceq delete(e, {f}) = {f}       if e =/= f .                    (183)
***ceq delete(e, {f, p}) = union({f}, delete(e, {p}))   if e =/= f .   (184)

op _in_ : Element Set -> Bool .
```

eq e in $\{e\}$ = true. (185)
eq e in $\{e, p\}$ = true. (186)
eq e in s = false [**owise**]. (187)

op |_| : Set -> Nat.
op |_| : NeSet -> NzNat.

eq |$\{\}$| = 0. (188)
eq |$\{p\}$| = \$card(p, 0). (189)

op \$card : PreSet Nat -> Nat.

eq \$card(e, c) = c + 1. (190)
eq \$card((n, n, p), c) = \$card((n, p), c). (191)
eq \$card((e, p), c) = \$card(p, c + 1) [**owise**]. (192)

op union : Set Set -> Set.
op union : NeSet Set -> NeSet.
op union : Set NeSet -> NeSet.

eq union($\{\}$, s) = s. (193)
eq union(s, $\{\}$) = s. (194)
eq union($\{p\}$, $\{q\}$) = $\{p, q\}$. (195)

op intersection : Set Set -> Set.

eq intersection($\{\}$, s) = $\{\}$. (196)
eq intersection(s, $\{\}$) = $\{\}$. (197)
eq intersection($\{p\}$, n) = \$intersect(p, n, $\{\}$). (198)

op \$intersect : PreSet Set Set -> Set.

eq \$intersect(e, s, a) = **if** e in s **then** insert(e, a) **else** a **fi**. (199)
eq \$intersect((e, p), s, a) = \$intersect(p, s, \$intersect(e, s, a)). (200)

op __ : Set Set -> Set [gather (e e)].

eq $\{\}$ \ s = $\{\}$. (201)
eq s \ $\{\}$ = s. (202)
eq $\{p\}$ \ n = \$diff(p, n, $\{\}$). (203)

op \$diff : PreSet Set Set -> Set.

eq \$diff(e, s, a) = if e in s then a else insert(e, a) fi. (204)
eq \$diff((e, p), s, a) = \$diff(p, s, \$diff(e, s, a)). (205)

op $2\char`\^$_ : Set -> Set.

eq $2\char`\^\{\}$ = $\{\{\}\}$. (206)
eq $2\char`\^\{e\}$ = $\{\{\}, \{e\}\}$. (207)
eq $2\char`\^\{e, p\}$ = union($2\char`\^\{p\}$, \$augment($2\char`\^\{p\}$, e, $\{\}$)). (208)

Capítulo 8 ⋯→ Tipos Parametrizados: Operadores como Parâmetros

```
op $augment : NeSet Element Set -> Set .
eq $augment({s}, e, a) = insert(insert(e, s), a) .                          (209)
eq $augment({s, p}, e, a) = $augment({p}, e, $augment({s}, e, a)) .          (210)

op _subset_ : Set Set -> Bool .

eq {} subset s = true .                                                      (211)
eq {e} subset s = e in s .                                                   (212)
eq {e, p} subset s = e in s and-then {p} subset s .                          (213)

op _psubset_ : Set Set -> Bool .

eq a psubset s = a =/= s and-then a subset s .                               (214)
endfm
```

A figura 8.5, a seguir, mostra o sorte `AlocacaoDocente`, uma renomeação e instanciação do sorte `Set`.

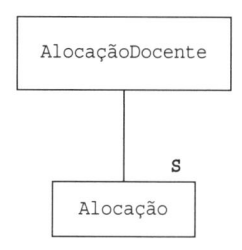

```
    ┌─────────────────┐
    │ AlocaçãoDocente │
    └────────┬────────┘
             │ s
    ┌────────┴────────┐
    │    Alocação     │
    └─────────────────┘
```

figura 8.5   Representação gráfica do sorte `AlocacaoDocente`.

■ exercício proposto 8.2

Especificar um tipo de dado que tem o sorte representado graficamente na figura 8.6.

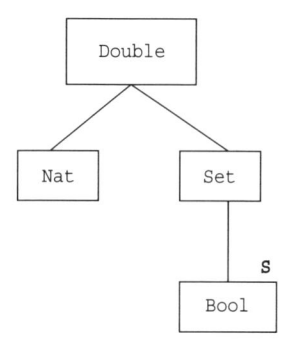

```
              ┌────────┐
              │ Double │
              └───┬────┘
            ┌─────┴─────┐
        ┌───┴──┐     ┌──┴──┐
        │ Nat  │     │ Set │
        └──────┘     └──┬──┘
                        │ s
                    ┌───┴───┐
                    │ Bool  │
                    └───────┘
```

figura 8.6   Representação gráfica do sorte `Double` instanciado.

■ exercício proposto 8.3

O conjunto de quartos de um hotel é denominado de cômodos. Construir uma especificação para definir o sorte Comodos, conforme figura 8.7 abaixo. O sorte Quarto é definido na figura 6.17.

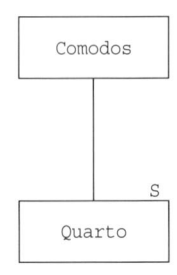

```
        ┌─────────┐
        │ Comodos │
        └────┬────┘
             │
             │ s
             │
        ┌────┴────┐
        │ Quarto  │
        └─────────┘
```

figura 8.7 Representação gráfica do sorte Set renomeado e instanciado.

8.3 ⋯→ tipo BTREES

O tipo BTREES (árvores binárias) é caracterizado pelas operações emptytree (para árvore vazia), make (para construir uma árvore a partir de duas outras e de um componente, rotulando cada nodo da árvore), is_empty (para verificar se a árvore está vazia), left_ (para obter a subárvore da esquerda), right_ (para obter a subárvore da direita), data_ (para obter o componente que está no nodo raiz da árvore), is_in_ (para verificar se um componente dado está em algum nodo da árvore).

A teoria LABEL introduz o sort Label e a declaração do operador _same_ sem nenhuma propriedade expressa.

fth LABEL **is**
sort Label .
op _same_ : Label Label -> Bool .
endfth

Observe que uma visão da teoria LABEL para uma especificação alvo é válida, bastando que os operadores alvos tenham a mesma funcionalidade de _same_. Por exemplo, o operador _or_ : Bool Bool -> Bool pode ser um operador alvo. Segue a especificação do tipo BTREES.

Capítulo 8 ⇢ Tipos Parametrizados: Operadores como Parâmetros

```
fmod BTREES{X :: LABEL} is
sort Btree .
op      emptytree :                           -> Btree [ctor]    .
op      make : Btree X$Label Btree            -> Btree [ctor]    .
op      is _ empty : Btree                    -> Bool .
op      left _ :           Btree              -> Btree .
op      right _ :          Btree              -> Btree .
op      data _ :           Btree              ~> X$Label .
op      is _ in _ :        X$Label Btree      ~> Bool .
vars l r : Btree .
vars c c' : X$Label .
eq      is emptytree empty =        true .                              (215)
eq      is make (l, c, r) empty =   false .                             (216)
eq      left emptytree =            emptytree .                         (217)
eq      left make(l, c, r) =        l .                                 (218)
eq      right emptytree =           emptytree .                         (219)
eq      right make(l, c, r) =       r .                                 (220)
eq      data make(l, c, r) =        c .                                 (221)
eq      is c in emptytree =         false .                             (222)
ceq     is c' in make (l, c, r) =   true
                                            if c same c' .              (223)
ceq     is c' in make (l, c, r) =   is c' in l or is c' in r
                                            if not(c same c') .         (224)
endfm
```

As operações geradoras são emptytree e make. Os valores do sorte Btree são emptytree e make(l, c, r), onde l e r são valores de Btree e c um valor de X$Label.

A figura 8.8

- (a) representa emptytree, a árvore vazia;
- (b) representa make(emptytree, c_0, emptytree); e
- (c) representa make(make(make(emptytree, c_3, emptytree), c_1, emptytree), c_0, make(emptytree, c_2, make(emptytree, c_4, emptytree)))

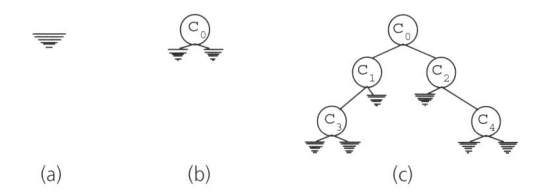

(a)   (b)   (c)

figura 8.8 Em (a), uma árvore vazia. Em (b), um nodo com duas subárvores vazias e, em (c), uma árvore qualquer.

A especificação de árvores binárias com nodos rotulados com números inteiros é:

```
view LABEL-as-INT
from LABEL to INT is
sort Label to Int .
op _same_ to _==_ .
endv

fmod INT-BTREES is
        protecting BTREES{ LABEL-as-INT}
endfm
```

8.4 visões (mapeamentos) entre teorias

Um visão pode, também, estabelecer um mapeamento entre teorias. Como visto neste capítulo, uma visão exige obrigações de prova. Uma visão v_0 de uma teoria TH_0 para uma teoria TH_1 deve garantir $\equiv_{TH0} \subseteq \equiv_{TH1}$ para todo sorte s em TH_1. Agora, uma visão v_1 de uma teoria TH_1 para uma teoria TH_2 deve garantir $\equiv_{TH1} \subseteq \equiv_{TH2}$, para todo sorte s em TH_2. O mapeamento entre visões possibilita a agregação de propriedades a serem satisfeitas pelos parâmetros reais. A expressão abaixo mostra uma cadeia de mapeamentos:

$$TH_0 \; V_0 \; TH_1 \; V_1 \; TH_2 \; \ldots \; TH_{(n-1)} \; V_{(n-1)} \; TH_n$$

A visão v_0 é:

```
view V₀
from TH₀ to TH₁ is
...
endv
```

Supondo que $P\text{-}SPEC\{X :: TH_0\}$ seja uma especificação parametrizada que, se instanciada pela visão v_0, $P\text{-}SPEC\{v_0\}$, continua sendo uma especificação parametrizada, $P\text{-}SPEC\{v_1\}\{X :: TH_1\}$, agora, então, *pela* teoria TH_1:

```
fmod P-SPEC' {X :: TH₁} is
protecting P-SPEC{V₀}{X}.
endfm
```

Esta especificação pode ser instanciada pela visão v_1 e continua sendo uma especificação parametrizada, $P\text{-}SPEC\{v_0\}\{v_1\}\{X :: TH_2\}$, agora, pela teoria TH_2:

```
fmod P-SPEC" {X :: TH₂} is
protecting P-SPEC{V₁}{V₂}{X}.
endfm
```

O resultado é o mesmo se P-SPEC' é instanciado pela visão V_1:

fmod P-SPEC" {X :: TH_2} **is**
protecting P-SPEC' {V_1}{X} .
endfm

Este processo pode continuar até a teoria THn da seguinte forma:

$$P\text{-}SPEC\{V_1\}\{V_2\}\ldots\{V_{(n-1)}\}\{X :: TH_n\}.$$

Quando uma nova especificação parametrizada é criada, é importante que os parâmetros tenham a teoria PAR, a mais simples. Se novas propriedades forem necessárias, então sempre é possível agregar novas teorias, impondo novas restrições sobre os parâmetros da especificação.

■ exercícios resolvidos 8.1

1. A teoria LABEL não coloca nenhuma restrição aos operadores instanciados por _same_. Entretanto, _same_ é um operador que compara dois argumentos para a igualdade e deve ser reflexivo, simétrico e transitivo. Assim, faz-se necessário fortalecer a teoria LABEL, como mostrado a seguir.
   Inicialmente, deve ser construída uma visão, mapeando LABEL em DOMAIN.

   view LABEL-as-DOMAIN
   from LABEL **to** DOMAIN **is**
   sort Label **to** Domain .
   op _same_ : Label Label -> Label **to** _equals_ .
   endv

Como LABEL não tem equações, $\equiv_{LABEL} = \emptyset$, portanto, a teoria DOMAIN satisfaz a teoria LABEL.

A instanciação de BTREES pela visão LABEL-as-DOMAIN resulta em uma especificação, agora parametrizada por Y :: DOMAIN da seguinte forma:

fmod ORDERED-BTREES{Y :: DOMAIN} **is**
protecting BTREES{LABEL-as-DOMAIN}{Y}.
endfm

onde ORDERED-BTREES é o nome da especificação. ORDERED-BTREES requer, agora, que, na instanciação, uma especificação (ou teoria) satisfaça a teoria DOMAIN. Por exemplo:

   view DOMAIN-as-INT
   from DOMAIN **to** INT **is**
   sort Domain **to** Int .
   op _equals_ : Domain Domain -> Bool **to** _==_ .
   endv

Esta visão é válida porque o operador _==_ é reflexivo, simétrico e transitivo, como mostrado na seção 8.1, usando o operador _is_. Para criar árvores, onde os rótulos dos nodos são inteiros ou de qualquer subsorte de inteiros, deve-se instanciar DOMAIN-BTREE da seguinte forma:

```
fmod INT-BETREE1 is
protecting ORDERED-BTREES {DOMAIN-as-INT}.
endfm
```

ou, instanciando BTREES{LABEL-as-DOMAIN}, tem-se o mesmo resultado.

```
fmod INT-BETREE2 is
protecting BTREES {LABEL-as-DOMAIN}{DOMAIN-as-INT}.
endfm
```

2. O tipo BTREES possui muitas aplicações importantes na computação. Novas operações podem ser incluídas para permitir um caminhamento na árvore. Se l representa a subárvore da esquerda, r a subárvore da direita e c a raiz, então lcr (*left-root-right*) representa um caminhamento em que primeiro é visitada a subárvore da esquerda, l, depois o nodo raiz, c, e, finalmente, a subárvore da direita, r.

Este exercício tem como objetivo definir uma operação para realizar esse caminhamento. Entretanto, o resultado deve ser um valor de algum sorte. Escolheu-se o sorte Queue para guardar os rótulos das árvores Btree. Com base na figura 8.9, usando este tipo de caminhamento na árvore, lcr, primeiro é visitado o nodo g, o primeiro a ser colocada na fila, depois, na sequência, a, p e, por último, k.

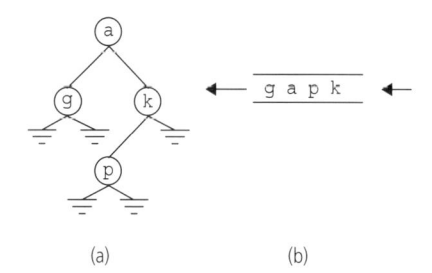

figura 8.9 Caminhamento lcr na árvore (a), criando a fila (b).

O tipo QUEUES deve ser extendido, QUEUES-EXT, para incluir a operação lcr. São usadas, na solução deste exercício, visões parametrizadas. Nas árvores, os rótulos são do sorte Label e, nas filas, os componentes são do sorte Component. Mas, um rótulo na árvore é um componente na fila. Assim, faz-se necessário estabelecer um mapeamento de componente para rótulo.

PAR → PAR-as-LABEL → LABEL

O sorte formal Component da teoria PAR é mapeado para o sorte formal Label da teoria LABEL

```
(view PAR-as-LABEL
from PAR to LABEL is
sort Component to Label .
endv)
```

```
(fmod QUEUES-EXT { Z :: LABEL} is
protecting QUEUES {PAR-as-LABEL}{Z} .
protecting BTREES {Z} .
op lcr_ : Btree -> Queue .
vars l r : Btree .
var c : Z$Label .
eq lcr emptytree = mtq .                                          (225)
eq lcr make (l, c, r) = concat(concat(lcr l, append(mtq, c)), lcr r) .   (226)
endfm)
```

Observe que QUEUES é instanciada pela visão PAR-as-LABEL. Assim, todas as ocorrências de *Component* em QUEUES são instanciadas por *Label*.

Esse problema tem outra solução. A segunda equação poderia ser:

$$\text{lcr make}(l, c, r) = \text{concat}(\text{append}(\text{lcr } l, c), \text{lcr } r)$$

Segue um exemplo de aplicação: Os rótulos das árvores são inteiros, e a operação _*same*_ é _==_. QUEUES-EXTENTIONS deve ser instanciada por uma visão que mapeia *Label* em *Int* e _*same*_ em _==_.

lcr converte árvores, com nodos rotulados por inteiros, em filas de inteiros da seguinte maneira:

```
(view LABEL-as-DOMAIN
from LABEL to INT is
sort Label to Int .
op _same_ : Label Label -> Bool to _==_ .
endv)

(fmod INT-QUEUES-EXT is
protecting QUEUES-EXT {LABEL-as-DOMAIN} .
endfm)
```

Como visto, os rótulos das árvores podem ser também naturais já que Nat < Int.

Algumas reduções:

```
Maude> (reduce lcr emptytree .)
rewrites: 771 in 10ms cpu (65ms real) (77100 rewrites/second)
reduce in INT-QUEUES-EXT :
 lcr emptytree
 result Queue :
 mtq

Maude> (reduce lcr make (emptytree, 3, emptytree) .)
rewrites: 860 in 30ms cpu (125ms real) (28666 rewrites/second)
reduce in INT-QUEUES-EXT :
 lcr make(emptytree,3,emptytree)
```

result Queue:
append(mtq,3)

Na figura 8.9 (a), para a = 3, g = 0, k = 5 e p = 10.

```
Maude> (reduce lcr (make(make(emptytree, 0, emptytree), 3,
make(make(emptytree,10, emptytree),5, emptytree)) ).)
rewrites: 1183 in 60ms cpu (114ms real) (19716 rewrites/second)
reduce in INT-QUEUES-EXT :
lcr make(make(emptytree,0, emptytree),3, make(make(emptytree,10, emptytree),
5, emptytree))
result Queue :
append(append(append(append(mtq,0),3),10),5)
```

3. O exemplo seguinte estende a especificação de ARRAYS para incluir o operador swap. swap intercambia dois componentes de um array: supondo j e k índices de componentes de arrays, o componente j passa para a posição k e vice-versa, para j diferente de k. A solução envolve a definição de três operações auxiliares, first, find e replace. Para facilitar o raciocínio, o componente de índice j vem antes do de índice k. A operação first procura o componente de índice j, conforme figura 8.10.

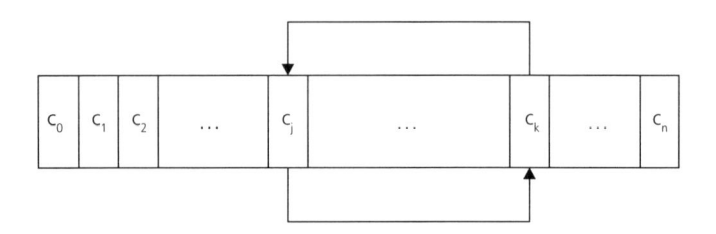

figura 8.10   Troca de posição de dois componentes em um array.

A operação find procura o componente de índice k para colocar no lugar do componente de índice j. A operação replace substitui o componente de índice k pelo componente de índice j.

```
fmod ARRAYS-EXTENTIONS{X :: PAR} is
protecting NAT.
protecting ARRAYS{X}.

    op swap :        Nat Nat Array                      ~> Array .
    op first :       Nat Nat Nat Array                  ~> Array .
    op replace :     Nat Nat Nat X$Component Array      ~> Array .
    op find :        Nat Nat Nat Array                  ~>X$Component .

    vars i j k : Nat .
    vars a a': Array .
    vars c c': X$Component .

eq swap (j, k, unit-array (c)) = unit-array(c) .                        (227)
```

eq swap (*j*, *k*, unit-array (*c*) abuttet to *a*) =
                 first (0, *j*, *k*, unit-array(*c*) abuttted to *a*) .   (228)

ceq first (*i*, *j*, *k*, unit-array (*c*) abutted to *a*) =
                 unit-array (*c*) abutted to first (s *i*, *j*, *k*, *a*)
                       if not (*i* is *j* or *i* is *k*) .   (229)

ceq first (*i*, *j*, *k*, unit-array (*c*) abutted to *a*) =
                 unit-array (find (succ *i*, *j*, *k*, *a*)) abutted to
                       replace (s *i*, *j*, *k*, *c*, *a*)
                               if *i* is *j* or *i* is *k* .   (230)

ceq replace (*i*, *j*, *k*, *c*, unit-array (*c'*)) =
                 unit-array (*c*) **if** *i* is *j* or *i* is *k* .   (231)

ceq replace (*i*, *j*, *k*, *c*, unit-array (*c'*) abutted to *a*) =
            unit-array (*c'*) abutted to replace (s *i*, *j*, *k*, *c*, *a*)
                       if not (*i* is *j* or *j* is *k*) .   (232)

ceq replace (*i*, *j*, *k*, *c*, unit-array (*c'*) abuttet to *a*) =
                 unit-array (*c*) abutted to *a* **if** *i* is *j* or *i* is *k* .   (233)

ceq find (*i*, *j*, *k*, unit-array (*c*)) = *c* **if** *i* is *j* or *i* is *k* .   (234)

ceq find (*i*, *j*, *k*, unit-array (*c*) abutted to *a*) =
                 find (s *i*, *j*, *k*, *a*) **if** not (*i* is *j* or *i* is *k*) .   (235)

ceq find (*i*, *j*, *k*, unit-array (*c*) abutted to *a*) = *c*
                       if *i* is *j* or *i* is *k* .   (236)

endfm

■ exercícios propostos 8.4

1. Reduzir o termo: lcr (make(make(make(emptytree, 0, emptytree), 3, emptytree), 2, make(emptytree, 0, make(emptytree, 1, emptytree)))), usando INT-QUEUES-EXT.
2. Definir as operações:
   lrc : Btree → Queue
   crl : Btree → Queue
   clr : Btree → Queue
   rlc : Btree → Queue
   rcl : Btree → Queue
3. Considerando a especificação ARRAYS-EXTENTIONS:
   a) Qual o valor de swap para *j* is *k* (Trocar um componente por ele mesmo)?
   b) Qual o valor de swap se *j* ou *k*, ou ambos, estiverem fora dos limites do array?

c) Reduzir:
   swap (succ 0, succ succ 0, (unit array (c_0) abutted to
   unit-array (c_1)) abutted to unit-array (c_2))

d) Alterar a especificação para permitir o intercâmbio de componentes na condição de j is $k \equiv$ true.

4. Estender o tipo NAT-BTREES com a operação delete: delete substitui subárvores com nodo raiz igual a n por emptytree.

$$\text{delete: NatBtree Nat} \rightarrow \text{NatBtree}$$

5. Especificar uma árvore n-ária (NTREES). Dica: Primeiro criar uma lista de árvores n-árias:

```
empty-ntreelist:                              -> NtreeList
make-ntreelist:     NtreeList Ntree           -> NtreeList
```

Depois, criar uma árvore n-ária.

```
make-ntree:         NtreeList X$Component     -> Ntree
empty-ntree:                                  -> Ntree
```

6. Especificar NTREES[NAT] e ordenar os nodos *top-down* (de cima para baixo) e *bottom up* (de baixo para cima).

7. Estender a especificação ARRAYS para incluir o operador (replace) para substituir o n-ésimo (Natural) componente de um *arrray* por um componente dado

$$\text{replace: Natural X\$Component Array} \rightarrow \text{Array}$$

8. Estender a especificação de ARRAYS para incluir o operador (invert) para inverter os componentes de um *array*.

$$\text{invert: Array} \rightarrow \text{Array}$$

9. Estender a especificação de ARRAYS para incluir o operador odd-exclusion para excluir os componentes de índice ímpar de um *array*.

$$\text{odd-exclusion: Array} \rightarrow \text{Array}$$

10. Construir uma especificação com base no tipo MAPPINGS para definir os seguintes operadores: domain para fornecer o conjunto do domínio do mapeamento; range para fornecer o conjunto da imagem do mapeamento; restrict-to para fornecer um mapeamento onde o primeiro componente de cada par pertence a um conjunto dado; restrict-with para fornecer um mapeamento onde o primeiro componente de cada par não pertence a um conjunto dado; composition para compor dois mapeamentos; merge para somar dois mapeamentos; e override para sobrescrever um mapeamento.

```
domain _ :              Mapping              -> Set
range _ :               Mapping              -> Set
restrict_to _ :         Mapping Set          -> Mapping
restrict_with _ :       Mapping Set          -> Mapping
composition :           Mapping Mapping      -> Mapping
merge :                 Mapping Mapping      -> Mapping
override :              Mapping Mapping      -> Mapping
```

Capítulo 8 ⇢ Tipos Parametrizados: Operadores como Parâmetros

Definição matemática das operações: Sejam A e B conjuntos. A -> B é o conjunto de todos os mapeamentos m = [(a_i, b_j) | a_i ∈ A e b_i ∈ B]. Se (a_i, b_i), (a_j, b_j) ∈ m, então a_i ≠ a_j. Sejam m e n mapeamentos e S conjunto. Notação: m(a_i) = b_i.

```
Domain          dom(m) = {d | ∃ r: (d, r) ∈ m}
Range           rng(m) = {r | ∃ d: (d, r) ∈ m}
Composition     n • m = [(d, n(m(d)) ) | d ∈ dom (m)]
                              Condição: rng(m) ⊆ dom(n)
Restrict to     m|S = [(d, m(d)) | d ∈ (dom(m) ∩ S)]
Restrict with     m\S = [(d, m(d)) | d ∈ (dom(m) \ S)]
Merge           m U n = [(d, r) | d ∈ (dom(m) ∪ dom(n)) ∧
                       d ∈ dom(m) => r = m(d) ∧
                       d ∈ dom(n) => r = n(d)]
                              Condição: dom(m) ∩ dom(n) = ∅
Override        m + n = [(d, r) | d ∈ dom(n) ∧ r = n(d) ∨
                       d ∈ (dom(m) \ dom(n)) ∧ r = m(d)]
```

11. Estender a especificação de ARRAYS para incluir o operador *equals*-exclusion para excluir os componentes iguais de um *array*.

    ```
    equals-exclusion : Array -> Array
    ```

12. Construir uma especificação para definir o operador find. find deve encontrar o primeiro componente que está em dois *arrays* ordenados.

    ```
    find : Array Array -> X$Component
    ```

13. Estender a especificação BTREES para incluir o operador invert. invert inverte uma árvore: a subárvore da esquerda passa a ser a da direita, e vice-versa.

    ```
    invert_ : Btree -> Btree
    ```

14. Usando (5), ordenar, em ordem crescente, a lista de árvores *n*-árias.

    ```
    sort_ : Ntree -> Ntree
    ```

15. Estender a especificação de Array para incluir os seguintes operadores:

    ```
    inds_:              Array                              -> Set
    elems_:             Array                              -> Set
    _+[_->_] : Array    Natural      X$Component           -> Array
    last_:              Array                              -> X$Component
    ```

Significado das operações: Seja a = <c_0, c_1, ..., c_i, ..., c_{n-1}, c_n> uma representação de *arrays*.

`inds_`	Para fornecer um conjunto de índices.
	Exemplo: `inds a = {0, 1,..., i, ...n}`.
`elems_`	Para transformar um *array* em um conjunto.
	Exemplo: `elems a = `$\{c_0, c_1, ..., c_i, ..., c_n\}$.
`_+[_->_]`	Para substituir um componente do *array*.
	Exemplo: `a + [i`$\rightarrow$`c'`$_i$`]` $= <c_0, c_1, ..., c'_i, ..., c_n>$
`last`	Para fornecer o último componente de um *array*.
	Exemplo: `last a =` c_n

16. O sorte `Relational Data Base Model` é mostrado abaixo, na forma gráfica.

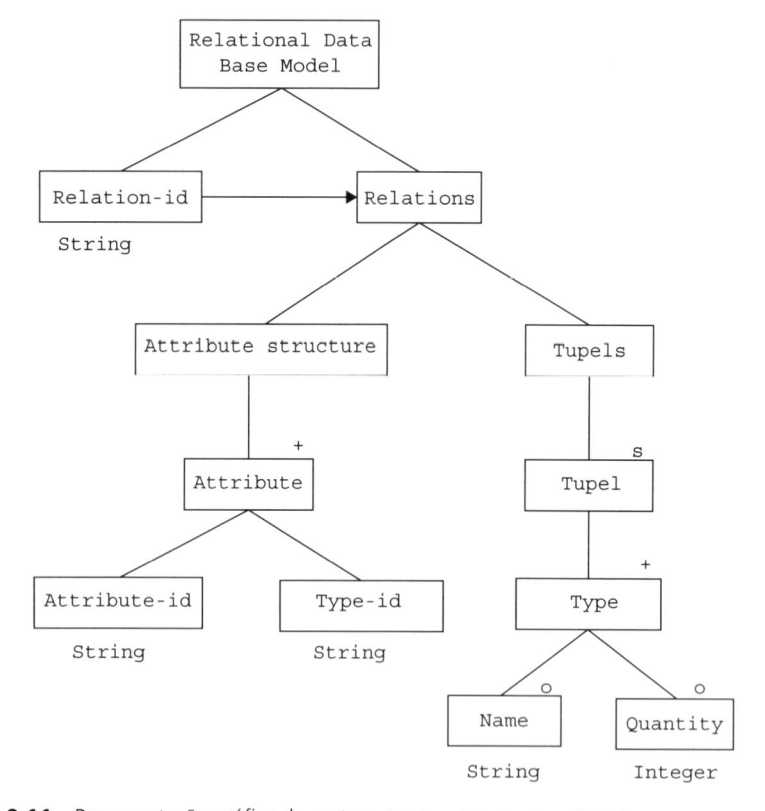

figura 8.11 Representação gráfica do sorte `Relational Data Base Model`.

a. Construir, usando a ferramenta MAUDE, o tipo RELATIONAL-DATA-BASE.
b. Construir um termo (banco de dados) do sorte Relational Data Base Model assim descrito: O banco de dados tem três relações: Medico, Paciente e Consulta. Cada médico é identificado por um número (Int), um nome (String) e uma especialidade (String). Cada paciente é identificado por um número (Int) e um nome (String). Cada consulta é formada pelo número do médico, número do paciente, dia (Int), mês (Int), ano (Int) e hora da consulta (Int).
c. Um banco de dados é bem formado, se:
   1. em cada relação, não existirem Attribute-id iguais;
   2. o comprimento de Attribute structure (lista) e de todas as Tupel (listas) forem iguais; e
   3. o Type-id do Attibutte do i-ésimo componente da lista Attibutte structure for o string "integer". Então, o tipo do i-ésimo componente da lista Tupel tem o sorte Int. Se o Type-id do Attibutte do i-ésimo componente da lista Attibutte structure for o string "string", então o tipo do i-ésimo componente da lista Tupel tem o sorte String.

Termos-chave
operadores como parâmetros, p. 147

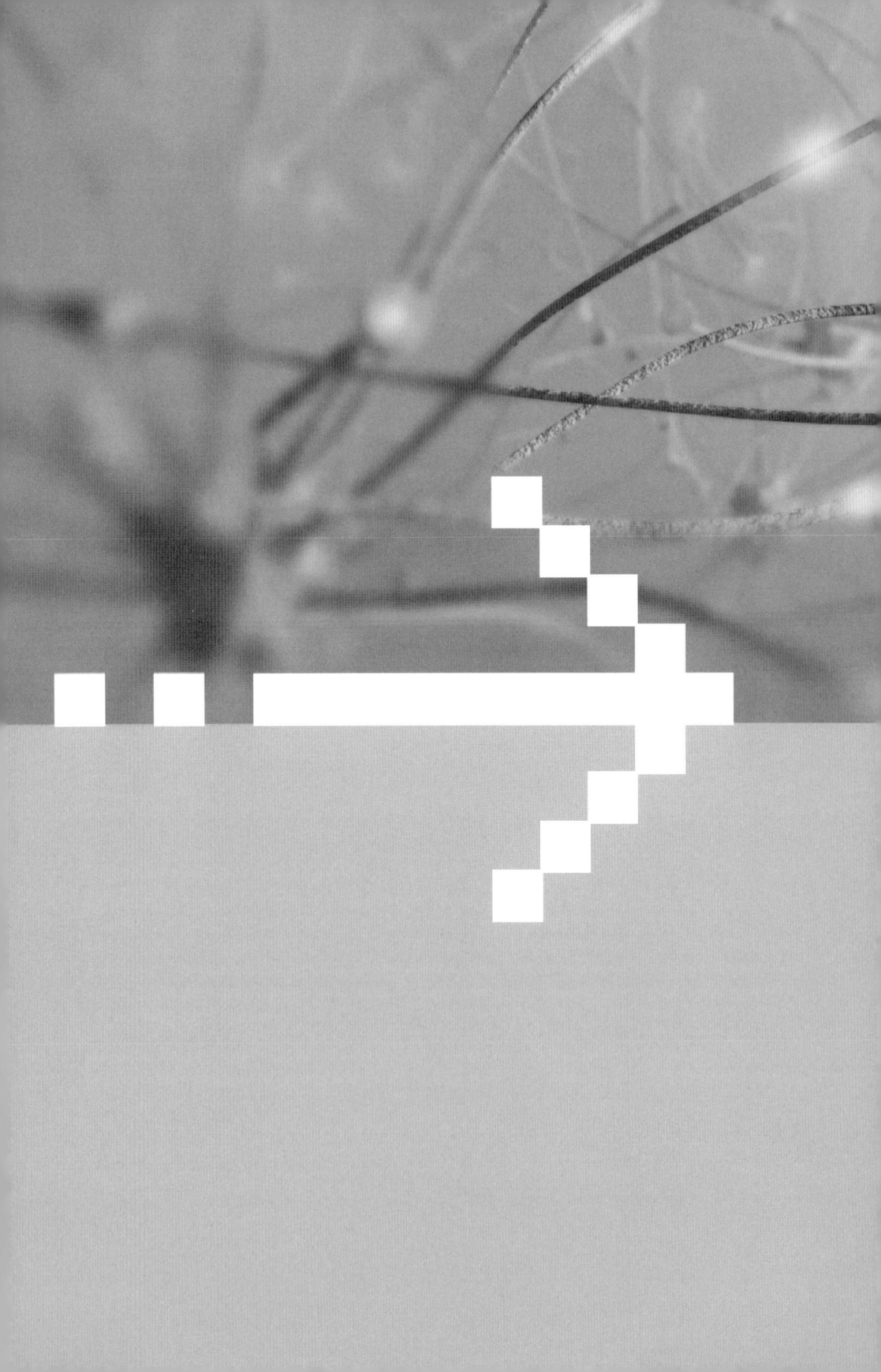

capítulo 9

implementação abstrata de tipos abstratos de dados

■ ■ A especificação de um tipo de dado abstrato
SPEC pode ser "implementada" usando a especificação
de outro tipo de dado X-SPEC.
A especificação SPEC' é a especificação X-SPEC,
estendida com as operações de SPEC.
Deve-se estabelecer uma correspondência entre
os valores de SPEC' e os valores
de SPEC. Esta relação é uma função de abstração.
Assim, é possível provar que SPEC' é uma
implementação correta de SPEC.
Supondo que X-SPEC tenha uma implementação em alguma
linguagem de programação, a implementação
de SPEC', na mesma linguagem,
é trivial.

A "implementação" de tipos de dados deve ser entendida como o processo de criar representações. Por exemplo, se QUEUE' é uma representação de QUEUE, então QUEUE' se comporta como QUEUE, ou QUEUE' é uma implementação de QUEUE. Um tipo de dado é representado pela extensão de algum outro tipo. Por exemplo, QUEUE' é uma extensão do tipo LISTS e tem todas as operações do tipo QUEUE.

Este processo é muito importante, pois um novo tipo abstrato pode ser implementado de fato, por exemplo, na linguagem C, com relativa facilidade, usando tipos anteriormente já implementados. Por exemplo, STACKS pode ser representado por uma extensão de LISTS. Se o tipo LISTS é implementado de fato, em alguma linguagem de programação, a implementação de STACKS é trivial.

Na implementação de tipos, têm-se duas versões: a especificação e sua representação. Não existe uma função matemática capaz de dar representação a tipos. A definição da representação é uma atividade criativa. Isso exige a prova de que a representação está correta: de que a representação deve ter o mesmo comportamento da especificação.

Formalmente é estabelecido um mapeamento da assinatura da especificação SPEC para a assinatura de SPEC', sua representação. A especificação SPEC' é uma implementação, ou uma representação, da especificação SPEC. impl[1] é o símbolo da **relação de representação** impl: SPEC -> SPEC' e é definido por:

- impl(s) = s', onde s é um sorte de SPEC e s' é um sorte de SPEC'. s' é a representação de s em SPEC'. Se s é um sorte formal, um X$Component ou um sorte em SPEC que não tem uma representação em SPEC', então impl(s) = s.
- impl(c) = c', onde c:s é uma constante em SPEC e c':s' em SPEC'. c' e s' em SPEC' são representações de c e s em SPEC, respectivamente.
- impl(op: s1, ..., si, ...sn -> s) = op' (impl(s1), ..., impl(si), ..., impl(sn) -> impl(s)), onde op: s1, ..., si, ...sn -> s é a declaração de uma operação em SPEC e op'(s1', ..., si', ..., sn') -> s' em SPEC'. op', em SPEC', é a representação de op.
- impl op(t1, ..., ti, ..., tn) = op'(impl(t1), ..., impl(ti),..., impl(tn)), onde op(t1,..., ti,..., tn) é um termo gerado pela assinatura de SPEC. Se a variável v:s ocorre no termo op(t1, ..., ti,..., tn), então impl(v):impl(s) ocorre também em op'(impl(t1), ..., impl(ti), ..., impl(tn)).

A equação impl(t) = t' deve ser interpretada da seguinte maneira: o termo t em SPEC é representado pelo termo t' em SPEC', ou, simplesmente, t é representado por t'.

Criada a assinatura de SPEC', usando criatividade, devem ser definidas todas as operações op'.

---

[1] impl é uma operação polimórfica.

Capítulo 9 ⇢ Implementação Abstrata de Tipos Abstratos de Dados

Para provar que SPEC' tem o mesmo comportamento que SPEC, o implementador deve formalizar, inicialmente, como os resultados das operações de SPEC' devem ser interpretados em SPEC. Seja s um sorte em SPEC e s' a representação de s em SPEC'. Uma **função de abstração**, Φ, definida pelo implementador, mostra como valores em s' devem ser interpretados em s da seguinte forma Φ : s' -> s. A equação Φ(q') = q deve ser entendida da seguinte maneira: o termo q' em SPEC' interpreta q em SPEC ou, simplesmente, q' interpreta q.

Para provar que SPEC' é uma representação correta de SPEC, a seguinte condição deve ser satisfeita: se t1 e t2 são dois termos equivalentes em SPEC, então seus representantes em SPEC', t1' e t2', respectivamente, interpretam um mesmo termo t, conforme a figura 9.1, abaixo.

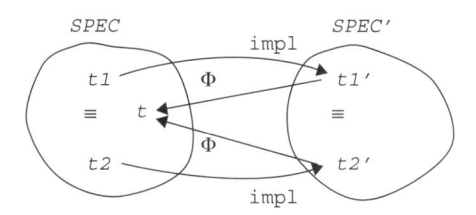

figura 9.1 Relações entre a especificação SPEC e sua representante SPEC'.

Como a relação de congruência $\equiv_{SPEC}$ é definida a partir do sistema de equações, t1 = t2, então deve ser provado que Φ impl t1 ≡ Φ impl t2 para todas as equações de SPEC.[2]

A implementação de tipos é apresentada com um exemplo, usando tipos já conhecidos: a implementação de QUEUES como LISTS. Os símbolos de operação da implementação são os mesmos da especificação, decorados com um símbolo (') para diferenciá-los.

```
impl(Queue) = List
impl(X$Component) = X$Component
impl(mtq) = mtq'
impl(append(_,_) : Queue X$Component -> Queue) =
     append'(_,_) : List X$Component -> List
```

A declaração dos demais operadores é similar.

A figura 9.2, a seguir, mostra um valor List e um valor Queue e como a lista representa a fila.[3] c_1 é o primeiro da lista e o último da fila, e c_n é o último da lista e o primeiro da fila.

---

[2] Para simplificar, nos exemplos a seguir, esta operação é definida somente para sortes que têm representações.

[3] Seria mais natural interpretar a ordem dos componentes das listas como igual a ordem das filas, mas optou-se por interpretar na ordem inversa, para tornar o exemplo mais significativo.

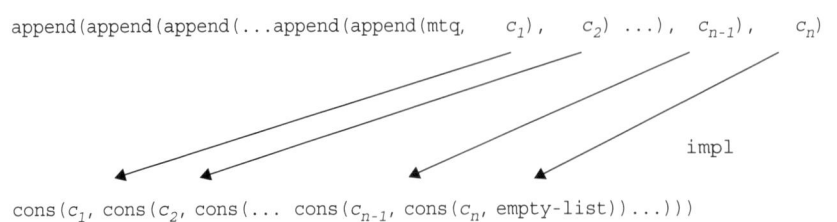

```
append(append(append(...append(append(mtq,   c₁),    c₂) ...),   c_{n-1}),    c_n)
```

impl

```
cons(c₁, cons(c₂, cons(... cons(c_{n-1}, cons(c_n, empty-list))...)))
```

figura 9.2 Representação de um termo do sorte Queue.

A definição das operações mtq', append', remove'_, front'_, concat' e is mtq'_ devem ser consistentes com esta representação.

fmod QUEUES' { X :: PAR } **is**

protecting LISTS { X } .

op mtq' :	-> List .
op append' : List X$Component	-> List .
op remove' _ : List	-> List .
op front' _ : List	-> X$Component .
op concat' : List List	-> List .
op is mtq' _ : List	-> Bool .

vars l l' : List .
vars c c' : X$Component .

eq mtq'	= empty-list .		pela (237)
ceq append' (l, c)	= cons (c, l)	**if** is empty-list l .	pela (238)
ceq append' (l, c)	= cons (head of l, append' (tail of l, c))		
		if not is empty-list l .	pela (239)
ceq remove' l	= l	**if** is empty-list l .	pela (240)
ceq remove' l	= tail of l	**if** not is empty-list l .	pela (241)
ceq front' l	= head of l	**if** not is empty-list l .	pela (242)
ceq concat' (l, l')	= l'	**if** is empty-list l .	pela (243)
ceq concat' (l, l')	= cons (head of l, concat' (tail of l, l'))		
		if not is empty-list l .	pela (244)
ceq is mtq' l	= true	**if** is empty-list l .	pela (245)
ceq is mtq' l	= false	**if** not is empty-list l .	pela (246)

endfm

A seguir, é mostrado que QUEUE' tem o mesmo comportamento que QUEUE. inv (inverte) é uma operação auxiliar.

```
fmod ABSTRACTION {X :: PAR} is
protecting LISTS { X }.
protecting QUEUES { X }.
protecting QUEUES' { X }.
op inv _ :        List -> List .
op phi _ :        List -> Queue .
var c : X$Component .
var l : List .
vars q : Queue .
```

eq inv empty-list = empty-list .   (247)
eq inv cons(c, empty-list) = cons (c, empty-list) .   (248)
ceq inv cons(c, l) = cons (head of inv l, inv cons(c, inv tail of
                    inv l))   if not is empty-list l .   (249)
eq phi empty-list = mtq.   (250)
eq phi cons(c, empty-list) = append (mtq, c) .   (251)
eq phi cons(c, l) = append(phi inv tail of inv cons (c, l), head of
                    inv l)   if not is empty-list l .   (252)

endfm

A função de abstração Φ estabelece que, se o resultado de uma operação que tem List como imagem, por exemplo, remove'_, for empty-list, lista vazia, então este resultado deve ser interpretado como mtq, fila vazia. Se o resultado é cons(c, empty-list), então esse resultado deve ser interpretado como a fila appen (mtq, c). A função de abstração polimórfica phi[4] é definida por: phi(t) = t para todo termo t que não tem o sorte List.

As provas da implementação de remove e front são mostradas a seguir, as demais ficam como exercício. A equação remove append(q, c) = append(remove q, c) if not (is mtq q) define a operação remove_. Para provar que remove_ foi bem implementada, o seguinte teorema deve ser provado:

   phi impl remove append(q, c) ≡ phi impl append(remove q, c), para filas q não vazias.

Lado esquerdo:

phi impl remove append(q, c)
      ≡ phi remove' append' (impl q, c)
      ≡ phi append' (tail of impl q, c)

---

[4] Doravante, usa-se o símbolo phi para a função de abstração, pois Φ não é um caractere EBCDIC.

Lado direito:

phi impl append(remove q, c)

    ≡ phi append' (remove' impl q, c)

    ≡ phi append' (tail of impl q, c)

Considerando a equação front append (q, c) = front q **if** not (is mtq q), observa-se que o operador front_ não tem imagem em Queue. Para provar que front_ foi bem implementada, o seguinte teorema deve ser provado:

    phi impl front append(q, c) ≡ phi impl front q, para filas q não vazias.

Lado esquerdo:

phi impl front append(q, c)

    ≡ phi front' append' (impl q, c)

    ≡ phi front' cons(head of impl q, append' (tail of impl q, c))

    ≡ phi head of cons(head of impl q, append'(tail of impl q, c))

    ≡ phi head of impl q

Lado direito:

phi impl front q

    ≡ phi front' impl q

    ≡ phi head of impl q

■ exercícios propostos 9.1

1. Aplicar: impl append(append(append(mtq, $c1$), $c2$), $c3$).
2. Reduzir: append'(cons($c1$, cons($c2$, empty-list)), $c3$).
3. Reduzir: inv cons($c1$, cons($c2$, cons($c3$, empty-list))).
4. Reduzir: phi cons($c1$, cons($c2$, cons($c3$, empty-list))).
5. Provar a implementação das operações append e is-mtq.
6. Implementar BTREES e ARRAYS usando LISTS e provar a correção da implementação.

Um outro exemplo, mais simples porém mais extenso, apresentado por Kimm e colaboradores (1979), com as devidas adequações é mostrado a seguir.

As tabelas de símbolos são estruturas fundamentais na construção de compiladores e interpretadores. Em muitas linguagens de programação imperativas, existe o conceito de variáveis locais e globais: locais quando declaradas no bloco em que estão sendo usadas (referidas); globais quando declaradas em blocos mais externos. Seja um trecho de programa nessas linguagens apresentado na figura 9.3:

```
program a : int, b: real
---------------;
    begin x : int, y:real; {bloco (1)}
    ---------------;
    ---------------;
        begin x : real, z : int;    {bloco (2)}
        ---------------;
        referencia a x
        ---------------;
        referencia a y
        ---------------;
        referencia a z
        ---------------
        end;                {fim do bloco (2)}
    ---------------;
    referencia a x
    ---------------;
    referencia a y
    ---------------
    end                 {fim do bloco (1)}
---------------
end program
```

figura 9.3 Execução de segmento de programa envolvendo a tabela de símbolos.

O interpretador do programa disponibiliza as variáveis globais a (int) e b (real) e, no bloco (1), as variáveis locais x (int) e y (real). O interpretador, no bloco (2), disponibiliza as variáveis locais x (real) e z (int) e as globais a (int), b (real) e y (real). O interpretador, ao sair do bloco (2) e retornar ao bloco (1), torna disponível, novamente, as variáveis x (int), y (real), a (int) e b(real). As variáveis x (real) e z (int) do bloco (2) são perdidas. Pode-se imaginar que o interpretador, ao entrar no bloco (2), "empilha" as variáveis declaradas naquele bloco. Ao sair do bloco, "desempilha".

O tipo SYMTABS (tabela de símbolos), abaixo especificado, é caracterizado por seis operações: mtsytab (para tabela de símbolos vazia), enter block_ (para entrar num bloco quando o interpretador encontra a palavra **begin**), leave block_ (para sair do bloco quando o interpretador encontra a palavra **end**), add (para incluir na tabela de símbolos um identificador com sua lista de atributos quando o interpretador encontra uma declaração), is in block_ (para verificar se um determinado identificador está no bloco corrente) e retrieve (para obter os atributos de um identificador: tipo, tamanho, índices e outros). As operações geradoras são mtsytab, enter block_ e add.

A especificação inclui TRUTH-VALUES, IDEFIERS (identificadores) e ATTRLISTS (lista de atributos). Não há necessidade de apresentar os tipos IDEFIERS e ATTRLISTS.

O interpretador começa criando uma tabela vazia, mtsytab. Quando encontra declaração de variáveis, ele "chama" a operação add. Quando encontra um **begin**, ele "chama" a operação enter block_. Quando encontra declarações, ele "chama" a add e, quando encontra **end**, ele "chama" a leave block_. Quando encontra referências a variáveis, ele "chama" as operações is_in block_ e retrieve.

Notar que as operações leave-block_ e retrieve não são definidas para mtsytab (tabela de símbolos vazia).

9.1 tipo SYMTABS

```
fmod SYMTABS is

protecting IDEFIERS .
protecting ATTRLISTS .

sorts Symtab Idefier Attrlist .

op mtsytab :                                      -> Symtab [ctor] .
op enter block _ :       Symtab                   -> Symtab [ctor] .
op add :                 Symtab Idefier Attrlist  -> Symtab [ctor] .
op leave block _ :       Symtab                   ~> Symtab .
op is _ in block _ :     Idefier Symtab           -> Bool .
op retrieve :            Symtab Idefier           ~> Attrlist .

var s : Symtab .
var i j : Idefier .
var a : Attrlist .
```

eq	leave block enter block (s) =	s .	(253)
eq	leave block add (s, i, a) =	leave block s .	(254)
eq	is i in block mtsytab =	false .	(255)
eq	is i in block enter block s =	false .	(256)
ceq	is i in block add (s, j, a) =	true	
		if (i == j) .	(257)
ceq	is i in block (add (s, j, a)) =	is i in block s	
		if not (i == j) .	(258)
eq	retrieve (enter block s, i) =	retrieve (s, i) .	(259)
ceq	retrieve (add (s, j, a), i) =	a	
		if (i==j) .	(260)
ceq	retrieve (add (s, j, a), i) =	retrieve (s, i)	
		if not (i == j) .	(261)

endfm

Para o exemplo dado, o valor do sorte Symtab é:

leave block leave block add (add (enter block (add (add (enter block (add(add(mtsytab, a, aa), b, ab)), x, ax)), y, ay)), x, ax), z, az), onde a, b, x, y e z são variáveis declaradas e aa, ab, ax, ay, ax e az são atributos (As variáveis e atributos são sublinhados para indicar que são valores de Idfier e Attrlist, respectivamente).

Como se pode observar, a tabela de símbolos comporta-se como uma pilha. Pode-se pensar, então, em implementá-la como tal. Mas, ao invés de empilhar cada variável declarada, é mais racional empilhar um valor de algum sorte contendo todas as variáveis declaradas em um bloco. Assim, o interpretador, ao encontrar **end**, simplesmente retira esse valor do topo da pilha. Um novo tipo de Array é especificado para que cada valor contenha todas as variáveis e atributos declarados em um bloco. Segue abaixo a especificação desse novo tipo de Array.

ARRAYS é caracterizado por quatro operações: mtarray (para *array* vazio), assign (para incluir um identificador e sua lista de atributos em um *array*), read (para fornecer a lista de atributos de um identificador) e is undef (para determinar se um identificador não está no *array*). As operações geradoras são mtarray e assign. Deve-se observar que esta especificação não é parametrizada.

fmod ARRAYS **is**

protecting IDEFIERS .
protecting ATTRLISTS .

sorts Array Idefier Attrlist .

op mtarray :   ->Array [**ctor**] .
op assign :   Array Idfier Attrlist   ->Array [**ctor**] .
op read :   Array Idefier ->Attrlist .
op is undef :   Array Idefier   ->Bool .

var   r : Array .
var   i j : Idefier .
var   at : Attrlist .

ceq read(assign (r, j, at), i) = at   **if** $i == j$.   (262)
ceq read(assign (r, j, at), i)) = read (r, i) **if** not $(i == j)$.   (263)
eq is undef(mtarray, i)   = true .   (264)
ceq is undef(assign (r, j, at), i) =false   **if** $i == j$.   (265)
ceq is undef(assign (r, j, at), i) = is undef (r, i)
                                                  if not $(i == j)$.   (266)

endfm

Os valores do sorte Array são: mtarray e assign(r, i, at), r:Array, i:Idfier e at:Attrlist.

SYMTABS é representado pela especificação SYMTABS-REPRESENTATION a qual terá todas as operações de SYMTABS. Para diferenciar, entretanto, umas das outras, as operações de SYMTABS-REPRESENTATION são decoradas ('), como feito no exemplo anterior (QUEUES).

Inicialmente, deve-se instanciar STACKS com ARRAYS para se obter pilhas de *array*s.

view PAR-como-ARRAYS
from PAR to ARRAYS **is**
sort *Component* **to** Array.
endv

fmod ARRAYS-STACKS **is**
protecting STACKS{PAR-como-ARRAYS}.
endfm

Os valores do sorte Array-Stack são: empty-stack, push(*s*, mtarray), push(*s*, assign(*r*, *i*, *a*)), *s*: Array-Stack, *r*: Array, *i*:Idfier, *a*: Attrlist.

A especificação SYMTAB tem a seguinte representação: impl(Symtab) = Array-Stack. Os demais sortes são representados por si mesmos. As representações da declaração dos operadores e termos são triviais.

Agora, SYMTAB-REPRESENTATION pode ser especificada.

fmod SYMTAB-REPRESENTATION **is**

protecting IDFIERS.
protecting ATTRLISTS.
protecting ARRAYS-STACKS.

sort Array-Stack.

op mtsytab':		-> Array-Stack .
op enter block'_:	Array-Stack	-> Array-Stack .
op add':	Array-Stack Idefier Attrlist	-> Array-Stack.
op leave block'_:	Array-Stack	-> Array-Stack .
op is_in block'_:	Idfier Array-Stack	-> Bool .
op retrieve':	Array-Stack Idfier	-> Attrlist .

var *s*: Array-Stack.
var *i*: Idfier.
var *at*: Attrlist.
var *r*: Array.

eq mtsytab'	= push(empty-stack, mtarray).	(267)
eq enter block' (*s*)	= push(*s*, mtarray).	(268)
eq add' (*s*, *i*, *at*)	= replace (*s*, assign(top(*s*), *i*, *at*)).	(269)
ceq leave block' *s*	= pop *s* if not (is empty pop (*s*)).	(270)
ceq is *i* in block' *s*	= false if *s* is empty stack .	(271)

Capítulo 9 → Implementação Abstrata de Tipos Abstratos de Dados

ceq is i in block' s = not (is undef (top (s), i))
                                          if not (is empty s).   (272)

ceq retrieve' (s, i)   = retrieve' (pop (s), i)
                                          if not (is empty (s)) ∧
                                          is undef (top (s), i).   (273)

ceq retrieve' (s, i)   = read (top(s), i)
                                          if not (is empty (s)) ∧
                                          not (is undef (top(s), i)).   (274)

endfm

Para o programa mostrado na figura 9.3, a tabela de símbolos é dada por:

push(push(push(empty-stack, assign (assign (mtarray, <u>a</u>, <u>aa</u>), <u>b</u>, <u>ab</u>)), assign (assign (mtarray, <u>x</u>, <u>ax</u>), <u>y</u>, <u>ay</u>)), assign (assign (mtarray, <u>x</u>, ax), <u>z</u>, <u>az</u>)), até o final do segundo bloco.

O interpretador do programa exemplo, antes de iniciar a execução, cria uma pilha vazia e coloca no seu topo um *array* vazio push(empty-stack, mtarray). Quando encontra as declarações globais do programa, substitui o *array* vazio por outro contendo a declaração das variáveis: push(empty-stack, assign(assign (mtarray, <u>a</u>, <u>aa</u>), <u>b</u>, <u>bb</u>)). Quando o interpretador encontra um primeiro **begin**, é colocado na representação um *array* vazio no topo da pilha:

push(push(empty-stack, assign(assign(mtarray, <u>a</u>, <u>aa</u>), <u>b</u>, <u>bb</u>)), mtarray)

O implementador mostra, por meio da função de abstração phi, como Array-Stack deve ser interpretado.

fmod ABSTRACTION-OPERATION **is**

protecting ARRAY-STACKS .
protecting SYMTABS .

sorts Array-Stack Symtab .

op phi : Array-Stack -> Symtab .

var s : Array-Stack .
var r : Array .
var i : Idfier .
var at : Attrlist .

eq phi push(empty-stack, mtarray) = mtsytab .   (275)

ceq phi push(s, mtarray)   = enter block phi(s)
                                          if not is empty s .   (276)
eq phi push(s, assign(r, i, at)) = add(phi(push(s, r)), i, at) .   (277)
endfm

A função de abstração phi estabelece que, se o resultado de uma operação que tem Array-Stack como imagem, por exemplo add'_, for push(empty-stack, mtarray), então esse resultado deve ser interpretado como mtsytab, tabela de símbolos vazia.

Deve-se provar que SYMTAB-REPRESENTATION é uma representação correta de SYMTAB. Como exemplo, é provado o seguinte teorema, os demais ficam como exercício:

$$\text{phi impl leave block add}(s, i, a) \equiv \text{phi impl leave block } s$$

Lado esquerdo:

phi impl leave block add(s, i, a)
    ≡ phi leave block' add' (impl s, i, at)
    ≡ phi pop add' (impl s, i, at)
    ≡ phi pop replace(impl s, assign(top(impl s), i, at))
    ≡ phi pop push(pop impl s, assign(top(impl s), i, at))
    ≡ phi pop impl s

Desenvolvendo o lado direito:

phi impl leave block s
    ≡ phi leave block' impl s
    ≡ phi pop impl s

∎ exercícios propostos 9.2

1. Mostrar que
   phi (leave block' (enter block' (add' (add' (enter block' (add' (add' (enter block' (mtsyta'), x, ax), y, ay)), x, atx), z, az)))) ≡
   phi push(push(push(mtstack, mtarray), assign(assign(mtarray, x, ax), y, ay)), assign(assign(mtarray, x, ax), z, az))) ≡
   add(add(enterblock(add(add(enterblock(mtsyta),x,ax)),y,ay)),x,ax),z,az)

2. Reduzir:
   phi push(push(push(empty-stack, mtarray), assign (assign (mtarray, x, ax), y, ay)), assign (assign (mtarray, x, ax), z, az)))

3. Provar que:
   a) phi(push(empty-stack, assign(mtarray, i, at))) ≡ add(mtsyta, i, at)
   b) phi(push(push(empty-stack, mtarray), mtarray)) ≡ enter block mtsyta

4. Provar a implementação de
   retrieve (enter block s, i) = retrieve (s, i)
   retrieve (add (s, j, at), i) = at   **if** ($i==j$)
   retrieve (add (s, j, at), i) = retrieve (s, i)   **if** not ($i == j$)

5. Implementar o tipo árvore binária (BTREES) usando *arrays* (ARRAYS). Dica: criar sort Nil. op nil: -> X$Component. subsort Nil < X$Component. Desta forma, unit-array(nil) pode ser interpretado como a árvore vazia. Em vez de protecting usar extending que permite, neste caso, estender o sorte X$Component.

Termos-chave

função de abstração, p. 173

relação de representação, p. 172

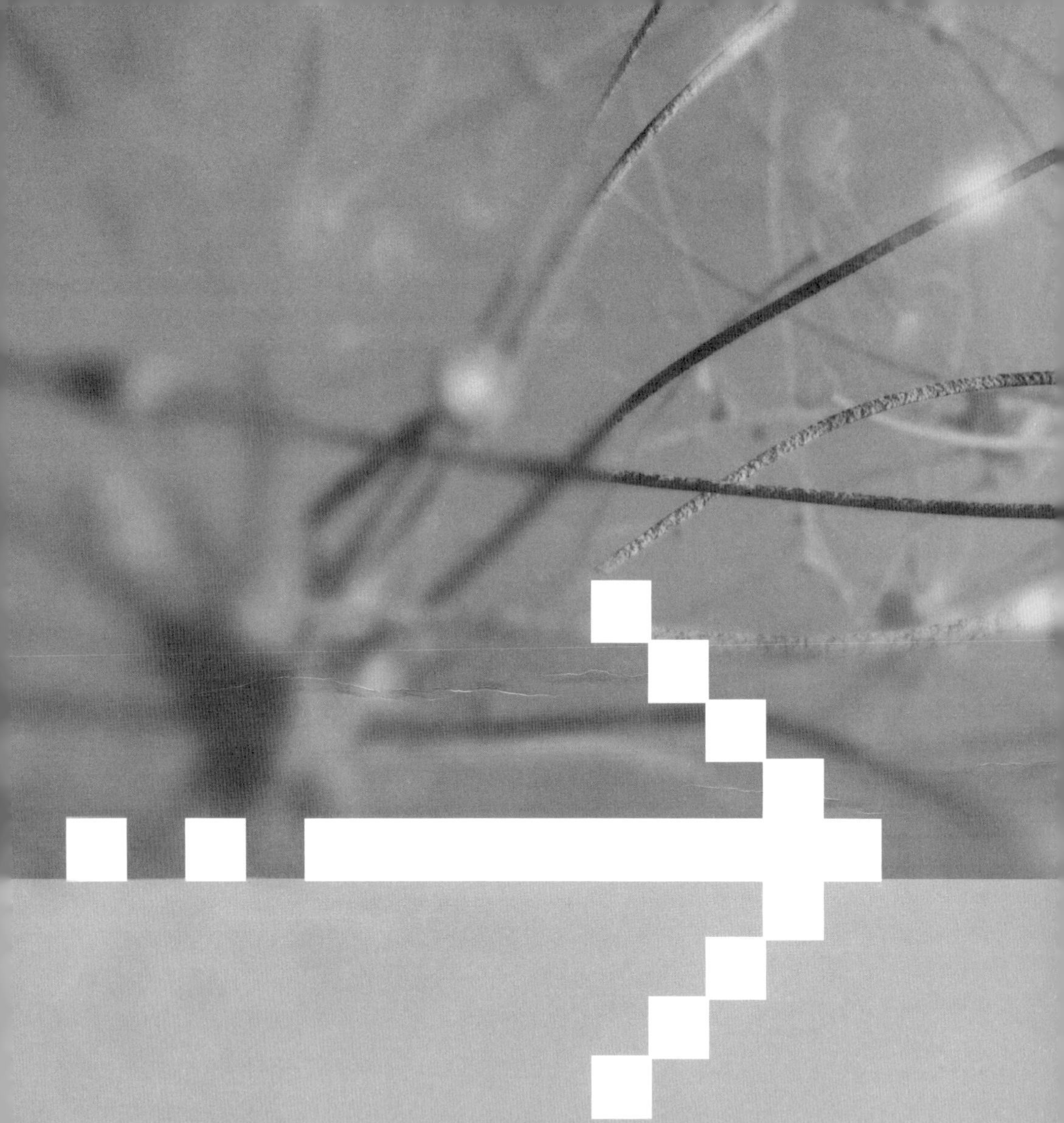

capítulo **10**

especificação algébrica e linguagens de programação

■ ■ Este capítulo mostra como dar semântica a linguagens de programação, usando especificação algébrica. Operações semânticas estabelecem uma relação entre sortes, *s1, ..., sn, s*, chamados domínios semânticos, dependente da sintaxe da linguagem de programação, *Stx*, interpretada como um conjunto de *strings*.

operacao-semantica : Stx s1 ... sn -> s .

Para um programa *prog* escrito segundo a sintaxe da linguagem de programação *Stx*, Maude reduz o programa *prog* a um valor do sorte *s*. Ou seja, o resultado da computação de um programa é um valor do sorte *s*:

Maude> reduce *operacao-semantica (prog, v1, ..., vn)*

onde *v1, ..., vn* são valores dos sortes *s1, ..., sn*, respectivamente.

Uma das aplicações da linguagem algébrica é seu uso na **semântica** de linguagens de programação (Mosses, 1992; Watt; Thomas, 1991). A seguir, é apresentada uma "pitadinha" desta aplicação.

Segue a **sintaxe abstrata** de uma pequena linguagem de programação:

```
Idefier::= (Um string precedido do caracter '. Ex 'soma.)
Exp::= Idefier | Int | Bool | Exp ++ Exp | Exp ** Exp |
       Exp -- Exp | Exp / Exp | Exp less Exp | Exp greater Exp | Exp und Exp |
       Exp oder Exp | nein Exp
Command::= sCommand | sCommand; Command
sCommand::=  skip |
             Idefier:= Exp |
             let Declaration in sCommand |
             if Exp then sCommand else sCommand |
             while Exp do sCommand |
             begin Command end
Declaration::= val Idefier = Exp | var Idefier : DT
DT    ::= Int | Bool
```

Observe que os inteiros e booleanos fazem parte da gramática. Em geral, programas podem estar sintaticamente corretos, mas não satisfazem a restrições contextuais (todas as variáveis devem estar declaradas e há consistência entre tipagem de variáveis e de expressões, por exemplo) verificadas pelo módulo de semântica estática dos compiladores.

A seguinte especificação mostra o cálculo dos números naturais de 0 a n: $0 + 1 + 2 + ... + n$.

fmod SOMA **is**
protecting INT .

op soma : Nat Nat -> Nat .

vars i : Nat .

eq soma(0) = 0 .   (278)
ceq soma(i) = i + soma(i - 1) **if** $i > 0$.   (279)

endfm

Usando a linguagem descrita acima e analisando a especificação SOMA, um segmento[1] de programa que calcula a soma dos números naturais de 0 a n é o seguinte:

---

[1] A variável 'n é declarada anteriormente.

```
let var 'i : Int in
begin
      'i    := 0 ;
      'soma := 0 ;
      while 'i less 'n do
      begin
            'i    := 'i ++ 1 ;
            'soma := 'soma ++ 'i
      end
end
```

Notar que a variável 'n é uma variável de entrada (precisa ser inicializada) e que 'soma é uma variável de saída. Ambas já devem ter sido declaradas antes do programa começar a ser executado.

A sintaxe abstrata de uma linguagem de programação pode ser transformada na assinatura de uma especificação. Os símbolos não terminais são vistos como sortes. Se NT é um símbolo não terminal e T é um símbolo terminal, então a regra de produção $NT ::= T_1\ NT_1\ NT_2\ T_2$, por exemplo, pode ser transformada na declaração do operador **op** $T_1\ \_\ \_\ T_2 : NT_1\ NT_2 \to NT.$. A especificação SINTAXE mostra o resultado da transformação da sintaxe da linguagem na assinatura da especificação. Se termos têm uma espécie, mas não um sorte, são reescritos em Maude mas não chega a um valor.

A figura 10.1 mostra que um programa é, do ponto de vista da linguagem de programação, um *String* e, do ponto de vista da assinatura da linguagem de programação, um termo construído com os operadores geradores. A transformação da sintaxe da linguagem de programação na assinatura (operadores geradores) da especificação é representada pela seta horizontal.

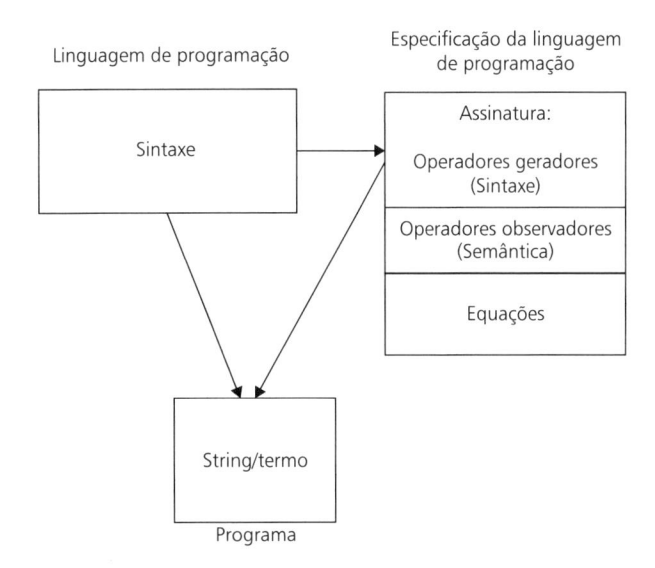

figura 10.1 Interpretação de um programa.

Para dar semântica às linguagens de programação, operações semânticas devem ser criadas. Cada símbolo não terminal deve estar associado a uma operação semântica. Essas operações mapeiam unidades sintáticas a valores de tipo da seguinte maneira:

```
Command         ->      execute
Exp             ->      evaluate
Declaration     ->      elaborate
```

Se essas operações são parciais, uma classe de programas errados não pode ser reduzida a valores de um sorte.

Do ponto de vista matemático, A = B -> C significa o conjunto de todas as funções com domínio em *B* e imagem em C. O tipo MAPPINGS "simula" bem este conjunto, conforme a figura 10.2:

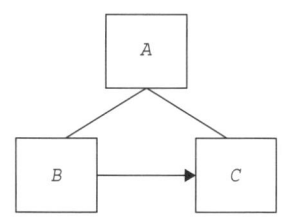

figura 10.2 Representação dos mapeamentos A = B -> C.

A **memória**, Store, é modelada por um mapeamento de Location (posições de memória) para Storable, valores que podem ser armazenados, conforme figura 10.3:

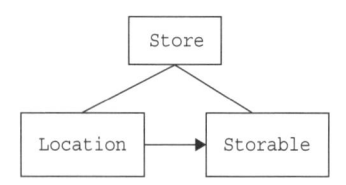

figura 10.3 Representação do modelo da memória.

Para simplificar, os valores que podem ser armazenados na memória são os inteiros e booleanos: Int Bool < Value. Desta forma, por exemplo, 7 ++ 3 ≡ 10, onde ++ é o operador de adição nesta linguagem.

Capítulo 10 → Especificação Algébrica e Linguagens de Programação **189**

Para declarar esta inclusão de subsorte, é necessário desativar a operação _xor_ na especificação NAT no arquivo prelude.maude.[2]

Em uma especificação rigorosa, os valores armazenados são acompanhados de seus respectivos tipos, como tag, da seguinte forma:

op int _ : Int -> Value.
op bool _ : Bool -> Value.
op rat _ : Rat -> Value.
op float _ : Float -> Value.
op qte _ : Qte -> Value.

Assim, por exemplo, int 7 + int 3 ≡ int (7+3) ≡ int 10.

Cada posição de memória, inicialmente, está no estado unused ou undefined. Assim, uma posição de memória tem um valor armazenado ou se encontra em um de dois estados. Quando um identificador é ligado a uma posição de memória, essa passa do estado unused para undefined. O sorte Storable inclui os valores (Value) e as constantes unused e undefined.

O **ambiente**, Enviroment, é modelado por um mapeamento de Idefier para Bindable, valores que podem ser ligados às variáveis declaradas. Esse sorte guarda informações a respeito das declarações feitas, onde o sorte Idefier é o identificador da variável declarada e o Bindable é o que está ligado a ele. Cada vez que uma variável é declarada, um valor do sorte EnvXSto (ver figura 10.4 (b)) é criado. Se a declaração é de uma constante (val Idefier = Exp), a memória não se altera, mas, se for de uma variável (var Idefier: DT), então primeiro um par (sto, loc) do sorte StoXLoc (ver figura 10.4 (c)) é criado, onde sto é a memória alterada e loc é a posição de memória escolhida para a variável.

---

[2] ***(

op _xor_ : Nat Nat -> Nat
    [assoc comm prec 55
      special (id-hook ACU_NumberOpSymbol (xor)
          op-hook succSymbol (s_ : Nat ~> NzNat))] .)
***(
op _xor_ : Int Int -> Int
    [assoc comm prec 55
      special (id-hook ACU_NumberOpSymbol (xor)
          op-hook succSymbol (s_ : Nat ~> NzNat)
          op-hook minusSymbol (-_ : NzNat ~> Int))] .)

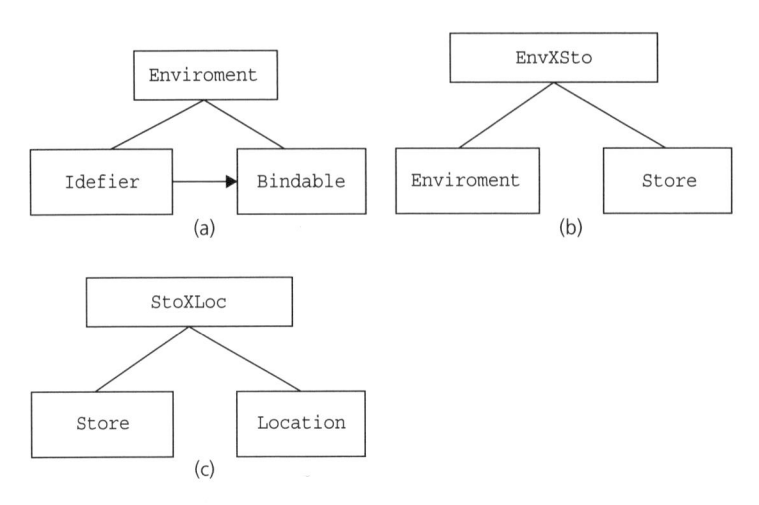

figura 10.4 Representação do ambiente (a), do par ambiente e memória (b) e do par memória e posição de memória (c).

STORE é uma instanciação da especificação MAPPINGS e estendida com as seguintes operações:

op fetch   : Store Location ~> Storable   (Para obter o dado armazenado em uma posição da memória.)
op update   : Store Storable Location -> Store   (Para armazenar um dado em uma posição da memória.)
op allocate _ : Store -> StoXLoc   (Para selecionar uma posição de memória disponível (unused).)
A posição de memória selecionada passa do estado unused para undefined. A memória Store, antes e depois da operação allocate, é diferente.

ENVIRONMENT é uma instanciação da especificação MAPPINGS e estendida com as seguintes operações:

op find   : Env Idefier ~> Bindable   (Para se obter o dado ligado a um identificador no ambiente.)
op overlay : Env Env -> Env   (Para sobrescrever o primeiro ambiente sobre o segundo.)
op bind   : Idefier Bindable -> Env   (Para ligar um identificador a um dado, gerando um ambiente.)

Segue a semântica da linguagem:[3]

fmod IDENTIFIER **is**
protecting QID. *** QID é uma especificação pré-definida.

sort Idefier .
subsort Qid < Idefier .
endfm

----

fmod LOCATION **is**
protecting NAT .

sort Location .
op loc _ : Nat -> Location [**ctor**] .
op overflow : -> Location [**ctor**] .
endfm

----

fmod VALUE **is**
protecting INT .

sort Value .
subsort Bool Int < Value .
endfm

----

fmod BINDABLE **is**
protecting VALUE .
protecting LOCATION .

sort Bindable .
subsort Value Location < Bindable .
endfm

----

fmod STORABLE **is**
protecting VALUE .

sort Storable .
subsort Value < Storable .
op unused : -> Storable [**ctor**] .
op undefined : -> Storable [**ctor**] .
endfm

---

[3] Trata-se de uma especificação simplificada, incompleta.

```
view DOMAIN-as-LOCATION
from DOMAIN to LOCATION is
sort Domain to Location .
op _equals_ to _ == _ .
endv
```

```
view RANGE-as-STORABLE
from RANGE to STORABLE is
sort Range to Storable .
endv
```

```
fmod STORE is
protecting MAPPINGS {DOMAIN-as-LOCATION, RANGE-as-STORABLE} *
                    (sort Mapping to Store,
                     op modify to _->_',_,
                     op empty-mapping to empty-sto) .
protecting INT .

op fetch : Store Location ~> Storable .
op update : Store Storable Location -> Store .

var sto sto' : Store .
var loc loc' : Location .
var sble sble' : Storable .
eq fetch (sto, loc) = image of loc in sto .                             (280)

ceq update (sto, sble, loc) = loc -> sble, sto'
                              if loc -> sble', sto' := sto .            (281)
ceq update (sto, sble, loc) = loc' -> sble', update (sto', sble, loc)
                              if loc' -> sble', sto' := sto [owise] .   (282)

endfm
```

```
view DOMAIN-as-IDENTIFIER
from DOMAIN to IDENTIFIER is
sort Domain to Idefier .
op _equals_ to _ == _ .
endv
```

```
view RANGE-as-BINDABLE
from RANGE to BINDABLE is
sort Range to Bindable .
endv
```

```
fmod ENVIRONMENT is
protecting MAPPINGS {DOMAIN-as-IDENTIFIER, RANGE-as-BINDABLE } *
                    (sort Mapping to Env,
                     op modify to _ -> _ ',_,
                     op empty-mapping to empty-env) .
protecting INT .
protecting LOCATION .
protecting IDENTIFIER .

op find    : Env Idefier ~> Bindable .
op overlay : Env Env -> Env
op bind    : Idefier Bindable -> Env .

var env    : Env .
var id     : Idefier .
var i      : Int .
var b      : Bool .
var loc    : Location .
var bdble  : Bindable .
vars env1 env2 : Env .
eq find (env, id) = image of id in env .                              (283)
eq overlay (empty-env, env2) = env2 .                                 (284)
eq overlay (id -> bdble, empty-env, env2) = id -> bdble, env2 .       (285)
eq overlay (id -> bdble, env1, env2) = id -> bdble,
           overlay (env1, env2) [owise] .                             (286)
eq bind (id, bdble) = id -> bdble, empty-env .                        (287)
endfm
```

```
view PAR-as-ENVIRONMENT
from PAR to ENVIRONMENT is
sort Component to Env .
endv
```

```
view PAR-as-STORE
from PAR to STORE is
sort Component to Store .
endv
```

```
fmod ENV-X-STO is
protecting DOUBLES { PAR-as-ENVIRONMENT, PAR-as-STORE } *
                   (sort Double to EnvXSto,
                    op double to '(_ ',_ '),
                    op first field of _ to env of _,
                    op second field of _ to sto of _) .
endfm
```

```
view PAR-as-LOCATION
from PAR to LOCATION is
sort Component to Location.
endv
```

```
fmod STO-X-LOC is
protecting DOUBLES { PAR-as-STORE, PAR-as-LOCATION } *
                   (sort Double to StoXLoc,
                    op double to '(_ ',_ '),
                    op first field of _ to sto of _,
                    op second field of _ to loc of _) .
protecting STORABLE .
op allocate _ : Store -> StoXLoc .
op mem _     : Store -> Store .
op cell _    : Store -> Location .
var sto sto' : Store .
var loc      : Location .
var stble    : Storable .
var n        : Nat .
eq allocate sto = (mem sto, cell sto) .                              (288)
eq mem empty-sto = empty-sto .                                       (289)
ceq mem sto = loc n -> undefined, sto'
              if loc n -> unused, sto':= sto .                       (290)
     ceq mem sto = loc n -> stble, mem sto'
              if loc n -> stble, sto':= sto [owise] .                (291)
     eq cell empty-sto = overflow .                                  (292)
     ceq cell sto = loc n    if loc n -> unused, sto':= sto .        (293)
     ceq cell sto = cell sto'  if loc n -> stble, sto':= sto [owise] . (294)
     endfm
```

```
--------------------------------SINTAXE-----------------------------
fmod SINTAXE is
protecting IDENTIFIER .
protecting STORE .
protecting VALUE .
protecting ENVIRONMENT .
protecting ENV-X-STO .
protecting STO-X-LOC .

sort Exp .
sort Command .
sort sCommand .
sort Declaration .
sort DT .
subsorts Idefier Value < Exp .
subsort sCommand < Command .
op _ ++ _    : Exp Exp -> Exp [assoc comm prec 33 gather (e E) ] .
op _ ** _    : Exp Exp -> Exp [assoc comm prec 31 gather (e E) ] .
op _ -- _    : Exp Exp -> Exp [prec 33 gather (E e) ] .
*** Integer Division
op _ / _     : Exp Exp -> Exp [assoc prec 31 gather (E e) ] .
op _less_    : Exp Exp -> Exp [prec 37 gather (E E) ] .
op _greater_ : Exp Exp -> Exp [prec 37 gather (E E) ] .
op _ und _   : Exp Exp -> Exp [assoc comm prec 55 gather (e E)] .
op _ oder _  : Exp Exp -> Exp [assoc comm prec 59 gather (e E)] .
op nein _    : Exp       -> Exp [prec 53 gather (E)] .
op skip      :           -> sCommand .
op _:=_      : Idefier Exp -> sCommand .
op Bool      :           -> DT .
op Int       :           -> DT .
op var _:_   : Idefier DT -> Declaration .
op val _=_   : Idefier Exp           -> Declaration .
op let _ in _: Declaration sCommand              -> sCommand .
op if _ then _ else _: Exp sCommand sCommand     -> sCommand .
op while _ do _: Exp sCommand                    -> sCommand .
op _; _: sCommand Command                        -> Command [prec 42 gather (e E) ] .
op begin _ end : Command                         -> sCommand .
endfm
```

```
------------------------- SEMANTICA------------------------
fmod SEMANTICA is
protecting SINTAXE .
op evaluate [ _ ] _ _   : Exp Env Store          ~> Value .
op execute [ _ ] _ _    : Command Env Store      -> Store .
op elaborate [ _ ] _ _  : Declaration Env Store  -> EnvXSto .
var env env' env"   : Env .
var c c1 c2 c3   : Command .
var sc sc1 sc2   : sCommand .
var decl         : Declaration .
var dt :         DT .
var bdble loc    : Bindable .
var vlue         : Value .
vars ex e1 e2    : Exp .
vars i1 i2       : Int .
vars b1 b2       : Bool .
var sto sto'     : Store .
var id id1 id2   : Idefier .
-------------------------------------------------
```

ceq evaluate [id] env sto = find (env, id)
      if find (env, id) : Value . (295)

ceq evaluate [id] env sto = fetch (sto, find (env, id))
      if find (env, id) : Location . (296)

eq evaluate [i1] env sto = i1 . (297)

eq evaluate [b1] env sto = b1 . (298)

eq evaluate [e1 ++ e2] env sto =
   (evaluate [e1] env sto) + (evaluate [e2] env sto) . (299)

eq evaluate [e1 ** e2] env sto =
   (evaluate [e1] env sto) * (evaluate [e2] env sto) . (300)

eq evaluate [e1 -- e2] env sto =
   (evaluate [e1] env sto) - (evaluate [e2] env sto) . (301)

*** Integer division

eq evaluate [e1 / e2] env sto =
   (evaluate [e1] env sto) **quo** (evaluate [e2] env sto) . (302)

eq evaluate [e1 less e2] env sto =
   (evaluate [e1] env sto) < (evaluate [e2] env sto) . (303)

eq evaluate [e1 greater e2] env sto =
   (evaluate [e1] env sto) > (evaluate [e2] env sto) . (304)

```
eq evaluate [e1 und e2] env sto =
     evaluate [e1] env sto and evaluate [e2] env sto .                       (305)
eq evaluate [e1 oder e2] env sto =
     evaluate [e1] env sto or evaluate [e2] env sto .                        (306)
----------------------------------------------------------
eq nein true = false .                                                       (307)
eq nein false = true .                                                       (308)
----------------------------------------------------------
eq execute [skip] env sto = sto .                                            (309)
ceq execute [ id:= ex ] env sto = update (sto, vlue, loc)
                              if vlue:= evaluate [ex] env sto /\
                                 loc:= find (env, id) .                     (310)
ceq elaborate [val id = ex] env sto = (env', sto)
                              if vlue:= evaluate [ex] env sto /\
                                 env':= bind (id, vlue) .                   (311)
ceq elaborate [var id : dt] env sto = (env', sto')
                              if (sto', loc):= allocate sto /\
                                 env':= bind (id, loc) .                    (312)
ceq execute [let decl in sc ] env sto = execute [ sc ] env' sto'
                     if (env", sto'):= elaborate [decl] env sto /\
                        env':= overlay (env", env) .                        (313)
eq execute [ sc ; c] env sto =
       execute [c] env (execute [sc] env sto) .                             (314)
eq execute [ if ex then sc1 else sc2 ] env sto =
                              if evaluate [ex] env sto
                              then execute [sc1] env sto
                              else execute [sc2] env sto fi .               (315)
eq execute [ begin c end] env sto = execute [c] env sto.                    (316)
eq execute [while ex do sc] env sto =
       if evaluate [ex] env sto
       then execute [while ex do sc] env (execute [sc] env sto)
       else sto fi .                                                         (317)
endfm
```

Para o segmento de programa que calcula a soma dos números naturais de 0 até 10, tem-se a seguinte computação:

```
Maude> reduce execute [let var  'i : Int in
                        begin
                          'i   := 0;
                          'soma  := 0;
                                while 'i less 'n do
                            begin
                              'i := 'i ++ 1;
                              'soma := 'soma ++ 'i
                            end
                        end] 'n -> loc 0, 'soma -> loc 1, empty-env loc 0 -> 10 ,
                                  loc 1 -> undefined , loc 2 -> unused , empty-sto .
reduce in SEMANTICA : execute[let var 'i : Int in begin 'i := 0 ; 'soma := 0 ;
while 'i less 'n do begin 'i := 'i ++ 1 ; 'soma := 'i ++ 'soma end end]'n -> loc
0,'soma -> loc 1, empty-env loc 0 -> 10, loc 1 -> undefined, loc 2 -> unused,
empty-sto .
rewrites: 1488 in 0ms cpu (12ms real) (~ rewrites/second)
result Store: loc 0 -> 10, loc 1 -> 55, loc 2 -> 10, empty-sto
```

■ exercícios propostos 10.1

1. A memória (`Store`) não é regenerativa, o ambiente (`Env`) sim. `deallocate` é uma operação que altera o estado da memória. Posições de memória de variáveis não mais usadas (que não estão mais no ambiente) podem ser liberadas, ou seja, seu estado passa para `unused`. Definir a operação `deallocate`.
2. A gramática apresentada no início deste capítulo usa as especificações dos inteiros (`INT`), dos naturais (`NAT`) e dos booleanos (`BOOL`). Alterar a especificação para introduzir na gramática `Integer`, `Boolean` e `Natural`, confome regras de produção abaixo.

```
Natural  ::= Natural 0 | Natural 1 | Natural 2 | Natural 3 | Natural 4 |
             Natural 5 | Natural 6 | Natural 7 | Natural 8 | Natural 9 |
             0 | 1 | 2 | 3 | 4 | 5 | 6 | 7 | 8 | 9
Integer ::=   ++ Natural | Natural | -- Natural
Boolean  ::=  true | false
```

Termos-chave

ambiente (`environment`), p. 191

memória (`Store`), p. 190

semânticas, p. 188

sintaxe abstrata, p. 188

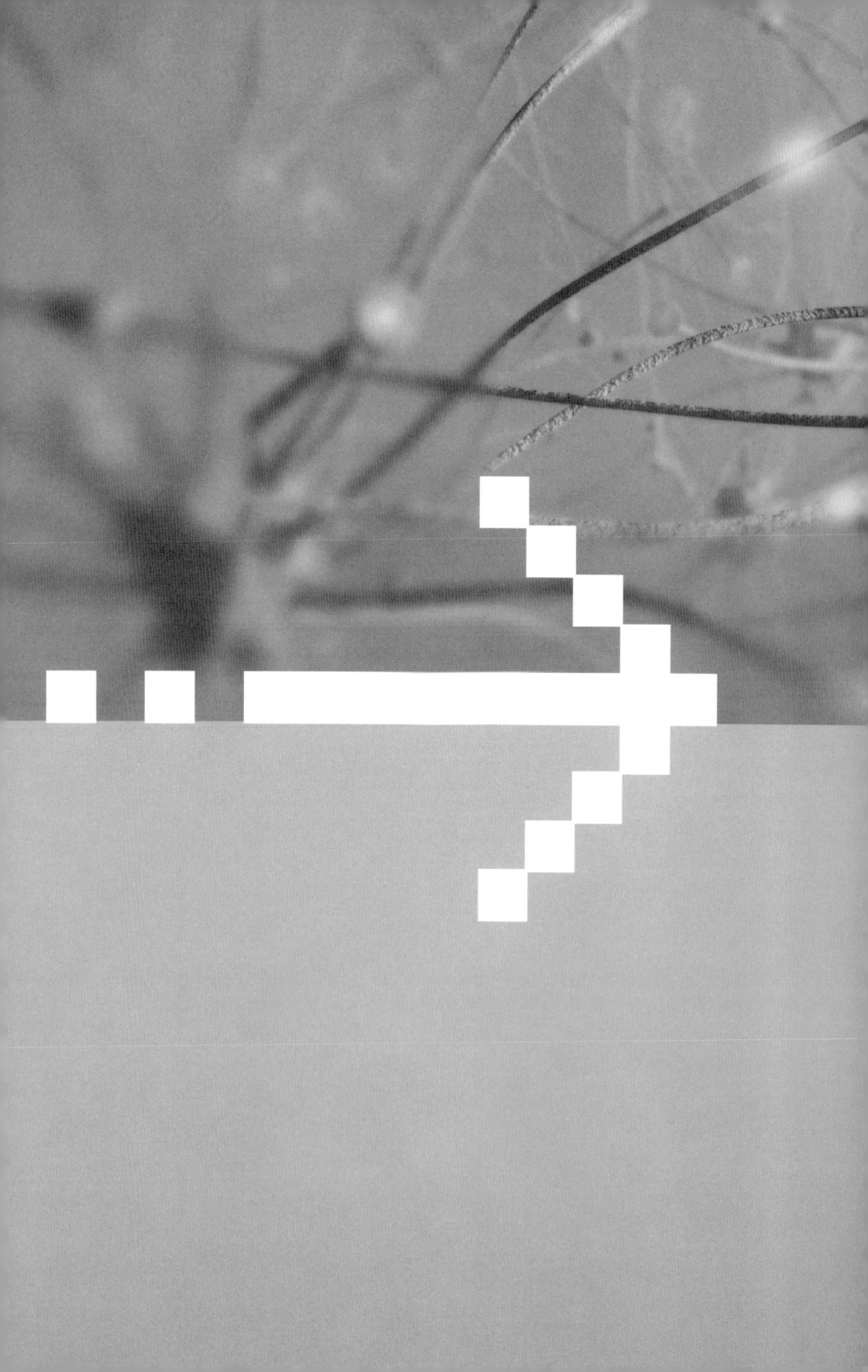

capítulo 11
álgebras

■ ■   Maude é uma linguagem de programação como Java, C, Haskell, ML. Uma linguagem de programação é apenas um conjunto de *strings*, desprovido de significado, de semântica. A semântica de uma linguagem de programação L é um mapeamento[1] de L para algum conjunto da matemática (produto cartesiano, conjunto de funções, álgebras e outros.) As especificações são *strings* da linguagem Maude. É necessário, então, dar significado, semântica, a esses *strings*. As entidades matemáticas escolhidas para dar semântica às especificações são as álgebras. Por exemplo: TRUTH-VALUES pretende especificar uma álgebra chamada álgebra Booleana. Assim, deve ser estabelecido um mapeamento entre TRUTH-VALUES e uma álgebra Booleana. Se esse mapeamento é possível, a álgebra é o significado da especificação. Daí por diante, pode-se trabalhar somente a álgebra para definir e provar propriedades da especificação, algo que não pode ser feito com a própria especificação.

---
[1] Chamado também de função semântica.

Em se tratando de álgebra booleana, existem livros que a apresentam e a estudam. Assim, neste caso, bastaria provar que TRUTH-VALUES é uma álgebra booleana para que todo o estudo sobre essa álgebra possa ser aproveitado. Da mesma forma, a observação vale para a especificação dos NATURALS. Se for possível mostrar que existe um mapeamento dessa especificação para a álgebra dos naturais, então todo o estudo dessa álgebra pode ser aproveitado. Existem outros padrões de álgebras, como semigrupos, monoides, grupos, anéis, reticulados, os quais podem ser modelos de especificações.

Maude tem, também, uma semântica operacional que mostra como termos são reduzidos, usando uma especificação. Normalmente, são usadas regras de inferência para dar semântica operacional às linguagens de programação.

Sintetizando, Álgebra é um ramo da matemática que estuda operações e relações definidas sobre conjuntos. Neste capítulo, seus conceitos são apresentados de forma simplificada o suficiente para que possam ser compreendidas as relações entre especificações e álgebras e os conceitos de protecting, including e extending.

Uma especificação de um tipo abstrato é uma descrição das propriedades ou comportamentos esperados de uma representação desse tipo. A seguir, é mostrado como álgebras dão significado a, ou são *modelos* para, tipos de dados e como, com álgebras, podem ser formalizados conceitos, como dar representações concretas para tipos de dados.

São exemplos de álgebras:

a. Um autômato finito é uma quíntupla M = ⟨Q, Σ, δ, q0, F⟩, onde
   Q é um conjunto finito de estados
   Σ é um conjunto finito de alfabeto de entrada
   δ:Q x Σ → ℘(Q) é a relação de transição de estados
   q0 ∈ Q é o estado inicial
   F ⊆ Q é o conjunto de estados finais

b. Uma gramática livre do contexto é uma quádrupla G = ⟨N, Σ, P, S⟩, onde
   N é um conjunto finito de terminais
   Σ é um conjunto finito (alfabeto de entrada)
   P ⊆ N x (N ∪ Σ)* é o conjunto de produções
   S é o símbolo inicial

Uma **álgebra monossortida** consiste de um conjunto de valores chamado conjunto portador (ou carregador), incluindo algumas constantes e funções sobre esse conjunto. Por exemplo, o conjunto de números naturais {0, 1, 2, ...}, munido das operações binárias "+" (adição) e "∗" (multiplicação), é uma álgebra.[2]

---

[2] No caso, (ℕ,+) e (ℕ,∗) são monoides comutativos, e a estrutura (ℕ,+,∗) ainda goza da propriedade distributiva da multiplicação em relação à adição.

Uma **álgebra multissortida**, de muitos sortes, é formada por uma coleção de **conjuntos portadores**, junto com algumas constantes e funções sobre esses conjuntos.

Uma álgebra multissortida A é definida por uma *n*-upla:

$$A = \langle C1, C2, \ldots, c1, c2, \ldots, f1, f2, \ldots \rangle$$

onde `C1, C2, ...` são os conjuntos portadores de A; `c1, c2, ...` são as constantes; e `f1, f2` são as funções.

Um exemplo de uma **álgebra dissortida** é:

$\langle \{0, 1, 2, \ldots\}, \{\text{true}, \text{false}\}, +, *, <, \text{not} \rangle$

Nessa álgebra, os conjuntos `{0, 1, 2, ...}` e `{true, false}` são os conjuntos portadores e +, *, < e not são funções.

Uma álgebra satisfaz a uma especificação se a álgebra tem o comportamento esperado, fixado pela especificação. Nesse caso, diz-se que a álgebra é um **modelo da especificação**.

Para exemplificar, seja a álgebra de BITS

BITS = $\langle \{0,1\}, 0, 1, \text{flip}, *, +, \leq \rangle$

onde `{0,1}` é o conjunto portador, 0 e 1 são duas constantes, e flip, *, + e ≤ são as funções. Segue, a seguir, a funcionalidade e a definição das funções flip, *, + e ≤.

```
flip:{0,1} -> {0,1}
   flip(0) = 1    flip(1) = 0
_*_:   {0,1} {0,1} -> {0,1}
   0 * 0 = 0, 0 * 1 = 0, 1 * 0 = 0, 1 * 1 = 1
_+_:   {0,1} {0,1} -> {0,1}
   0 + 0 = 0, 0 + 1 = 1, 1 + 0 = 1, 1 + 1 = 1
_≤_:   {0,1} {0,1} -> {0,1}
   0 ≤ 0 = 1, 0 ≤ 1 = 1, 1 ≤ 0 = 0, 1 ≤ 1 = 1
```

Trata-se de uma álgebra muito simples, onde todas as funções são definidas de forma explícita.

Considerando uma especificação, como, por exemplo, TRUTH-VALUES, deve-se verificar se a álgebra BITS é seu modelo. Uma correspondência (mapeamento) entre a especificação e a álgebra é estabelecida da seguinte maneira:

```
Truth-Value   corresponde ao conjunto {0,1}
false         corresponde à constante 0
true          corresponde à constante 1
not           corresponde à função flip
∨             corresponde à função +
∧             corresponde à função *
=>            corresponde à função ≤
```

Para verificar se a álgebra de BITS satisfaz a especificação TRUTH-VALUES, é necessário definir o conceito de **teoria equacional**.

Genericamente, para uma especificação *SPEC* e um sorte *s*, o conjunto de termos rasos, *Ts*, é definido de forma indutiva: se `c:s` é uma constante, `c` é um termo raso; se `op: s1, ..., si, ..., Sn -> s` é a declaração de um operador e `ti:si` é um termo raso de sorte *si*, então `op(t1,..., ti, ..., tn)` é um termo raso de sorte *s*. A teoria equacional sobre o conjunto de termos rasos *Ts* é definida da mesma forma que é definida a relação de congruência nos capítulos 1 e 4. Logo, os termos, na teoria equacional, são rasos.

Seja $t1 = t2$ uma equação de *SPEC* e A uma álgebra que tem uma correspondência com *SPEC*. Por hipótese, a álgebra A satisfaz a especificação *SPEC* se pode ser provado que $t1[S]_A = t2[S]_A$ para todo *S* que instancia variáveis por valores e para todas as equações de *SPEC*. $t1[S]_A$ é o termo raso $t1[S]$ mapeado, traduzido, para a álgebra A. Quando o conjunto de valores é finito, como é o caso do sorte Truth-Value, o teorema pode ser provado por exaustão. Quando não for, pode-se usar indução matemática ou um outro método adequado.

Tomando uma equação qualquer da especificação TRUTH-VALUES, $t \land \text{true} = t$, deve-se verificar se $(t \land \text{true})[S]_A = t[S]_A$ para todo *S* que instancia *t* por valores.

Equação	$(t \land \text{true})[S] = t[S]$	Tradução para a álgebra de BITS	Comentário
$t \land \text{true} = t$	true $\land$ true $\equiv$ true	$1 * 1 = 1$	Satisfaz
	false $\land$ true $\equiv$ false	$0 * 1 = 0$	Satisfaz

Adotando o mesmo procedimento para todas as demais equações, pode-se constatar que a álgebra BITS satisfaz a teoria equacional.

A álgebra BITS não é, evidentemente, o único modelo para a especificação. Se a álgebra for estendida, por exemplo, pela introdução de uma nova constante, ela pode ser também um novo modelo. Seja a álgebra BITS⁺

BITS⁺ = $\langle \{0,1,\oplus\}, 0, 1, \oplus, \text{flip}, *, +, \leq \rangle$

A correspondência, mostrada acima, continua a mesma. Note que não há nada na álgebra BITS que corresponda à constante $\oplus$.

Para demonstrar que essa álgebra é, também, um modelo para a teoria, é usada apenas a função *.

Funcionalidade: _*_ : $\{0,1,\oplus\}$ $\{0,1,\oplus\}$ -> $\{0,1,\oplus\}$
Definição: $0 * 0 = 0$, $0 * 1 = 0$, $1 * 0 = 0$, $1 * 1 = 1$, $0 * \oplus = 0$, $\oplus * \oplus = \oplus$, $\oplus * 1 = 1$, $\oplus * 0 = 0$

Tomando a mesma teoria equacional gerada por `t ∧ true = t`, ou seja, `t ∧ true[S] = t[S]` para todo `S` que instancia `t` por valores, verifica-se:

`true ∧ true = true` corresponde a $1 * 1 = 1$, satisfaz a definição da função $*$
`false ∧ true = false` corresponde a $0 * 1 = 0$, satisfaz a definição da função $*$

Como o interesse está nas álgebras como **modelos** para tipos de dados, a atenção deve estar restrita àquelas álgebras que correspondem, de uma maneira natural, à assinatura de uma especificação. Os conjuntos portadores correspondem aos sortes, e as constantes e as funções correspondem aos símbolos de operações. Para uma **assinatura** Σ de uma especificação *SPEC*, uma álgebra que tem uma correspondência de um para um[3] com a assinatura Σ é chamada de **Σ-álgebra**. Note que é suficiente estabelecer uma correspondência entre a assinatura Σ de uma especificação e uma álgebra a fim de que a álgebra possa ser chamada de Σ-álgebra.

Formalmente, para uma dada assinatura Σ, uma álgebra A é uma Σ-álgebra, se e somente se:

- Houver uma correspondência de um-para-um entre os sortes de Σ e os conjuntos portadores de A. Para cada sorte `s`, seja s_A o conjunto portador correspondente.
- Houver uma correspondência de um-para-um entre os símbolos de operação de Σ e as constantes e funções de A. Para cada símbolo de operação constante `c:s`, a constante correspondente da álgebra, c_A, deve estar em s_A. Para cada símbolo de operação `f:s_1,..., s_n -> s`, a função correspondente na álgebra, f_A, deve ter a funcionalidade $s_{1A},..., s_{nA} -> s_A$.

Para estabelecer relações entre especificações e álgebras, é usada a especificação do tipo *BOOLEANS* mostrada a seguir.

fmod BOOLEANS
sort Boolean .
    op   true :   -> Boolean .
    op   false :   -> Boolean .
    op   not_ : Boolean   -> Boolean .
    eq   not true = false .   (318)
    eq   not false = true .   (319)
endfm

Seja a álgebra A:

A = ⟨ {0, 1}, 0, 1, flip ⟩

onde `0` e `1` são constantes, e `flip`, é a função unária definida por:

flip (0) = 1
flip (1) = 0

---

[3] Para cada sorte `s` em *SPEC* há um conjunto portador na álgebra.

Se Σ é a assinatura de BOOLEANS, então A é uma Σ-*álgebra*, pois:

Especificação	Correspondência com A	Notação
Boolean	{0, 1}	Boolean$_A$ = {0, 1}
true	0	true$_A$ = 0 e 0 ∈ Boolean$_A$
false	1	false$_A$ = 1 e 1 ∈ Boolean$_A$
not	flip	not$_A$ = $flip$ e not$_A$: Boolean$_A$ -> Boolean$_A$

Outra Σ-álgebra é:

B = ⟨{off, on}, off, on, break⟩

onde off e on são constantes, e break é a função unária definida por:

break(off) = off
break(on) = off

Essa álgebra também é uma Σ-álgebra, com on, off e break correspondendo a true, false e not, respectivamente.

Embora as álgebras A e B sejam ambas Σ-álgebras, pode-se suspeitar que existe uma diferença entre elas. A álgebra A satisfaz a especificação BOOLEANS completamente: há dois valores distintos e uma função unária mapeando um valor no outro. A álgebra B, entretanto, não se comporta da mesma maneira. Considerando a equação not false = true, na álgebra A, essa equação significa:

not$_A$(false$_A$) = true$_A$, que é equivalente a flip(1) = 0

Portanto, essa equação está correta.

Na álgebra B, a equação not false = true é traduzida para:

not$_B$(false$_B$) = true$_B$, que é equivalente a break(off) = on

Mas isso contradiz a definição de break. A equação not false = true não se mantém válida para a álgebra B. Portanto, B não é um modelo para BOOLEANS.

Para verificar se a equação rasa t1[S] = t2[S], onde S instancia variáveis por valores, é satisfeita em uma álgebra particular, deve-se "traduzir" a equação para a álgebra, como se fez (informalmente) nos exemplos. Considerando as álgebras A e B acima, a equação "not(false) = true" é traduzida para a equação "flip(0) = 1" na álgebra A e para a equação "break(off) = on" na álgebra B. A formalização dessa tradução é a seguinte:

Para uma assinatura Σ e uma Σ-álgebra A, a tradução (ou **função de avaliação**) de termos rasos para valores em A é a função eval$_A$, assim definida:

$$\text{eval}_A(c) = c_A \qquad (320)$$
$$\text{eval}_A(f(t1,\ldots,tn)) = f_A(\text{eval}_A(t1),\ldots,\text{eval}_A(tn)) \qquad (321)$$

onde c é um símbolo de operação constante, e f é um símbolo de operação n-ária.

Por exemplo, na álgebra A, apresentada acima:

$$\begin{aligned}
\text{eval}_A(\text{not}(\text{false})) &= \text{not}_A(\text{eval}_A(\text{false})) & (321)\\
&= \text{not}_A(\text{false}_A) & (320)\\
&= \text{flip}(1), & \text{por } \text{not}_A = \text{flip}, \text{false}_A = 1\\
&= 0 & \text{pela definição de } \text{flip}
\end{aligned}$$

Note que os termos "not(false)" e "true" são congruentes (sob ≡) e avaliados (sob eval_A) para 0.

Para provar que uma álgebra satisfaz uma especificação, é necessário provar que ela satisfaz a teoria equacional. Entretanto, como visto acima, uma álgebra A satisfaz uma especificação SPEC quando é suficiente provar que $\text{eval}_A(t1[S]) = \text{eval}_A(t2[S])$ para todo S que instancia variáveis por valores e para todas as equações de SPEC.

➥ **Prova:**
A prova pode ser feita por exaustão, quando o conjunto de valores dos sortes é finito, como feito acima, ou por outro método de prova, como, por exemplo, por usar indução matemática quando o conjunto de valores é infinito.

Seja $op(t1,\ldots,ti,\ldots)$ um termo raso t qualquer. Conforme apresentado no capítulo 1, todo termo raso é reduzido a um valor. Logo, $op(t1,\ldots,ti,\ldots) \equiv v$, onde v é o valor de t. O termo t na álgebra A é $\text{eval}_A(op(t1,\ldots,ti,\ldots,tn)) =$

$op_A(\text{eval}_A(t1),\ldots,\text{eval}_A(ti),\ldots,\text{eval}_A(tn)) = \text{eval}_A(v)$.

Supondo, agora, dois termos rasos, $p1$ e $p2$, e que $p1 \equiv p2$, a redução de $p1$ e $p2$ tem um valor comum r. Logo, $\text{eval}_A(p1) = \text{eval}_A(r)$ e $\text{eval}_A(p2) = \text{eval}_A(r)$. Assim, é suficiente provar que $t1[S]_A = t2[S]_A$ para todo S que instancia variáveis por valores e para todas as equações de SPEC. Desta forma, o teorema

$$\forall (p1 \equiv p2)((\forall S)(\text{eval}_A(p1[S]) = \text{eval}_A(p2[S])))$$

onde S instancia variáveis por termos rasos, é válido como provado.

Se A é um modelo para SPEC, então A é chamada de SPEC-álgebra (no exemplo acima, A é uma BOOLEANS-álgebra).

Conforme apresentado acima, deve ser encontrada, para uma especificação SPEC, uma álgebra que possa ser seu modelo. Uma especificação algébrica, como o próprio nome sugere, especifica uma álgebra. Deve ser determinada, então, qual álgebra é modelo da especificação.

11.1 álgebra inicial

Até aqui, foi apresentada a condição para que uma álgebra possa ser modelo para uma especificação SPEC. Em geral, há muitos modelos para SPEC, e não foi declarado quais dessas álgebras podem ser consideradas como **significado** de SPEC; nem foi garantido que tal modelo existe. A seguir, é construída uma SPEC-álgebra particular, a **álgebra quociente**, cuja existência é garantida e pode ser tomada como o significado de SPEC.

Considerando as especificações, a álgebra tem tantos conjuntos portadores quantos forem os sortes da especificação, tantas constantes quantas forem as constantes da especificação e tantas funções quantas forem as operações (não constantes) da especificação. Cada conjunto portador tem a cardinalidade definida pelo número de valores do sorte correspondente. Uma constante c do sorte s, a sua correspondente na álgebra, está no conjunto portador correspondente a s.

O processo de construção de uma álgebra, tomando a **classe de congruência** como elemento do conjunto portador, é chamado **quocientação**,[4] e a álgebra resultante é chamada de *álgebra quociente*.

Considerando a especificação BOOLEANS, o conjunto de termos rasos é:
true, not false, not not true, not not not false, ...
false, not true, not not false, not not not true, ...

A álgebra deve satisfazer a teoria equacional. Seja T_s o conjunto de termos rasos do sorte s e seja t um termo raso do sorte s.

$[t] = \{$"t'" $|$ t' $\equiv$ t, para todo termo raso t':s$\}$,[5] é uma **classe de congruência** que tem t como **representante**.

A relação de congruência $\equiv$, definida sobre o conjunto de termos T_s, particiona esse conjunto em classes de congruências, representadas na figura 11.1. Se "t" e "t'" estão em uma partição, então $t \equiv t'$. O conjunto portador da álgebra quociente é o conjunto das classes de congruência.

---

[4] Do inglês "*quotienting*".

[5] "t'" é interpretado como um valor (um *string*). Assim, "false" e "not true" são valores diferentes.

Capítulo 11 ⋯→ **Álgebras** **209**

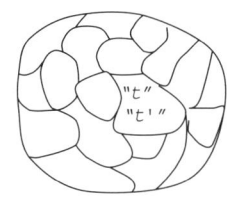

figura 11.1 Partição do conjunto T_s em classes de congruência.

Cada superfície fechada representa uma classe de congruência, ou seja, os termos que estão nessas superfícies são congruentes entre si. Existe uma classe de congruência para cada **valor** do sorte s. Se $t \equiv t'$, então, $[t] = [t']$.

Para a especificação BOOLEANS, [true] = [not false] porque true ≡ not false e "true" e "not false" estão na mesma classe de congruência. Qualquer termo de uma classe de congruência pode representar a classe.

Formalmente, a álgebra quociente Q para uma assinatura Σ é definida da seguinte maneira:

- Para cada sorte s de Σ há um conjunto portador correspondente s_Q, cujos elementos são as classes de congruência de termos, isto é, s_Q = { [t] | para todo valor t do sorte s}.
- Para cada símbolo de operação constante $c:s$ de Σ há uma constante c_Q=[c] correspondente.
- Para cada símbolo de operação $f:s_1, \ldots, s_n \rightarrow s$ de Σ há uma função correspondente f_Q definida da seguinte maneira:
    - $f_Q([t_1],\ldots,[t_i],\ldots,[t_n]) = [f(t_1, \ldots t_i, \ldots, t_n)]$ para todo valor t_i: do sorte s_i para $i=1..n$.

exemplos:

Para o sorte Boolean, tem-se $Boolean_Q$ = { [true], [false] }
Para cada constante, tem-se $true_Q$ = [true]
                                      $false_Q$ = [false]
Para a operação not, tem-se not_Q: $Boolean_Q \rightarrow Boolean_Q$

A álgebra quociente para a especificação BOOLEANS é:

$Q = \langle$ { [true], [false] }, [true], [false], $not_Q \rangle$

A operação not_Q é definida por: $not_Q[t] = [not\ t]$ para todo valor t:Boolean; assim:

$$not_Q[true] = [not\ true] = [false]$$
$$not_Q[false] = [not\ false] = [true]$$

A álgebra quociente para a especificação NATURALS é:

$Q = \langle Natural_Q, Boolean_Q, 0_Q, true_Q, false_Q,$
       $succ_Q, pred_Q, +_Q, *_Q, \char`\^_Q, Ú_Q, not_Q, \Rightarrow_Q, <_Q, >_Q, is_Q \rangle$

Para o sorte `Natural`, tem-se	$Natural_Q = \{ [0], [suc0], [succ\ succ\ 0], \ldots \}$
Para o sorte `Boolean`, tem-se	$Boolean_Q = \{ [true], [false] \}$
Para as constantes, tem-se	$0_Q = [0]$
	$true_Q, = [true]$
	$false_Q = [false]$
Para a operação `succ_`, tem-se	$succ_Q\_ : Natural_Q \rightarrow Natural_Q$
	$succ_Q[t] = [succ\ t]$ para todo valor t:`Natural`
Para a operação `*`, tem-se	$\_*_Q\_ : Natural_Q\ Natural_Q \rightarrow Natural_Q$
	$[t_1] *_Q [t_2] = [t_1 * t_2]$ para todo valor t_1, t_2:`Natural`

As demais operações são definidas da mesma forma.

Exemplo de aplicação: $[succ\ succ\ 0] *_Q [succ\ succ\ succ\ 0] =$

$[succ\ succ\ 0 * succ\ succ\ succ\ 0] =$

$[succ\ succ\ succ\ succ\ succ\ succ\ succ\ 0]$

pois $succ\ succ\ 0 * succ\ succ\ succ\ 0 \equiv succ\ succ\ succ\ succ\ succ\ succ\ succ\ 0$.

A álgebra **NATURALS**$_Q$ é, por definição, modelo do tipo **NATURALS**, como pode ser verificado[6] usando como exemplo a equação $(succ\ n) + m = succ\ (n + m)$.

Seja $eval_Q(n:Natural) = n_Q \in Natural_Q$ e $eval_Q(m:Natural) = m_Q \in Natural_Q$:

Tradução da equação para **NATURALS**$_Q$:

Lado esquerdo:
$eval_Q((succ\ n) + m) =$
$eval_Q(succ\ n) +_Q eval_Q(m) =$
$succ_Q\ eval_Q(n) +_Q eval_Q(m) =$
$succ_Q\ n_Q +_Q m_Q$

Lado direito:
$eval_Q(succ(n + m)) =$
$succ_Q(eval_Q(n + m)) =$
$succ_Q(eval_Q(n) +_Q eval_Q(m)) =$
$succ_Q(n_Q +_Q m_Q)$

Prova por indução matemática sobre m_Q.

Passo base: $m_Q = [0]$ para todo n_Q.

$succ_Q\ n_Q +_Q [0] = succ_Q\ n_Q +_Q [0]$

Lado esquerdo:
$succ_Q\ n_Q +_Q [0] =$
$[succ\ n] +_Q [0] =$
$[succ\ n + 0] =$
$[succ\ n]$

Lado direito
$succ_Q(n_Q +_Q [0]) =$
$[succ\ (n + 0)] =$
$[succ\ n]$

---

[6] A rigor, esta verificação é desnecessária, pois a quocientação de uma especificação define uma álgebra quociente, modelo da especificação.

Hipótese: $\text{succ}_Q\, n_Q +_Q k_Q = \text{succ}_Q(n_Q +_Q k_Q)$

Provar: $\text{succ}_Q\, n_Q +_Q (k_Q +_Q \text{succ}_Q[0]) = \text{succ}_Q(n_Q +_Q (k_Q +_Q \text{succ}_Q[0]))$

Mas,

$(\text{succ}_Q\, n_Q +_Q k_Q) +_Q \text{succ}_Q[0] = \text{succ}_Q(n_Q +_Q k_Q) +_Q \text{succ}_Q[0]$

Tem-se que provar, então:

$\text{succ}_Q(n_Q +_Q (k_Q +_Q \text{succ}_Q[0])) = \text{succ}_Q(n_Q +_Q k_Q) +_Q \text{succ}_Q[0]$

Desenvolvendo o lado esquerdo:
$\text{succ}_Q(n_Q +_Q (k_Q +_Q \text{succ}_Q[0])) =$
$[\text{succ}(n + (k + \text{succ}\,0))] =$
$[\text{succ}(n + (\text{succ}\,0 + k))] =$
$[\text{succ}(n + \text{succ}\,k)] =$
$[\text{succ}(\text{succ}\,k + n)] =$
$[\text{succ}\,\text{succ}\,(k + n)]$

Desenvolvendo o lado direito:
$\text{succ}_Q(n_Q +_Q k_Q) +_Q \text{succ}_Q[0] =$
$\text{succ}_Q[0] +_Q \text{succ}_Q(n_Q +_Q k_Q) =$
$[\text{succ}\,0 + \text{succ}(n + k)] =$
$[\text{succ}\,\text{succ}(n + k)] =$
$[\text{succ}\,\text{succ}(k + n)]$

A álgebra quociente é um exemplo de ***álgebra inicial***. Álgebras iniciais são importantes pelas seguintes razões:

- possuem granularidade mais fina. Como elas igualam apenas termos que devem ser igualados para satisfazer as equações, elas igualam o menor número de termos. Portanto, os conjuntos portadores contêm tantos elementos quanto possível. Outros modelos são de granularidade mais grossa, igualando mais termos do que o estritamente necessário.
- sempre existem. Em geral, para uma dada especificação, pode ser garantida a existência de álgebras iniciais, mas não necessariamente de outras álgebras.

Além disso, sempre podemos construir uma álgebra inicial usando o procedimento dado acima.

É importante notar que a álgebra quociente é apenas uma álgebra inicial particular. Qualquer álgebra que tem o mesmo comportamento que a álgebra quociente (a menos da renomeação de constantes, funções e conjuntos portadores) é também uma álgebra inicial. Por exemplo, a álgebra A é também uma BOOLEANS-álgebra inicial.

exercício proposto 11.1

Provar em **NATURALS$_Q$**:

$\text{eval}_Q(\text{pred succ } n)$ = $\text{eval}_Q(n)$
$\text{eval}_Q(\text{succ } n < 0)$ = $\text{eval}_Q(\text{false})$
$\text{eval}_Q(\text{succ } n < \text{succ } m)$ = $\text{eval}_Q(n < m)$
$\text{eval}_Q(\text{succ } n \text{ is succ } m)$ = $\text{eval}_Q(n \text{ is } m)$
$\text{eval}_Q((\text{succ } n) * m)$ = $\text{eval}_Q(m + (n * m))$

A seguir, é formalizada a relação entre álgebra e álgebra inicial (usando a noção de *isomorfismo*).

11.2 ⋯→ lixo e confusão

Nesta secção, são apresentadas álgebras diferentes da inicial e comparadas com a inicial.

A especificação BOOLEANS e a álgebra inicial BOOLEANS$_Q$, já apresentadas, são agora consideradas novamente. Esta álgebra não é o único modelo para BOOLEANS; por exemplo, já se viu que a álgebra A é uma BOOLEANS-álgebra. Nesta secção, são apresentados mais dois modelos.

Primeiro, é apresentada a álgebra J:

$J = \langle \{\text{yes, no, maybe}\}, \text{yes, no, maybe, change} \rangle$

onde yes, no e maybe são constantes, e change é a função unária definida por:

change(yes) = no
change(no) = yes
change(maybe) = maybe

J é uma Σ-álgebra, pois:

- O sorte Boolean corresponde ao conjunto portador Boolean$_J$ = {yes, no, maybe}
- A constante true: -> Boolean corresponde à constante true$_j$ = yes e true$_J$ está em Boolean$_J$
- A constante false: -> Boolean corresponde à constante false$_J$ = no e false$_J$ está em Boolean$_J$
- A operação not: Boolean -> Boolean corresponde à função not$_J$ = change e not$_J$: Boolean$_J$ -> Boolean$_J$
- A álgebra J é uma Boolean-álgebra, pois ela satisfaz ao conjunto de equações rasas. Tomando a equação not(false) = true, verifica-se que ela é satisfeita na álgebra BOOLEANS$_Q$:

Considerando o lado esquerdo:

$\text{eval}_J(\text{not}(\text{false})) = \text{not}_J(\text{eval}_J(\text{false})) = \text{not}_J(\text{false}_J) = \text{change}(\text{no}) = \text{yes}$

Considerando o lado direito:

`eval_J(true) = true_J = yes`

Agora, é apresentada a álgebra C:

`C = ⟨ {any}, any, same ⟩`

onde `any` é uma constante e `same` é uma função unária assim definida:

`same(any) = any`

`Boolean` da especificação corresponde ao conjunto portador $Boolean_Q$ na álgebra inicial, $Boolean_J$, na álgebra J, e $Boolean_C$, na álgebra C. A álgebra C também é uma `BOOLEANS`-álgebra, como pode ser verificado facilmente. Entretanto, as álgebras J e C não são similares em relação à álgebra quociente. Comparada com a álgebra quociente, J tem elementos extras no conjunto portador, e esses elementos extras são chamados de **lixo**. Comparada com a álgebra quociente, C tem menos elementos no conjunto portador, e diz-se que exibe **confusão**.

É possível formalizar a relação entre a álgebra quociente e as álgebras J e C usando o conceito de **homomorfismo**. Um homomorfismo é uma tradução preservadora de estruturas entre duas álgebras com a mesma assinatura.

Sejam A e B Σ-álgebras para uma assinatura Σ. Um *homomorfismo* h é um mapeamento a partir dos conjuntos portadores de A para os conjuntos portadores correspondentes de B, $(h(s_{1A}) = s_{1B})$, e das constantes e funções de A para as constantes e funções correspondentes de B, tal que o comportamento das constantes e funções de A seja preservado. Isso significa que para cada símbolo de operação constante $c:s$ de Σ, $h(c_A) = c_B$; e para cada símbolo de operação $f: s_1, \ldots, s_n \rightarrow s$ de Σ:

$$h(f_A(t_1, \ldots, t_n)) = f_B(h(t_1), \ldots, h(t_n)) \qquad \text{para todo } t_1:s_{1A}, \ldots, t_n:s_{nA}$$

onde $s_{1A}, \ldots, s_{nA}$ são conjuntos portadores de A.

A ideia do homomorfismo é capturada pela figura 11.2, a seguir, para o caso da função unária, isto é, onde $h(f_A(t)) = f_B(h(t))$, com $f_A: s'_A \rightarrow s_A$ e $f_B: s'_B \rightarrow s_B$. O diagrama contém o símbolo de igualdade porque *comuta*: iniciando com um valor de s'_A a partir do canto superior esquerdo, podemos atingir o canto inferior direito, tanto seguindo horizontalmente e depois descendo verticalmente, como descendo verticalmente e depois seguindo horizontalmente.

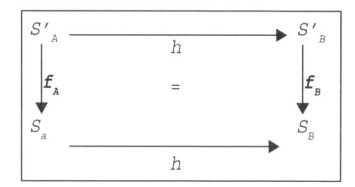

figura 11.2 Um homomorfismo h entre álgebras A e B.

Pode-se caracterizar uma Σ-álgebra A pelo tipo de homomorfismo que ela admite para a álgebra Q (álgebra inicial):

- Se o homomorfismo de Q para A não é sobrejetivo,[7] então A contém lixo.
- Se o homomorfismo de Q para A não é injetivo,[8] então A exibe confusão.

Na figura 11.3, a seguir, os retângulos representam os conjuntos portadores. As setas internas representam o comportamento das funções change, not$_Q$ e same. A álgebra J contém lixo porque o homomorfismo não é sobrejetivo, como mostra a figura 11.3. Os elementos que não são imagens de nenhuma classe de congruência sob o homomorfismo são referidos como lixo. Portanto, o elemento *maybe* é lixo. A álgebra C exibe confusão porque o homomorfismo não é injetivo, como mostra a figura 11.3. Os elementos de Q foram confundidos (colapsados em um só) pelo homomorfismo. Confusão no modelo corresponde a equações a mais na especificação. A álgebra C satisfaz a equação true = false, em adição àquelas presentes na especificação.

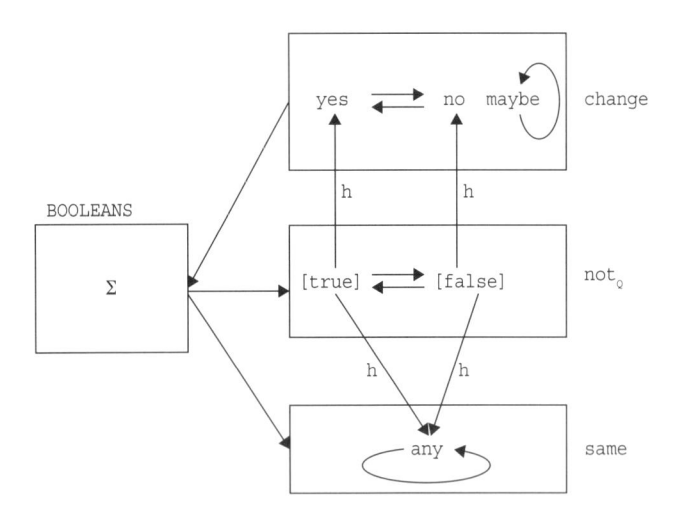

figura 11.3 Definição das funções change, not$_Q$ e same (setas) e homomorfismos entre álgebras J, C e Boolean$_Q$

Como outro exemplo de lixo, considere a implementação da especificação do tipo NATURALS usando o tipo Integer da linguagem Pascal. Os inteiros negativos não podem ser imagem de nenhum número natural, então eles são lixo (*underflow*). Como um exemplo de confusão,

---

[7] Função sobrejetiva h : Q -> A quando, para cada elemento de A, existe **pelo menos um** elemento de Q.
[8] Função injetiva h : Q -> A quando, para cada elemento de A, existe **no máximo um** elemento de Q.

há um inteiro máximo, *maxint*, de forma que todos os números maiores que *maxint* devem inevitavelmente ser confundidos (*overflow*) (figura 11.4).

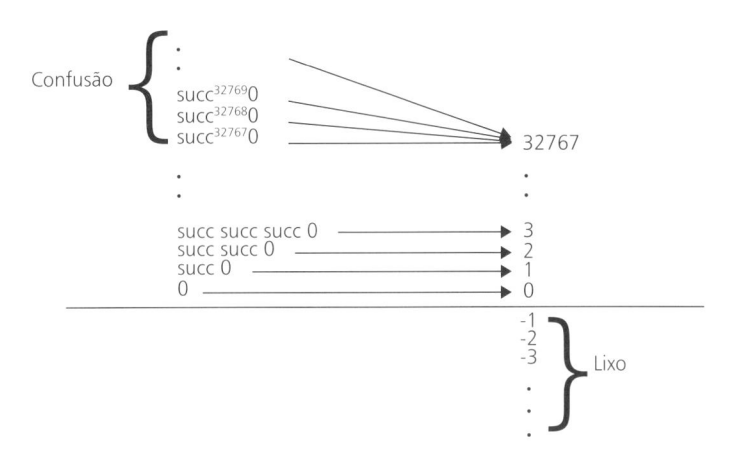

figura 11.4 Lixo e confusão na representação dos naturais na linguagem Pascal.

Pode-se usar homomorfismos para formalisar a noção de duas álgebras serem exatamente similares (a menos de renomeação de elementos, constantes e funções). Considere uma assinatura Σ e duas Σ-álgebras A e B. Se há um homomorfismo h de A para B, e o inverso de h é um homomorfismo de B para A, então h é chamado de *isomorfismo*. A álgebra A é dita isomórfica a B, e *vice-versa*.

Toda álgebra que é isomórfica à álgebra quociente é também uma álgebra inicial. Portanto, a álgebra A = ⟨{0, 1}, 0, 1, flip⟩ é uma álgebra inicial para BOOLEANS, pois é isomórfica à álgebra quociente.

Álgebras iniciais, lixo e confusão são conceitos importantes que permitem formalisar o que é exigido de uma representação de uma especificação de tipo. Quase sempre deseja-se modelos iniciais para tipos primitivos, embora, para alguns tipos infinitos, deseja-se confusão. Por exemplo, deseja-se um modelo inicial como uma implementação de BOOLEANS. Deseja-se, também, um modelo inicial como representação de NATURALS (isto é, requer-se infinitos números inteiros) mas, como o computador tem um valor inteiro máximo, tem-se que aceitar um modelo com confusão.

Por outro lado, modelos iniciais não são sempre necessários ou desejáveis para tipos compostos. Isso ocorre porque uma álgebra inicial distingue valores compostos por seu histórico. Por exemplo, arranjos construídos de maneiras diferentes, como:

```
modify(0, x, modify(succ 0, y, a))
modify(succ 0, y, modify(0, x, a))
```

não são congruentes (com respeito a ≡). Em uma implementação em Pascal, isso corresponde a distinguir o arranjo inicializado por:

```
a[1] := y; a[0] := x
```

do arranjo inicializado por:

```
a[0] := x; a[1] := y
```

Sob o ponto de vista de programação, entretanto, essa distinção é indesejável; não importa a ordem das atribuições a componentes diferentes de um arranjo. O modelo inicial, por ter muitos detalhes a considerar,[9] força o especificador a refletir muito. Portanto, para um tipo composto, pode-se desejar escolher uma implementação diferente do modelo inicial. Alternativamente, poder-se-ia adicionar mais equações à especificação. Entretanto, usualmente, ainda se deseja preservar o modelo inicial do tipo componente (parâmetro). Por exemplo, não se deseja confundir dois arranjos que contenham componentes diferentes.

Agora, podem ser estendidas especificações de forma controlada:

protecting – A extensão SPEC' de uma especificação SPEC não permite a introdução de novos valores aos sortes, ou seja, não permite a introdução de lixo e não permite confusão.

extending – A extensão SPEC' de uma especificação SPEC permite a introdução de novos valores aos sortes, ou seja, permite a introdução de lixo, mas não permite confusão.

including – A extensão SPEC' de uma especifição SPEC permite a introdução de novos valores aos sortes, ou seja, permite a introdução de lixo e/ou permite confusão.

■ exercícios propostos 11.2

1. Determinar a álgebra inicial das seguintes especificações: TRI-STATES, GRAPH e PATH.
2. Mostrar que os homomorfismos da figura 11.3 são preservados.

---

[9] Se o valor de um tipo é composto por *n* valores de outros tipos, o especificador deve considerar todas as especificações desses tipos para não ser surpreendido com efeitos colaterais.

Termos-chave

Σ-*álgebra*, p. 205
álgebra dissortida, p. 203
álgebra inicial, p. 211
álgebra monossortida, p. 202
álgebra multissortida, p. 203
álgebra quociente, p. 208
assinatura Σ, p. 205
classe de congruência, p. 208
confusão, p. 213
conjuntos portadores, p. 203
extending, p. 216
função de avaliação, p. 206
homomorfismo, p. 213
including, p. 216
lixo, p. 213
modelo da especificação, p. 203
protecting, p. 216
quocientação, p. 208
teoria equacional, p. 204

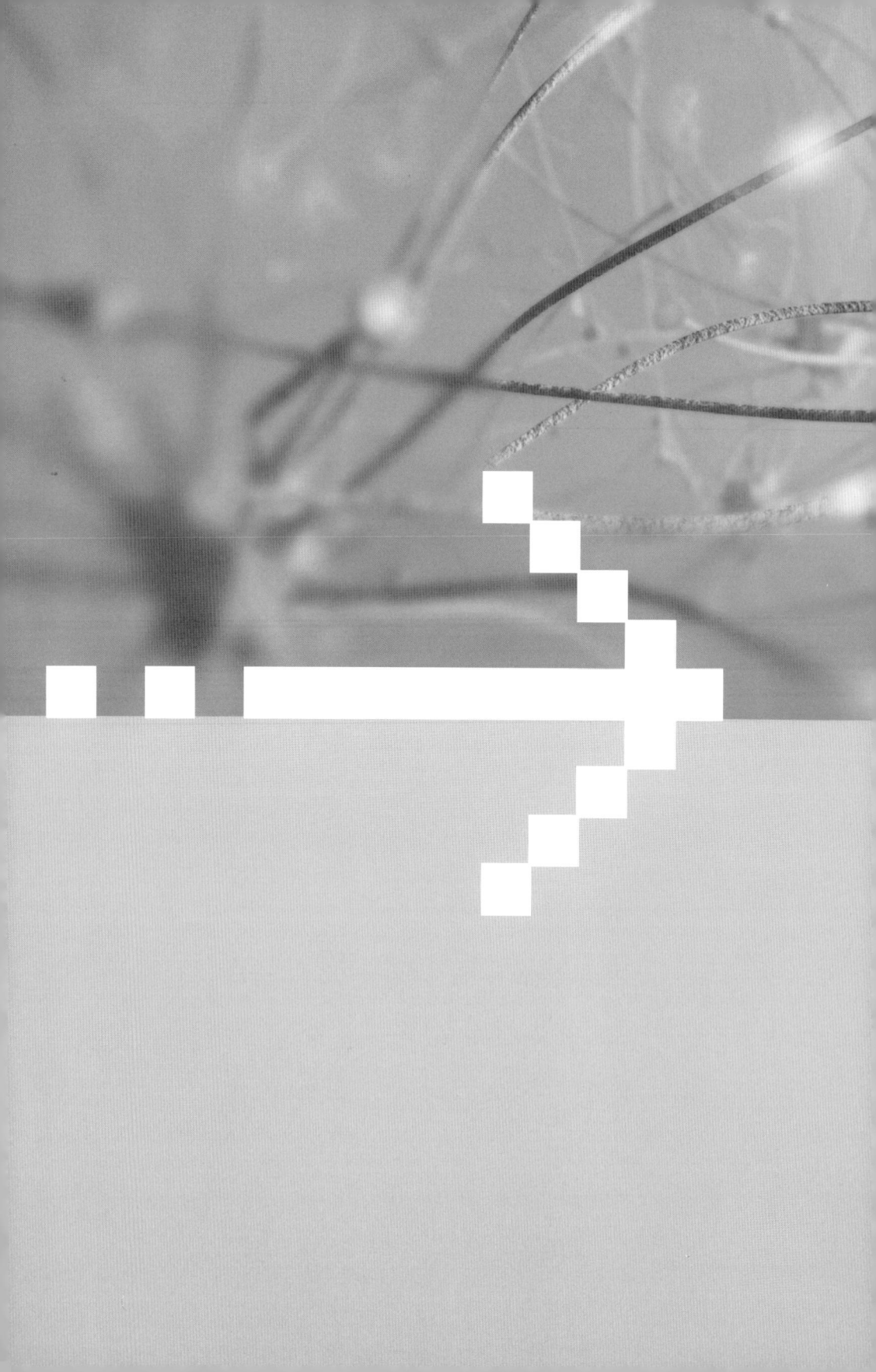

capítulo **12**

prova de teoremas

■ ■ Este capítulo não é absolutamente necessário para especificar tipos de dados, mas responde a muitas perguntas quanto ao aprofundamento dos capítulos anteriores. Genericamente, uma equação $t1 = t2$ é uma relação de igualdade entre dois termos em Ts. É indiferente qual termo está no lado esquerdo ou direito. Como visto, $t \equiv t'$ é o enunciado de um teorema, ou seja, $t \equiv t' = \text{true}$, se o par $\langle t, t' \rangle$ está na relação de congruência.

Suponha uma especificação como TRUTH-VALUES, enriquecida com um conjunto de variáveis e sem nenhuma equação. Cada termo em *Ts* não possui qualquer relação com outro termo, exceto consigo mesmo (propriedade reflexiva). As classes de congruências (ver capítulo 11), neste caso, são formadas por cada termo em *Ts*.

Suponha que a especificação receba uma primeira equação

$$\text{not true} = \text{false}$$

Seja t um termo em *Ts* com subtermos not true e false. Se t' é a reescrita de t, então t' está em *Ts* e tem false no lugar de um de seus subtermos not true ou not true no lugar de um de seus subtermos false. Tomando outros subtermos de t, pode-se obter, por reescrita, t'', t'''... Conforme a definição da relação de congruência (ver capítulo 1), $t \equiv t'$, $t \equiv t''$, $t \equiv t'''$... O termo t' tem uma redução que, por hipótese, é o termo v, que está em *Ts*.

A relação de congruência pode ser representada por um grafo, onde cada nodo é rotulado por um termo t em $T_{S'}$ conforme a figura 12.1. Existe um arco dirigido ligando o nodo t ao nodo t', se t' é uma reescrita de t. Como a relação é simétrica, esse arco é, de fato, uma aresta. Como a relação é reflexiva, existe uma aresta (não representada no grafo) ligando cada nodo a si mesmo. O grafo tem ciclos. **O teorema $t \equiv v$ é provado se existe no grafo um caminho que sai do nodo *t* e chega ao nodo *v*** (ou vice-versa).

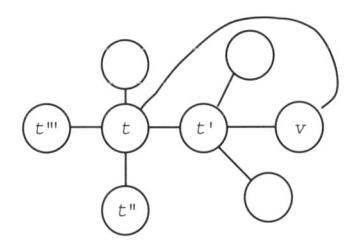

figura 12.1 Grafo parcial da relação de congruência.

Os termos t, t', t'' ... v... formam uma classe de congruência. O termo t, ou outro qualquer, t', t'' ... v..., pode ser um representante da classe de congruência. Os termos que têm os subtermos not true e/ou false e que não estão na classe de congruência $[t]$ pertencem a outras classes de congruência. Os termos que não têm subtermos not true e false permanecem relacionados apenas consigo mesmos.

Se um termo t tem n subtermos not true e m subtermos false, então a cardinalidade de $[t]$ é $(n+m)^2$.

Suponha, agora, que a especificação recebe uma segunda equação

$$\text{not false} = \text{true}$$

Termos `t` que têm subtermos `not false` e `true` e que não têm subtermos `not true` e `false` formam classes de congruência da mesma forma que no caso anterior. Entretanto, termos `t` que têm subtermos das duas equações formam classes de congruência, combinando as duas classes de congruência da seguinte forma: se um termo `t` tem `i` subtermos `not true`, `j` subtermos `false`, `n` subtermos `not false` e `m` subtermos `true`, então `t` forma uma classe de congruência de cardinalidade $(i+j)^2 * (n+m)^2$.

A relação de congruência $\equiv$ é uma consequência do sistema de equações. Se dois termos `r` e `r'` são equivalentes, $r \equiv r'$, então é possível encontrar no grafo um caminho que começa no nodo `r` e termina no nodo `r'` (ou vice-versa).

12.1 algoritmo de prova de teoremas

Para verificar se dois termos `t1` e `t2` são congruentes, um provador cego (algoritmo) sai do termo `t1` (ou de `t2`) e, aplicando repetidamente reescrita, procura atingir `t2` (ou `t1`). O provador pode começar a dar voltas (andar em ciclos) e, por isso, deve fazer *backtrack* (retorno) quando observar que tomou um caminho já antes percorrido. Considerando a navegação cega, pode ser que nunca encontre `t2`. Além disso, pode, de fato, nunca encontrar `t2` porque `t1` e `t2` não são equivalentes.[1] Por exemplo, `true` $\equiv$ `false`. Alguma inteligência pode ser dada ao provador com base na estrutura de `t1`, de `t2` e no conjunto de equações **E**, mas, ainda assim, o problema permanece insolúvel, já que não há garantias de que o provador pare.

Para ganhar tempo, um provador paralelo pode ser construído para sair simultaneamente dos nodos `t1` e `t2`. Se o caminho que tem origem em `t1` encontrar `t2`, ou vice-versa, `t1` $\equiv$ `t2`. Mas, pode ser, também, que os caminhos se cruzem em algum termo `t3`. Assim, `t1` $\equiv$ `t3` e `t2` $\equiv$ `t3`. Pela propriedade simétrica e transitiva da relação, `t1` $\equiv$ `t2`.

Estratégia é o processo de encontrar uma sequência de equações para determinar se dois termos, `t1` e `t2`, são, ou não, equivalentes. Segue uma versão.[2] Acompanhando a estratégia no grafo da figura 12.2, colocar o termo `t1` em uma fila para inicializar, e:

---

[1] `t1` e `t2` não estão na mesma classe de congruência.
[2] Este caminhamento é chamado de pesquisa em abrangência (*breadth first search*)

a. para o primeiro termo `t` da fila, encontrar todas as reescritas de `t`, `w`, colocando-os na fila.[3] Se algum `w` for idêntico a `t2`, então `t1` ≡ `t2`;
b. retirar `t` da fila e repetir o processo.

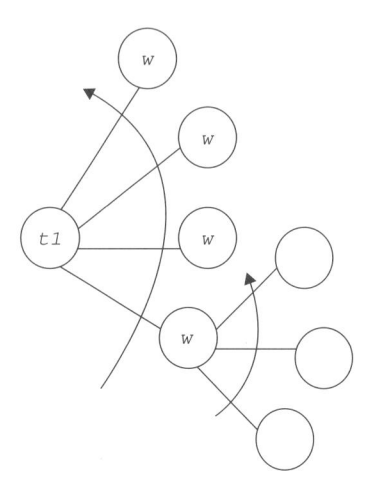

figura 12.2   Algoritmo de verificação de equivalências.

Os operadores que têm a propriedade comutativa devem ser usados com cuidado, pois eles introduzem ciclos. Por exemplo: $x \vee y \equiv y \vee x \equiv x \vee y \equiv y \vee x$ ..., pela aplicação sucessiva da equação $u \vee t = t \vee u$. É prudente, então, usar essas equações somente quando são a única alternativa e aplicá-las uma única vez. Normalmente, quando aplicadas uma vez, é aberta a possibilidade para que, a partir daí, outras equações possam ser aplicadas.

Alguma inteligência pode ser dada ao provador para evitar caminhos que, sabidamente, não levem à solução. A figura 12.3, chamada de **grafo de alcançabilidade**, é obtida a partir do sistema de equações da seguinte maneira: Seja `t1` = `t2` uma equação. Representando cada um dos termos na forma de árvore, a raiz de `t1` rotula um nodo do grafo, a raiz de `t2` um outro nodo e, entre eles, uma aresta representando a relação de igualdade. Os laços na figura 12.3, neste caso, representam a reflexão. Esse processo deve ser aplicado a todas as equações.

---

[3] As setas indicam a colocação dos temos *w* na fila.

```
       ┌───┐     ┌───┐      ┌──────┐
       │ ⇒ │─────│ ∨ │──────│ true │
       └───┘     └───┘      └──────┘
                   │
              ┌─────────┐   ┌─────┐
              │ v:Truth │   │ not │
              └─────────┘   └─────┘
                   │           │
                ┌───┐       ┌───────┐
                │ ∧ │───────│ false │
                └───┘       └───────┘
```

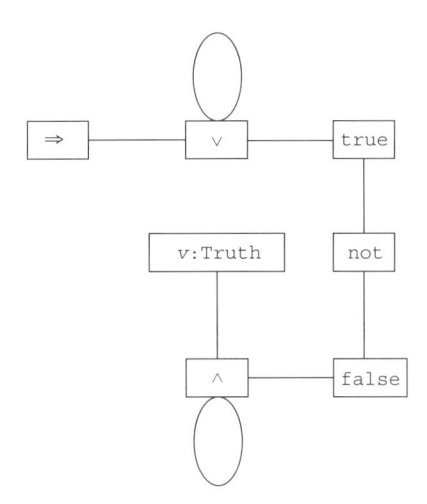

figura 12.3 Grafo de alcançabilidade.

Não é possível provar o teorema $p \equiv q$, se não existe, no grafo de alcançabilidade, um caminho que liga o operador que está na raiz de p com o operador que está na raiz de q. Se existir um caminho, não há garantias de prova (vai depender dos subtermos de p e de q).

O grafo da figura 12.3 mostra que é possível, a partir de um termo que tem, por exemplo, o operador de implicação (=>) na raiz, chegar a um outro que tem false na raiz, porque existe, no grafo de alcançabilidade, um caminho que liga o nodo rotulado com o operador => com o nodo rotulado com o operador false.

exemplo:

Provar o teorema: true => false ≡ false.

$$\begin{aligned} \text{true} => \text{false} &\equiv \text{not true} \vee \text{false} \\ &\equiv \text{not true} \\ &\equiv \text{false} \end{aligned}$$

12.2 variáveis decorativas

Em uma equação, podem ocorrer variáveis comuns aos dois lados e variáveis que ocorrem somente em um dos lados. Seja a equação $t1 = t2$ em que, por hipótese, as variáveis x, y e z ocorrem somente em $t1$. Conforme a definição da relação de congruência, $t1[S] \equiv t2[S]$ para todo S, onde S é uma substituição qualquer para x, y e z. Como x, y e z não ocorrem em $t2$, então $t1[S] \equiv t2$. Por exemplo: $(t \wedge \text{false})[S] \equiv \text{false}$ para qualquer aplicação da substituição S que instancia t.

As ocorrências de uma variável x em um termo t são decorativas sss a aplicação de uma operação de substituição S qualquer que instancia x, não altera t. Formalmente, a ocorrência de uma variável x em t é decorativa, sss $t \equiv t[S]$, para todo S que instancia x. Esse é o enunciado de um teorema e precisa ser provado.

Um termo t pode ter ocorrências decorativas e não decorativas de uma variável x. Nesse caso, existe sempre um subtermo t' de t, tal que $t' \equiv t'[S]$ para todo S que instancia x. Logo, t pode ser reescrito, trocando t' por $t'[S]$ em t para qualquer S e $t \equiv t$-reescrito. Por exemplo: $(x \wedge \text{true}) \wedge (x \vee \text{true})$. A segunda ocorrência de x é decorativa, e o subtermo $(x \vee \text{true})$ pode ser trocado por um termo qualquer $(x \vee \text{true})[S]$ para qualquer S que instancia x.

Ocorrências de variáveis decorativas x podem ser substituídas por outras variáveis quaisquer, sem alterar o significado do termo. Na prova de teoremas, muitas vezes, umas das estratégias está na troca de uma variável, que sabidamente é decorativa, por um termo.

Dado um termo t, em geral, não é possível identificar as ocorrências decorativas de variáveis. Por exemplo, no termo $(x \wedge y \wedge z) \Rightarrow (z \Rightarrow x)$, todas as variáveis são decorativas e, no termo $((x \vee (x y)) \wedge \text{not } z) \vee ((x \vee (x y)) \wedge z)$, as ocorrências da variável z são decorativas. Se as ocorrências da variável z são instanciadas por termos $(t \vee u)$, por exemplo, com ocorrências de novas variáveis, t e u, resultando no termo $((x \vee (x \wedge y)) \wedge \text{not } (t \vee u))) \vee ((x \vee (x y)) \wedge (t \vee u))$, então as ocorrências das novas variáveis são também decorativas. Se as ocorrências da variável z são instanciadas por termos com ocorrências de variáveis já existentes, então as ocorrências dessas variáveis são decorativas. Por exemplo: $((x \vee (x \wedge y)) \wedge \text{not } x) \vee ((x \vee (x \wedge y)) \wedge y)$. A terceira ocorrência de x e de y é decorativa.

O sistema de equação de TRUTH-VALUES gera uma relação de congruência muito pobre. Para tornar o processo de prova de teoremas mais elucidativo, é usado o sistema de equações mostrado a seguir.

A figura 12.4 mostra um exemplo de um sistema de equações:

not true	= false	(1)	
not false	= true	(2)	
$t \wedge \text{true}$	= t	(3)	
$t \wedge \text{false}$	= false	(4)	
$u \wedge t$	= $t \wedge u$	(5)	
$t \vee \text{true}$	= true	(6)	
$t \vee \text{false}$	= t	(7)	
$u \vee t$	= $t \vee u$	(8)	
$t \vee t$	= t	(322)	simplificação da disjunção
$t \wedge t$	= t	(323)	simplificação da conjunção
not $t \vee t$	= true	(324)	exclusão central
not $t \wedge t$	= false	(325)	contradição
$(t \vee u) \wedge (t \vee v)$	= $t \vee (u \wedge v)$	(326)	distribuição da disjunção
$(t \wedge u) \vee (t \wedge v)$	= $t \wedge (u \vee v)$	(327)	distribuição da conjunção
$(t \wedge u) \wedge v$	= $t \wedge (u \wedge v)$	(328)	associatividade

figura 12.4 Sistema de equações de TRUTH-VALUES expandido.

▊ exercícios resolvidos 12.1[4]

1. Provar not not $x \equiv$ not not $x \wedge x$
   Solução 1:

not not x	$\equiv$ not not $x \wedge$ true	pela (3) (rhs)[5]
	$\equiv$ not not $x \wedge$ (not $x \vee x$)	pela (324) (rhs)
	$\equiv$ (not not $x \wedge$ not x) $\vee$ (not not $x \wedge x$)	pela (327) (rhs)
	$\equiv$ false $\vee$ (not not $x \wedge x$)	pela (325)
	$\equiv$ (not not $x \wedge x$) $\vee$ false	pela (8)
	$\equiv$ not not $x \wedge x$	pela (7)

   A decisão de introduzir a variável decorativa x quando da aplicação da equação (324) não é trivial. A aplicação da equação somente pode ser entendida quando da aplicação da equação (325). O provador, ao aplicar a (324), já está "pensando" alguns passos adiante e se preparando para aplicar a equação (325). Isso mostra que o processo de prova não é sequencial; o provador, ao aplicar uma equação, já "pensa" alguns "passos" adiante.

   Solução 2:

   not not x
   $\equiv$ not not $x \wedge$ true   pela (3) (rhs)[6]
   $\equiv$ not not $x \wedge$ (not $y \vee y$)   pela (324) (rhs)
   $\equiv$ (not not $x \wedge$ not y) $\vee$ (not not $x \wedge y$)   pela (327) (rhs)
   $\equiv$ false $\vee$ (not not $x \wedge x$)   pela (325) e S = $x\backslash y$
   $\equiv$ (not not $x \wedge x$) $\vee$ false   pela (8)
   $\equiv$ not not $x \wedge x$ pela (9)

   Observe que, nesta solução, na aplicação da equação (324), a variável decorativa y foi introduzida cegamente. A necessidade de renomeação dessa variável por x somente foi sentida mais adiante.

2. Provar not not $x \wedge x \equiv x$

not not $x \wedge x$	$\equiv$	(not not $x \wedge x$) $\vee$ false	pela (7) (rhs)
	$\equiv$	false $\vee$ (not not $x \wedge x$)	pela (8) (rhs)
	$\equiv$	(not $x \wedge x$) $\vee$ (not not $x \wedge x$)	pela (325) (rhs)
	$\equiv$	($x \wedge$ not x) $\vee$ (not not $x \wedge x$)	pela (5) (rhs)
	$\equiv$	($x \wedge$ not x) $\vee$ ($x \wedge$ not not x)	pela (5) (rhs)
	$\equiv$	$x \wedge$ (not $x \vee$ not not x)	pela (327)
	$\equiv$	$x \wedge$ (not not $x \vee$ not x)	pela (8)
	$\equiv$	$x \wedge$ true	pela (324)
	$\equiv$	x	pela (3)

---

[4] Estes exercícios não apresentam as diversas tentativas feitas e fracassadas.
[5] Indica que a unificação é do lado direito da equação.
[6] Como visto no capítulo 5, pode ser um sorte ou uma espécie.

3. Provar $\text{not not } x \equiv x$

$\text{not not } x$	
$\equiv \text{not not } x \wedge \text{true}$	pela (3) (rhs)[7]
$\equiv \text{not not } x \wedge (\text{not } x \vee x)$	pela (324) (rhs)
$\equiv (\text{not not } x \wedge \text{not } x) \vee (\text{not not } x \wedge x)$	pela (327) (rhs)
$\equiv \text{false} \vee (\text{not not } x \wedge x)$	pela (8)
$\equiv (\text{not } x \wedge x) \vee (\text{not not } x \wedge x)$	pela (325) (rhs)
$\equiv (x \wedge \text{not } x) \vee (\text{not not } x \wedge x)$	pela (5) (rhs)
$\equiv (x \wedge \text{not } x) \vee (x \wedge \text{not not } x)$	pela (5) (rhs)
$\equiv x \wedge (\text{not } x \vee \text{not not } x)$	pela (327)
$\equiv x \wedge (\text{not not } x \vee \text{not } x)$	pela (8)
$\equiv x \wedge \text{true}$	pela (324)
$\equiv x$	pela (3)

Observe que, nesta prova, combinam-se as provas (1) e (2).

4. Provar $\text{not not } x \wedge x \equiv \text{not not } x$

$\text{not not } x \wedge x \equiv (\text{not not } x \wedge x) \vee \text{false}$	pela (7)
$\equiv \text{false} \vee (\text{not not } x \wedge x)$	pela (8)
$\equiv (\text{not not } y \wedge \text{not } y) \vee (\text{not not } x \wedge x)$	pela (325) e Substituição $\text{not } y \backslash t$,
$\equiv \text{not not } x \wedge (\text{not } x \vee x)$	pela (327) e $s = x\backslash y, x\backslash v,$ $\text{not not } x\backslash t, \text{not } x\backslash u$
$\equiv \text{not not } x \wedge \text{true}$	pela (324)
$\equiv \text{not not } x$	pela (3)

5. Provar $x \vee (x \wedge y) \equiv x$.
Solução 1:

$x \vee (x \wedge y)$	
$\equiv (x \vee (x \wedge y)) \wedge \text{true}$	pela (3) (rhs)
$\equiv (x \vee (x \wedge y)) \wedge (\text{not } y \vee y)$	pela (324) (rhs)
$\equiv ((x \vee (x \wedge y)) \wedge \text{not } y) \vee ((x \vee (x \wedge y)) \wedge y)$	pela (327) (rhs) linha 4
$\equiv ((\text{not } y \wedge (x \vee (x \wedge y))) \vee ((x \vee (x \wedge y)) \wedge y)$	pela (5)
$\equiv ((\text{not } y \wedge x) \vee (\text{not } y \wedge (x \wedge y))) \vee ((x \vee (x \wedge y)) \wedge y)$	pela (327) (rhs)
$\equiv ((\text{not } y \wedge x) \vee (\text{not } y \wedge (y \wedge x))) \vee ((x \vee (x \wedge y)) \wedge y)$	pela (5) (rhs)
$\equiv ((\text{not } y \wedge x) \vee ((\text{not } y \wedge y) \wedge x)) \vee ((x \vee (x \wedge y)) \wedge y)$	pela (328) (rhs)
$\equiv ((\text{not } y \wedge x) \vee (\text{false} \wedge x)) \vee ((x \vee (x \wedge y)) \wedge y)$	pela (325)
$\equiv ((\text{not } y \wedge x) \vee (x \wedge \text{false})) \vee ((x \vee (x \wedge y)) \wedge y)$	pela (5) (rhs)
$\equiv ((\text{not } y \wedge x) \vee \text{false})) \vee ((x \vee (x \wedge y)) \wedge y)$	pela (4)
$\equiv (\text{not } y \wedge x) \vee ((x \vee (x \wedge y)) \wedge y)$	pela (7)
$\equiv (x \wedge \text{not } y) \vee ((x \vee (x \wedge y)) \wedge y)$	pela (5) linha 13
$\equiv (x \wedge \text{not } y) \vee (y \wedge (x \vee (x \wedge y)))$	pela (5)
$\equiv (x \wedge \text{not } y) \vee ((y \wedge x) \vee (y \wedge (x \wedge y)))$	pela (327) (rhs)
$\equiv (x \wedge \text{not } y) \vee ((y \wedge x) \vee (y \wedge (y \wedge x)))$	pela (5) (rhs)
$\equiv (x \wedge \text{not } y) \vee ((y \wedge x) \vee ((y \wedge y) \wedge x))$	pela (328) (rhs)

---

[7] Indica que a unificação é do lado direito da equação.

$\equiv (x \wedge \text{not } y) \vee ((y \wedge x) \vee (y \wedge x))$	pela (323)
$\equiv (x \wedge \text{not } y) \vee (y \wedge x)$	pela (322)
$\equiv (x \wedge \text{not } y) \vee (x \wedge y)$	pela (5) linha 20
$\equiv x \wedge (\text{not } y \vee y)$	pela (327)
$\equiv x \wedge \text{true}$	pela (324)
$\equiv x$	pela (3)

A decisão de introduzir a variável decorativa y, quando da primeira aplicação da equação (324), não é trivial. A aplicação somente pode ser entendida quando da aplicação das equações (325) e (323). Essas aplicações acontecem muitos passos depois da aplicação da equação (324). Esta complicação pode ser observada, forçando o provador a usar a variável z, por exemplo (ao invés de y).

Nessa prova, na linha 4, o subtermo $((x \vee (x \wedge y)) \wedge \text{not } y)$ começa a ser reescrito e termina no termo indicado na linha 13, $(x \wedge \text{not } y)$; enquanto o termo $((x \vee (x \wedge y)) \wedge y)$ permanece inalterado. Na linha 13, o subtermo $((x \vee (x \wedge y)) \wedge y)$, começa a ser reescrito e termina na linha 20, $(x \wedge y)$; enquanto o termo $(x \wedge \text{not } y)$ permanece inalterado.

Solução 2:

$x \vee (x \wedge y)$

$\equiv (x \vee (x \wedge y)) \wedge \text{true}$	pela (3) (*rhs*)
$\equiv (x \vee (x \wedge y)) \wedge (\text{not } y \vee y)$	pela (324) (*rhs*)
$\equiv ((x \vee (x \wedge y)) \wedge \text{not } y) \vee ((x \vee (x \wedge y)) \wedge y)$	pela (327) (*rhs*)
$\equiv ((\text{not } y \wedge (x \vee (x \wedge y))) \vee ((x \vee (x \wedge y)) \wedge y)$	pela (5) (*lhs*)
$\equiv ((\text{not } y \wedge x) \vee (\text{not } y \wedge (x \wedge y))) \vee ((x \vee (x \wedge y)) \wedge y)$	pela (327) (*rhs*)
$\equiv ((\text{not } y \wedge x) \vee (\text{not } y \wedge (y \wedge x))) \vee ((x \vee (x \wedge y)) \wedge y)$	pela (5) (*rhs*)
$\equiv ((\text{not } y \wedge x) \vee ((\text{not } y \wedge y) \wedge x)) \vee ((x \vee (x \wedge y)) \wedge y)$	pela (328) (*rhs*)
$\equiv ((\text{not } y \wedge x) \vee ((\text{not } y \wedge y) \wedge x)) \vee (y \wedge (x \vee (x \wedge y)))$	pela (5) (*rhs*)
$\equiv ((\text{not } y \wedge x) \vee ((\text{not } y \wedge y) \wedge x)) \vee ((y \wedge x) \vee (y \wedge (x \wedge y)))$	pela (327) (*rhs*)
$\equiv ((\text{not } y \wedge x) \vee ((\text{not } y \wedge y) \wedge x)) \vee ((y \wedge x) \vee (y \wedge (y \wedge x)))$	pela (5)
$\equiv ((\text{not } y \wedge x) \vee ((\text{not } y \wedge y) \wedge x)) \vee ((y \wedge x) \vee ((y \wedge y) \wedge x))$	pela (328) (*rhs*)
$\equiv ((\text{not } y \wedge x) \vee (\text{false} \wedge x)) \vee ((y \wedge x) \vee ((y \wedge y) \wedge x))$	pela (325)
$\equiv ((\text{not } y \wedge x) \vee (x \wedge \text{false})) \vee ((y \wedge x) \vee ((y \wedge y) \wedge x))$	pela (5) (*rhs*)
$\equiv ((\text{not } y \wedge x) \vee \text{false})) \vee ((y \wedge x) \vee ((y \wedge y) \wedge x))$	pela (4)
$\equiv (\text{not } y \wedge x) \vee ((y \wedge x) \vee ((y \wedge y) \wedge x))$	pela (7)
$\equiv (\text{not } y \wedge x) \vee ((y \wedge x) \vee (y \wedge x))$	pela (323)
$\equiv (\text{not } y \wedge x) \vee (y \wedge x)$	pela (322)
$\equiv (\text{not } y \wedge x) \vee (x \wedge y)$	pela (5)
$\equiv (x \wedge \text{not } y) \vee (x \wedge y)$	pela (5)
$\equiv x \wedge (\text{not } y \vee y)$	pela (327)
$\equiv x \wedge \text{true}$	pela (324)
$\equiv x$	pela (3)

Esta prova usa uma sequência de equações diferente da usada na solução 1.

■ exercícios propostos 12.1

1. Encontrar uma sequência de equações (se existir) que, aplicada na troca de iguais por iguais, podendo ser usados tanto o *lhs* como o *rhs* na unificação, mostre que os termos a seguir são equivalentes, segundo o sistema de equações expandido de TRUTH-VALUES:
   a) `not not t ≡ t`
   b) `not t ∧ t ≡ false`
   c) `t ∧ t ≡ t`
2. Construir o grafo de alcançabilidade do sistema de equações da figura 12.4.
3. Encontrar uma sequência de equações (se existir) que, aplicada na troca de iguais por iguais, segundo o sistema de equações da figura 12.4, prova os teoremas:
   a) `not not t ≡ t`
   b) `not t ∧ t ≡ false`
   c) `not t ∨ t ≡ true`
   d) `t ∨ t ≡ t`
   e) `t ∧ t ≡ t`
   f) `not (t1 ∧ t2) ≡ not t1 ∨ not t2`
   g) `not (t1 ∨ t2) ≡ not t1 ∧ not t2`
   h) `t1 ∨ (t1 ∧ t2) ≡ t1`
   i) `t1 ∧ (t1 ∨ t2) ≡ t1`
4. Provar as equivalências usando o sistema de equações da figura 12.4:
   a) `(((not false) ∨ true) => (true ∧ false)) ∧ false ≡ false`
   b) `(((not true) => (not false)) ∧ true) ∨ true ≡ not false`
   c) `((true ∧ true) ∨ false) ∧ (false => (not false)) ≡ true`
   d) `(false ∧ true) ∨ (((not true) => false) ∨ (not false)) ≡ false ∨ (true ∨ true)`
   e) `((t ∧ true) ∨ not false) => (t ∧ false) ≡ false ∨ (t ∧ false)`
   f) `(b ∧ c ∧ d) => (d => b) ≡ true`
5. Cada termo da lista a seguir é equivalente a `false`, `true`, `x`, `y`, `x ∧ y` ou `x ∨ y`. Provar essas equivalências usando o sistema de equações da figura 12.4:
   a) `x ∨ (y ∨ x) ∨ not y`
   b) `(x ∨ y) ∧ (x ∨ not y)`
   c) `x ∨ y ∨ not x`
   d) `not y => y`
   e) `not y => not y`
   f) `not x => (not x => (not x => (not x ∧ y)))`
   g) `(x ∨ y) ∧ (x ∨ not y) ∧ (not x ∨ y) ∧ (not x ∨ not y)`
   h) `(x ∧ y) ∨ (x ∧ not y) ∨ (not x ∧ y) ∨ (not x ∧ not y)`
   i) `not x => (x ∧ y)`
   j) `true => (not x => x)`
   k) `x => (y => (y => (x ∧ y)))`
   l) `(not x ∧ y) ∨ x`

6. Admitindo que a operação de implicação => do tipo TRUTH-VALUES é definida por:
   false => t = true
   true => t = t
   provar que esta definição é equivalente a
   t => u = (not t) ∨ u[8]

   Nas secções seguintes, é mostrada, de forma geral, a construção de um provador de teoremas. O provador, em tempo finito, determina se um par de termos ⟨t, t'⟩ está, ou não, na relação de equivalência (≡).

12.3 ⋯→ prova de teoremas

As secções anteriores mostraram a complexidade da prova de teoremas. Não há garantias de que um teorema possa ser provado. Dado o teorema t1 ≡ t2, o provador de teoremas não garante parar apresentando os resultados: t1 é equivalente a t2 ou t1 não é equivalente a t2. Um novo provador deve ser encontrado garantindo a parada.

Nas secções seguintes, são mostradas as mudanças que uma especificação algébrica deve sofrer para que teoremas possam ser provados. Diferentemente do provador apresentado no capítulo anterior, Dick (1991) e Knuth e Bendix (1970) propuseram um provador que garante a prova em tempo finito. Mas, antes da apresentação do provador, conceitos como complexidade de termos, relação de redução e termo *crítico* devem ser apresentados.

12.4 ⋯→ complexidade de termos: relação de ordenação

Os termos em T_s podem ser ordenados segundo um critério de complexidade. Cada termo recebe um valor de complexidade. Assim, diz-se que t é mais complexo que t', se a complexidade de t é maior que a complexidade de t'. Um dos critérios apresentados na literatura define a complexidade de um termo t pelo seu comprimento, ou seja, pela aridade do operador, rótulo da raiz da árvore de t. Por exemplo, o termo x ∧ true tem comprimento 2. O termo true tem comprimento 0. Assim, o termo x ∧ true é mais complexo que o termo true.

Sejam t = op(t1, ..., tm) e t' = op' (t1', ..., tn') termos. As situações singulares são: t e t' são constantes (c) ou variáveis (v). As alternativas são <c1, c2>, <c, v>, <v, c>, <v1, v2>. Em qualquer desses casos, ambos os termos são igualmente complexos. Nos casos gerais, t ou t' não são constantes nem variáveis. Se t e t' são igualmente complexos, o desempate leva em conta a estrutura dos termos. Verifica-se a complexidade de t1 e t1'; se iguais, tenta-se o desempate por t2 e t2' e assim por diante. Se todos os termos ti e ti' são igualmente complexos, então t e t' são igualmente complexos.

$>_r$ é a **relação de ordenação** sobre o conjunto de termos T_s. $t >_r t'$, se t é mais complexo que t'. O algoritmo complex (t, t'), mostrado a seguir, retorna true, se t é mais complexo

---
[8] Mostre que esta equação torna as outras duas redundantes.

que t', ou seja, $t >_r t'$ **if** complex (t,t'). Considerando a operação arid para comprimento de um termo, segue o algoritmo:

Seja:

$t = op(t1, \ldots, ti, \ldots, tm), m \geq 0$
$t' = op'(t1', \ldots, ti', \ldots, tn'), n \geq 0$

      arid : $T_s \rightarrow$ Natural
      arid $(t) = 0$,   se **t** é uma variável
      arid $(op(t1, \ldots, ti, \ldots, tm)) = m,$ para $m \geq 0$

complex $(\_,\_) : T_s \, T_s \rightarrow$ Truth-Value

complex$(t, t') =$
    case arid (t)
        > 0 **case** arid(t)
            > arid (t') → true
            < arid (t') → false
            = arid (t') →   **case** complex$(ti,ti'), i = 1..$arid(t)
                              true → **if** $i =$ arid(ti)
                                    then true
                                    else continue
                            false→ **if** $i =$ arid(ti)
                                    then false
                                    else if arid$(ti') = 0$
                                            then continue
                                          else false
                            end
            end
        = 0 → false
end

Considerando o algoritmo, complex (true, true) = false, ou seja, true não é mais complexo que true;[9] complex (x, x) = false, ou seja, x não é mais complexo que x; complex $(x,$ false$)$ = false, ou seja, x não é mais complexo que false; complex$(t \wedge v, v \wedge t)$ = false, ou seja, $t \wedge v$ não é mais complexo que $v \wedge t$; e, simetricamente, complex $(v \wedge t, t \wedge v)$ = false, ou seja $v \wedge t$ não é mais complexo que $t \wedge v$. Uma relação de ordenação $>_r$ assim definida é dita **bem fundamentada**.

Nas equações da figura 12.4, propositadamente, os termos do *lhs* são mais complexos que os do *rhs*. Assim, os exercícios resolvidos de 1 a 5, acima, mostram que, enquanto a unificação é realizada com o *lhs*, a complexidade diminui e, enquanto realizada com o *rhs*, a complexidade aumenta.

---

[9] A relação não é reflexiva.

12.5 ⇢ relação de redução

O sistema de equações sofre a seguinte transformação: (a) para cada equação $t1 = t2$, por convenção, o termo mais complexo é colocado no lado esquerdo e (b) a unificação é realizada com o lado esquerdo. As equações podem ser vistas agora como **regras de simplificação** ou como **regras de redução** pois, quando aplicadas[10] a um subtermo de t, a complexidade do termo reescrito t' é menor que a de t. As regras são escritas da seguinte maneira: $t \rightarrow t'$, significando que $t = t'$ e $t >_r t'$. O processo de aplicar regras de redução a um termo t e, repetidamente, sobre os termos reescritos é conhecido como **redução**[11] ou **normalização**. Se nenhuma regra pode ser aplicada a um termo t, diz-se que t está na **forma normal**.

Formalmente, um sistema de regras de redução R define uma relação R_s sobre o conjunto de termos T_s, onde $t\, R_s\, t'$ sss $t \rightarrow t' \in R$. O fecho de instanciação e de troca de termos de R_s é a **relação de redução**, denotada por $\rightarrow$. O fecho transitivo e reflexivo da relação de redução $\rightarrow$ é denotado por $\rightarrow^*$.

Se $t \rightarrow t'$ é uma regra, então $t >_r t'$, onde $>_r$ é uma relação de ordenamento bem fundamentada. Entretanto, isso não garante que a relação de redução $\rightarrow$ seja bem fundamentada, ou seja, não garante que $t[s] >_r t'[s]$ e, também, não garante que $p >_r q$, se q for uma reescrita de p. Se a relação de redução $\rightarrow$ é fechada para instanciação e troca de termos, então a relação de ordenamento $>_r$ também deve ser.

Uma relação de ordenação $>_r$ bem fundamentada é **estável** (com respeito à estrutura do termo) se $t >_r t'$, então $t[s] >_r t'[s]$ para todo s. Uma relação de ordenação $>_r$ bem fundamentada é **monotônica** se $t >_r t'$, então $p >_r q$, onde t é um subtermo de p, e q é o termo p, onde o subtermo t é trocado por t', como mostra a figura 12.5.

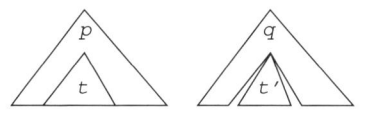

figura 12.5 Monotonicidade da relação de ordenação.

Logo, é fundamental provar que uma relação de ordenação, bem fundamentada, é estável e monotônica. A literatura é rica em relações de ordenamentos. Uma boa revisão pode ser encontrada em Termination of rewriting, de Dershovitz (1987).

Qualquer sistema de regras de redução, R, onde cada regra $t1 \rightarrow t2 \in R$ satisfaz $t1 >_r t2$ para alguma relação de ordenação $>_r$ bem fundamentada, estável e monotônica sobre T_s, define uma **relação de redução bem fundamentada**. Logo,

---

[10] Claramente a unificação deve ser feita com lado esquerdo; caso contrário, o termo **reduzido** não tem uma complexidade menor que **t**.
[11] A reescrita é chamada de redução porque o termo reescrito é mais simples, menos complexo.

Se $t1 \rightarrow t2$ é uma regra, então $t1[s] >_r t2[s]$ para todo s, pois $>_r$ é estável; e

Se $t \rightarrow t'$ é uma reescrita, então $t >_r t'$, pois $>_r$ é monotônica.

Um sistema de regras de redução bem fundamentado é dito **Noetheriano**.

Tratar equações como regras de redução reduz enormemente as possibilidades de aplicação de regras. Com um sistema de regras de redução bem fundamentado, o grafo de pesquisa é finito; o processo para, uma vez que não há mais sequências infinitas de reescrita $t \rightarrow t' \rightarrow t'' \rightarrow \ldots$ De uma reescrita para outra, a sequência de termos fica cada vez menos complexa, ou seja, há uma redução de complexidade.

Devido à natureza do ordenamento de reduções, todas as variáveis que ocorrem no lado direito de uma regra de redução devem ocorrer no lado esquerdo. Caso contrário, não é possível construir um ordenamento de redução estável, pois a variável decorativa introduzida na reescrita pode ser instanciada por um termo de tal complexidade, tornando o ordenamento instável. Esta restrição tem uma vantagem. As variáveis do domínio de uma substituição s são as variáveis que ocorrem em *lhs*. Assim, não há necessidade do processo de unificação, somente de casamento, um processo muito mais eficiente.

O sistema de regras de redução apresentando na figura 12.6 é Noetheriano, a menos das regras (333) e (336).

not true	-> false	(329)	
not false	-> true	(330)	
$t \wedge$ true	-> t	(331)	
$t \wedge$ false	-> false	(332)	
$u \wedge t$	-> $t \wedge u$	(333)	
$t \vee$ true	-> true	(334)	
$t \vee$ false	-> t	(335)	
$u \vee t$	-> $t \vee u$	(336)	
$t \vee t$	-> t	(337)	simplificação da disjunção
$t \wedge t$	-> t	(338)	simplificação da conjunção
not $t \vee t$	-> true	(339)	exclusão central
not $t \wedge t$	-> false	(340)	contradição
$(t \vee u) \wedge (t \vee v)$	-> $t \vee (u \wedge v)$	(341)	distribuição da disjunção
$(t \wedge u) \vee (t \wedge v)$	-> $t \wedge (u \vee v)$	(342)	distribuição da conjunção
$(t \wedge u) \wedge v$	-> $t \wedge (u \wedge v)$	(343)	associatividade

figura 12.6 Sistema de regras de redução.

Como o casamento é realizado somente com o lado esquerdo das regras, a relação ->* está contida na relação de equivalência ≡, ou seja, ->* ⊆ ≡. Note que a relação ->* é assimétrica. Se t ->* t', então t' -↛* t (o par $\langle t', t \rangle$ não está na relação ->*).

É claro que, se t' é uma reescrita de t, t -> t', então $t \equiv t'$. Da mesma forma, se v ->* u, então $v \equiv u$ e $u \equiv v$. Por hipótese, $t1$ -↛* $t2$ e $t2$ -↛* $t1$; logo, se $t1$ ->* t e $t2$ ->* t, então, por simetria e transitividade, $t1 \equiv t2$ e $t2 \equiv t1$.

Esse novo modelo tem consequências. **Nenhum dos teoremas provados acima pode mais ser provado**, pois todos implicam no uso do lado direito das equações na unificação.

12.6 ⋯> termos críticos e prova de reescrita

Na figura 12.7, as setas (->*) representam o fecho transitivo e reflexivo da relação de redução. **A figura 12.7 tem a forma de cima para baixo porque $t1$ e $t2$ são termos de maior complexidade que t.** $t1$ e $t2$ são reduzidos à mesma forma normal t. t tem complexidade menor que $t1$ e $t2$. Para que a complexidade reduza gradativamente até t, o casamento é sempre com o lado esquerdo. Quando dois termos quaisquer, $t1$ e $t2$, são reduzidos a uma mesma forma normal t, $t1 \equiv t2$,[12] a prova é chamada de **prova de reescrita**.

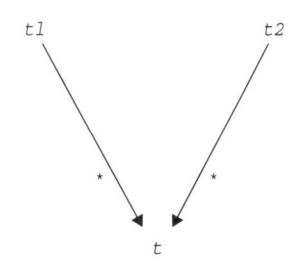

figura 12.7 Prova de reescrita.

Considerando a equação $t1 = t2$ e a regra $t2$ -> $t1$, deve-se observar que, se $t \, R_g^{\, t} \, t'$, unificando com o *lhs* da equação, então $t' \, R_g^{\, t} \, t$, unificando com o *rhs* da equação. Em $t \, R_g^{\, t} \, t'$, t' é mais complexo que t. Logo, $t' \xrightarrow{t2} t$. Em $t' \, R_g^{\, t} \, t$, $t2$, da equação $t1 = t2$, e t' são unificados e em $t' \xrightarrow{t2} t$; $t2$, da regra $t2$ -> $t1$, e t' são casados.

---

[12] $t1 \equiv t$ e $t2 \equiv t$. Logo, por simetria e transitividade, $t1 \equiv t2$.

exemplo:

Provar o teorema usando o sistema de equações da figura 12.4:

$$((\text{not } y \wedge x) \vee (\text{false} \wedge x)) \vee ((x \vee (x \wedge y)) \wedge y)$$
$$\equiv (\text{not } y \wedge x) \vee ((y \wedge x) \vee ((y \wedge y) \wedge x))$$

$((\text{not } y \wedge x) \vee (\text{false} \wedge x)) \vee ((x \vee (x \wedge y)) \wedge y)$		
$\equiv$	$((\text{not } y \wedge x) \vee (x \wedge \text{false})) \vee ((x \vee (x \wedge y)) \wedge y)$	pela (5)
$\equiv$	$((\text{not } y \wedge x) \vee \text{false})) \vee ((x \vee (x \wedge y)) \wedge y)$	pela (4)
$\equiv$	$(\text{not } y \wedge x) \vee ((x \vee (x \wedge y)) \wedge y)$	pela (7)
$\equiv$	$(\text{not } y \wedge x) \vee (y \wedge (x \vee (x \wedge y)))$	pela (5)
$\equiv$	$(\text{not } y \wedge x) \vee ((y \wedge x) \vee (y \wedge (x \wedge y)))$	pela (327) (*rhs*)
$\equiv$	$(\text{not } y \wedge x) \vee ((y \wedge x) \vee (y \wedge (y \wedge x)))$	pela (5) (*rhs*)
$\equiv$	$(\text{not } y \wedge x) \vee ((y \wedge x) \vee ((y \wedge y) \wedge x))$	pela (328) (*rhs*)

Comparar essa prova com a seguinte:

$$((\text{not } y \wedge x) \vee (\text{false} \wedge x)) \vee ((x \vee (x \wedge y)) \wedge y)$$
$$\equiv (\text{not } y \wedge x) \vee ((y \wedge x) \vee ((y \wedge y) \wedge x))$$

Lado esquerdo:

$((\text{not } y \wedge x) \vee (\text{false} \wedge x)) \vee ((x \vee (x \wedge y)) \wedge y)$		
$=$	$((\text{not } y \wedge x) \vee (x \wedge \text{false})) \vee ((x \vee (x \wedge y)) \wedge y)$	pela (5)
$\equiv$	$((\text{not } y \wedge x) \vee \text{false})) \vee ((x \vee (x \wedge y)) \wedge y)$	pela (4)
$\equiv$	$(\text{not } y \wedge x) \vee ((x \vee (x \wedge y)) \wedge y)$	pela (7)
$\equiv$	$(\text{not } y \wedge x) \vee (y \wedge (x \vee (x \wedge y)))$	pela (5)

Observe que as primeiras cinco linhas dessa prova, lidas de cima para baixo, correspondem às primeiras cinco linhas da prova anterior.

Lado direito:

$(\text{not } y \wedge x) \vee ((y \wedge x) \vee ((y \wedge y) \wedge x))$		
$\equiv$	$(\text{not } y \wedge x) \vee ((y \wedge x) \vee (y \wedge (y \wedge x)))$	pela (328)
$\equiv$	$(\text{not } y \wedge x) \vee ((y \wedge x) \vee (y \wedge (x \wedge y)))$	pela (5)
$\equiv$	$(\text{not } y \wedge x) \vee (y \wedge (x \vee (x \wedge y)))$	pela (327)

Observe, também, que as quatro últimas linhas dessa prova, lidas de baixo para cima, correspondem às quatro últimas linhas da prova anterior.

Considerando o comprimento dos termos, quando a unificação é do lado esquerdo, o termo diminui de tamanho e, quando do direito, aumenta. Abaixo, na figura 12.8, é mostrada a prova do teorema de outra forma. Os termos são rearranjados, mostrando as mudanças na complexidade: na figura 12.8, termos mais complexos são posicionados mais acima.

Capítulo 12 ⇢ Prova de Teoremas

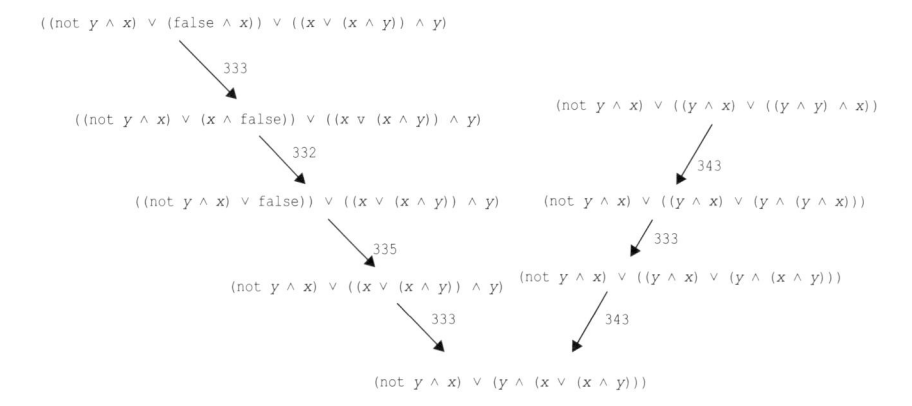

```
((not y ∧ x) ∨ (false ∧ x)) ∨ ((x ∨ (x ∧ y)) ∧ y)
                    │
                    │ 333
                    ▼
((not y ∧ x) ∨ (x ∧ false)) ∨ ((x ∨ (x ∧ y)) ∧ y)        (not y ∧ x) ∨ ((y ∧ x) ∨ ((y ∧ y) ∧ x))
                    │                                                        │
                    │ 332                                                    │ 343
                    ▼                                                        ▼
((not y ∧ x) ∨ false)) ∨ ((x ∨ (x ∧ y)) ∧ y)             (not y ∧ x) ∨ ((y ∧ x) ∨ (y ∧ (y ∧ x)))
                    │                                                        │
                    │ 335                                                    │ 333
                    ▼                                                        ▼
         (not y ∧ x) ∨ ((x ∨ (x ∧ y)) ∧ y)                (not y ∧ x) ∨ ((y ∧ x) ∨ (y ∧ (x ∧ y)))
                    │                                                        │
                    │ 333                                                    │ 343
                    ▼                                                        ▼
                    (not y ∧ x) ∨ (y ∧ (x ∨ (x ∧ y)))
```

figura 12.8 Prova de reescrita.

O termo (not y ∧ x) ∨ (y ∧ (x ∨ (x ∧ y))) está na forma normal. Usando o sistema de equações, ((not y ∧ x) ∨ (false ∧ x)) ∨ ((x ∨ (x ∧ y)) ∧ y) ≡ (not y ∧ x) ∨ ((y ∧ x) ∨ ((y ∧ y) ∧ x)).

O exemplo da figura 12.9, a seguir, mostra a prova (not α ∨ α) ∨ α ≡ α ∨ (not β ∨ β).

```
     (not α ∨ α) ∨ α                      α ∨ (not β ∨ β)
            │                                     │
            │ 339                                 │
            ▼                                     │ 339
        true ∨ α                                  │
            │                                     ▼
            │ 336                              α ∨ true
            ▼                                     │
         α ∨ true                                 │
            │                                     │
            │ 334                                 │ 334
            ▼                                     ▼
                         true
```

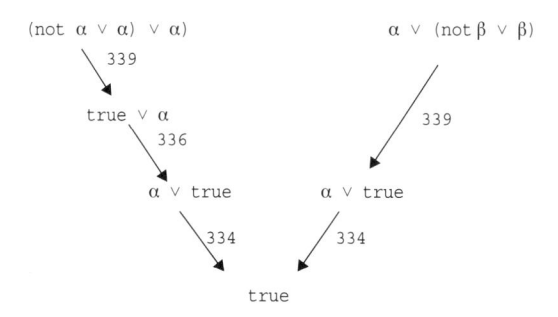

figura 12.9 Prova de reescrita do teorema (not α ∨ α) ∨ α ≡ α ∨ (not β ∨ β).

Na figura 12.10, $t1 \rightarrow^* t3$, $t2 \rightarrow^* t4$, $t5 \rightarrow^* t3$ e $t5 \rightarrow^* t4$, embora o par $t3 \not\rightarrow t4$, por simetria e transitividade, $t3 \equiv t4$ e $t1 \equiv t2$.

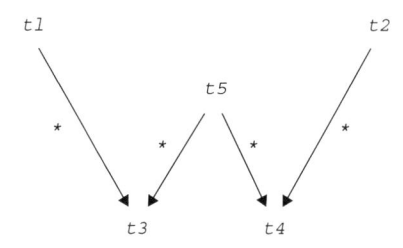

```
    t1                          t2
     \                         /
      \        t5             /
       \      /  \           /
       *\   */    \*       /*
         \  /      \      /
          ▼▼        ▼▼
          t3         t4
```

figura 12.10 Prova de reescrita do teorema $t1 \equiv t2$.

A prova do teorema `t1 ≡ t2`, onde `t1` e `t2` **são formas normais**, tendo pelo menos um pico `t`, onde `t` é o termo de maior complexidade, como mostra a figura 12.11, **não é uma prova de reescrita**. O termo `t`, de maior complexidade, é chamado de **termo crítico**. Esse termo pode ser reescrito de duas formas diferentes. Assim, para provar o teorema `t1 ≡ t2`, `t` deve ser encontrado.

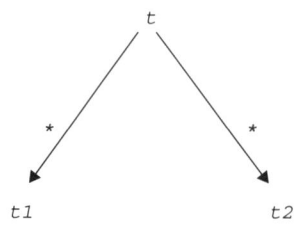

```
              t
           ∗ / \ ∗
            ↓   ↓
           t1    t2
```

figura 12.11   Termo crítico.

Uma prova de teorema que não tem um termo crítico, como mostram os exemplos das figuras 12.7 e 12.8, é chamada de **prova de reescrita**, porque ambos os lados do teorema reduzem a mesma forma normal, pela simples aplicação de regras de redução.

Para que um termo `t`, crítico, possa ser reescrito de duas formas diferentes, deve haver duas regras que possam ser aplicadas a `t`.[13] Formalmente, sejam `p1 -> p2` e `p1' -> p2'` regras de redução. Se `t → t'`, pela unificação de `p1` e o **termo** `t`, `t` é mais complexo que `t'`. Da mesma forma, se `t → t"`, o termo `t` é mais complexo que o termo **t"** pela unificação de `p1'` e de um **subtermo**[14] de `t`. Sobre `t` podem ser aplicadas, então, duas regras, resultando em dois termos. Conforme a figura 12.11, `t →∗ t1` e `t →∗ t2`. Por transitividade, `t1 ≡ t2`, mas `t1 ↛∗ t2` e `t2 ↛∗ t1`. Logo, em um sistema *Noetheriano*, `t1 ≡ t2` só se o termo `t` for encontrado. Mas, isso é uma limitação e tem que ser resolvida. Knuth e Bendix resolveram esse problema eliminando os termos críticos e derivando **novas regras** a partir de regras conhecidas, **complementando** o sistema de regras de redução.

Em um sistema de regras de redução, visto como um sistema de equações no processo de prova de teoremas `t1 ≡ t2`, dependendo da estratégia adotada, a unificação é, ora do lado direito da equação, ora do lado esquerdo. Quando do lado direito, a complexidade do termo reescrito aumenta, quando do lado esquerdo, diminui. Em um dado momento, duas ou mais equações podem ser aplicadas. Assim, podem existir muitos caminhos na prova do teorema.

---

[13] Unificando o *lhs* de uma das regras a `t` e o *lhs* da outra regra a um subtermo de `t`; lembrando que todo termo `t` é um subtermo de si próprio.

[14] Lembrando, novamente, que um termo é um subtermo de si próprio.

Capítulo 12 ⋯→ **Prova de Teoremas** **237**

Considerando as provas acima realizadas no sistema de equações, pode-se identificar os termos críticos.

A figura 12.12 mostra a prova do teorema not not $x \equiv$ not not $x \wedge x$, conforme solução 1. Os termos são rearranjados de forma a mostrar as mudanças na complexidade: termos mais complexos são posicionados mais acima na figura 12.12.

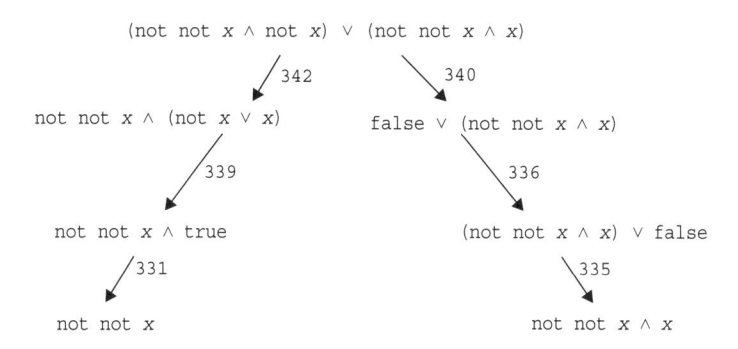

```
            (not not x ∧ not x) ∨ (not not x ∧ x)
                       /342              \340
not not x ∧ (not x ∨ x)        false ∨ (not not x ∧ x)
           /339                              \336
   not not x ∧ true              (not not x ∧ x) ∨ false
       /331                                    \335
   not not x                              not not x ∧ x
```

figura 12.12 Prova do teorema not not $x \equiv$ not not $x \wedge x$.

As setas representam a relação de redução. Sabendo que, se $t \rightarrow^* t'$, então $t \equiv t'$, logo, por simetria e transitividade, not not $x \equiv$ not not $x \wedge x$.[15]

O termo de maior complexidade, aquele que está no pico, (not not $x \wedge$ not x) ∨ (not not $x \wedge x$), é um termo crítico. Note que o lado direito da regra (342) é casado com todo o termo crítico, e o lado direito da (340) é casado com o subtermo (not not $x \wedge$ not x) do termo crítico.

A figura 12.13 mostra a prova de not not $x \wedge x \equiv x$. O termo crítico é $(x \wedge$ not $x) \vee (x \wedge$ not not $x)$, regras (333) e (342).

---

[15] Se $t1 \rightarrow^* t2$ e $t1 \rightarrow^* t3$, então $t1 \equiv t2$ e $t1 \equiv t3$. Logo, $t2 \equiv t1$ e $t2 \equiv t3$.

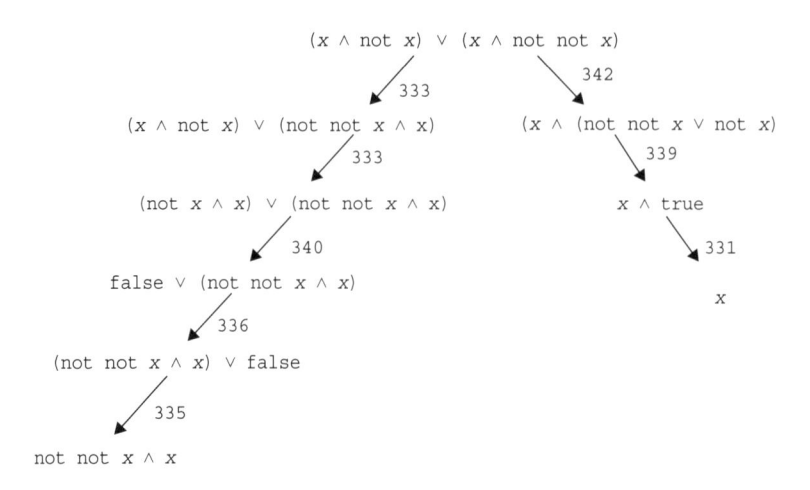

```
                    (x ∧ not x) ∨ (x ∧ not not x)
                         ↙ 333              ↘ 342
      (x ∧ not x) ∨ (not not x ∧ x)    (x ∧ (not not x ∨ not x))
                 ↙ 333                              ↓ 339
      (not x ∧ x) ∨ (not not x ∧ x)              x ∧ true
                 ↙ 340                              ↓ 331
        false ∨ (not not x ∧ x)                      x
                 ↙ 336
        (not not x ∧ x) ∨ false
                 ↙ 335
            not not x ∧ x
```

figura 12.13 Prova do teorema not not $x \land x \equiv x$.

A figura 12.14 combina as duas provas anteriores e mostra a prova not not $x \equiv x$. Os termos críticos são: (not not $x \land$ not x) ∨ (not not x not $\land x$) e ($x \land$ not x) ($x \land$ not not x), pois eles representam picos de complexidade.

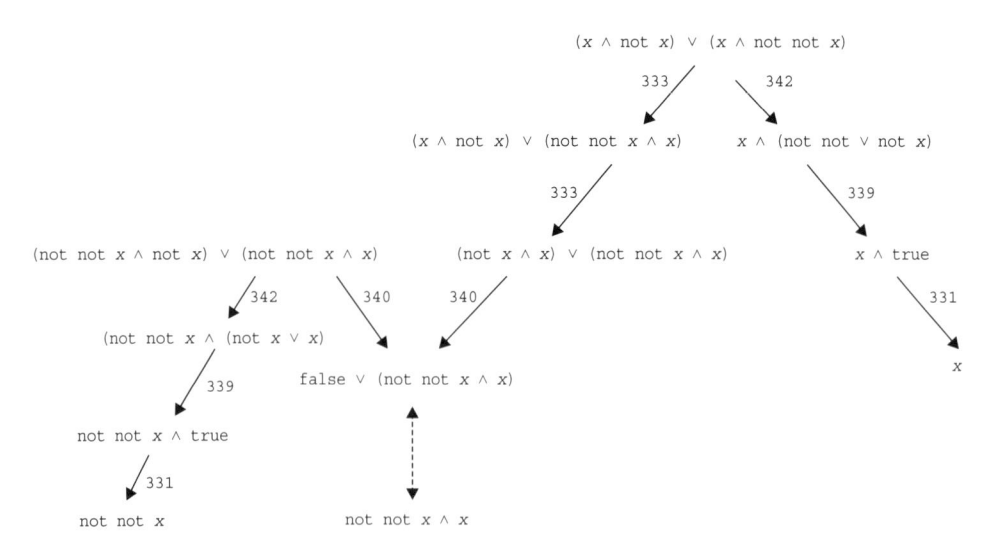

```
                                  (x ∧ not x) ∨ (x ∧ not not x)
                                       ↙ 333            ↘ 342
                          (x ∧ not x) ∨ (not not x ∧ x)    x ∧ (not not ∨ not x)
                                       ↙ 333                        ↓ 339
(not not x ∧ not x) ∨ (not not x ∧ x)     (not x ∧ x) ∨ (not not x ∧ x)    x ∧ true
              ↙ 342           ↘ 340             ↙ 340                        ↓ 331
    (not not x ∧ (not x ∨ x))           false ∨ (not not x ∧ x)               x
              ↓ 339                              ⇣
        not not x ∧ true                   not not x ∧ x
              ↓ 331
          not not x
```

figura 12.14 Prova do teorema not not $x \land x \equiv x$.

Na solução 1, ((not $y \land y) \land x$) é um termo crítico. Na Solução 2, not $y \land (y \land x) \equiv$ (not $y \land y) \land x$, mas (not $y \land y) \land x$ é reescrito vários passos adiante, resultando no termo false $\land x$.

O termo crítico $(\text{not } y \wedge y) \wedge x)$ pode ser reduzido de duas formas, como mostra a solução 1 da prova do teorema $x \vee (x \vee y) \equiv x$:

$(\text{not } y \wedge y) \wedge x)$	$\rightarrow \text{false} \wedge x$	pela (340)
	$\rightarrow x \wedge \text{false}$	pela (333)
	$\rightarrow \text{false}$	pela (332)
$(\text{not } y \wedge y) \wedge x)$	$\rightarrow \text{not } y \wedge (y \wedge x)$	pela (343)
	$\rightarrow \text{not } y \wedge (x \wedge y)$	pela (333)

Deve ser observado, por simetria e transitividade, que $\text{not } y \wedge (x \wedge y) \equiv \text{false}$. Logo, a introdução da equação $\text{not } y \wedge (x \wedge y) = \text{false}$ no sistema de equações é uma redundância, pois ela é desnecessária, uma vez que o teorema $\text{not } y \wedge (x \wedge y) \equiv \text{false}$ pode ser provado a partir das demais equações.[16] Entretanto, se introduzida no sistema de equações, as provas ficam mais simples, pois a equação cria "atalhos" na prova de teoremas.

■ exercício proposto 12.2

Considerando a introdução da equação $\text{not } y \wedge (x \wedge y) = \text{false}$ no sistema de equações, provar o teorema $x \vee (x \vee y) \equiv x$, mostrando o "atalho" criado na prova mostrada acima.

12.7 ⇢ relação de subsunção

A seguir, é mostrado como termos críticos são eliminados. Para tanto, o conceito de **relação de subsunção** é fundamental.

Se um termo t' é derivado de outro, t, pela instanciação de variáveis que ocorrem em t, diz-se que t' é uma instância de t, ou que t é mais geral que t' ou, ainda, que t subsume[17] t'. Por exemplo: $(x \vee y) \wedge \text{true}$ é uma instância de $z \wedge \text{true}$, em que a variável z foi instanciada por $(x \vee y)$. Este processo é a base para definição de uma relação chamada de relação de **subsunção** sobre o conjunto de termos T_g, simbolizada por $\geq_t$. $t' \geq_t t$ significa: t' é uma instância de t.

A relação de subsunção está fortemente relacionada com o conceito de casamento. O casamento de t e t' produz a substituição s que, aplicada a t, resulta em t'. $t' = t[s]$, ou seja, t' é uma instância de t e, portanto, $t' \geq_t t$. Inversamente, se $t' \geq_t t$, então existe uma substituição s que casa t e t'. Se $t' \geq_t t$ e $t \geq_t t'$, então t e t' diferem apenas no nome das variáveis e, assim, um termo pode ser transformado no outro por renomeação. Dessa forma, a relação de **subsunção** é, de fato, uma relação de pré-ordem, a menos da renomeação de variáveis, pois ela é somente antissimétrica. Se os pares $\langle t', t \rangle$ e $\langle t, t' \rangle$ não estão na relação

---

[16] $\text{not } y \wedge (x \wedge y) \overset{5}{\equiv} \text{not } y \wedge (y \wedge x) \overset{328}{\equiv} (\text{not } y \wedge y) \wedge x \overset{325}{\equiv} \text{false} \wedge x \overset{5}{\equiv} x \wedge \text{false} \overset{4}{\equiv} \text{false}$

[17] Subsumir significa colocar (alguma coisa) em algo maior, mais amplo, do qual aquela coisa seria parte ou componente, segundo o Dicionário Houaiss da Língua Portuguesa.

de subsunção $\geq_t$, então t e t' não são relacionáveis. A figura 12.15 mostra todas as instâncias de um termo t, o conjunto {..., t', t", t'''...}, denotado por t*.

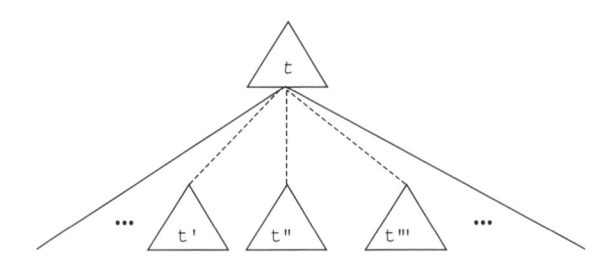

figura 12.15 Conjunto de termos ...t', t", t''',..., instâncias do termo t.

As linhas pontilhadas representam, parcialmente, a relação de subsunção $\geq_t$. Desta foma, t' $\geq_t$ t, t" $\geq_t$ t, t''' $\geq_t$ t ... .

Note que instâncias de t podem estar na relação de subsunção $\geq_t$. Por exemplo, $x \wedge \text{not } y \geq_t x \wedge y$, pela instanciação de y por not y, e $x \wedge \text{not not } y \geq_t x \wedge y$, pela instanciação de y por not not y. Logo, $x \wedge \text{not not } y \geq_t x \wedge \text{not } y$.

A figura 12.16 mostra instâncias de dois termos t1 e t2. Por hipótese, t1 e t2 não têm variáveis comuns. Existem instâncias que são somente de t1 e outras que são somente de t2, mas podem existir instâncias que são de ambos os termos que estão no conjunto t1* ∩ t2*; na figura 12.16, o conjunto {..., t', t", t''', ...}.

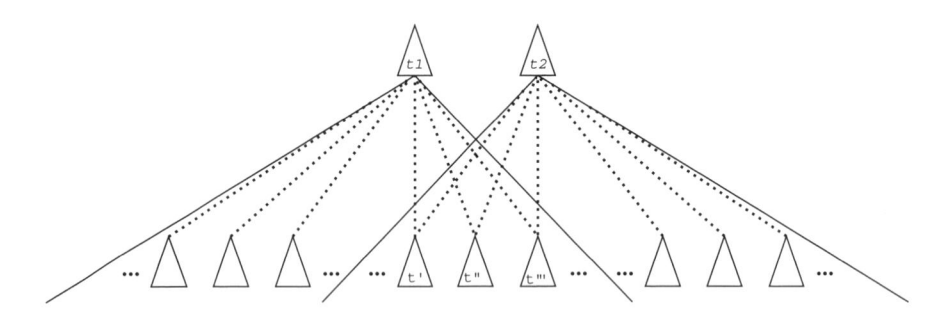

figura 12.16 Conjunto de termos ..., t', t", t''', ..., instâncias de t1 e de t2.

Sejam s' e s'' substituições, tais que $t'' = t1[s']$ e $t'' = t2[s'']$ (ver figura 12.16), e $s = s' \cup s''$. Logo, $t'' = t1[s] = t2[s]$.

A unificação de $t1$ e $t2$[18] é o processo de encontrar os elementos do conjunto $t1^* \cap t2^*$. A unificação, como visto no capítulo 2, resulta em uma substituição s tal que $t1[s]$ e $t2[s]$ são idênticos. $t1[s]$, ou $t2[s]$, é chamado de **forma unificada** de $t1$ e $t2$, denotado por t'' (figura 12.17), e, conforme os trabalhos de J. A. Robinson (1965), é único. Logo, todos os termos em $t1^* \cap t2^*$ são instâncias de t'', ou seja, $t \geq_t t''$ para todo $t \in t1^* \cap t2^*$.

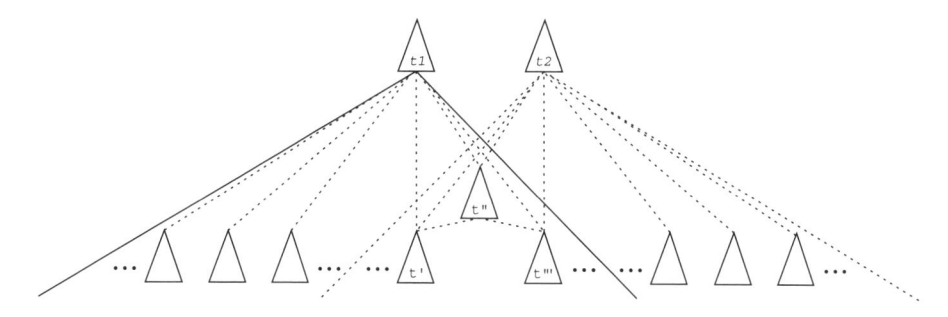

figura 12.17 Termo t'' forma unificada de $t1$ e de $t2$.

Sem perda de generalidade, a figura 12.18 mostra a obtenção do termo t''. Os termos $t1$ e $t2$, genéricos, são representados com mais detalhes. x e y e os pontos negros, folhas da árvore, são variáveis. $t1$ e $t2$ são idênticos, a menos de $t1'$, que ocorre somente em $t1$, e de $t2'$, que ocorre somente em $t2$, e das variáveis. Assim, t'' tem o que existe de comum entre $t1$ e $t2$ e o que existe de diferente entre $t1$ e $t2$. A unificação de $t1$ e $t2$ produz a substituição s: $t1' \backslash y$, $t2' \backslash x$. A aplicação da substituição s: $t1' \backslash y$, $t2' \backslash x$ sobre $t1$ ou $t2$ produz a **forma unificada** t''.

---

[18] Se $t1$ e $t2$ têm variáveis comuns, elas deves ser renomeadas. As variáveis que ocorrem em uma equação são universalmente quantificadas, e, por isso, não existe relação entre variáveis de equações diferentes. Por exemplo: $f(3, 2)$ é uma instância de $f(3, t)$ e de $f(t, 2)$, mas $f(3, 2)$ não é a forma unificada de $f(3, t)$ e $f(t, 2)$.

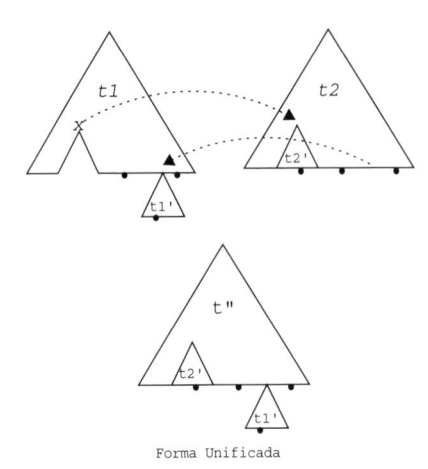

figura 12.18 Obtenção da forma unificada de *t1* e *t2*.

Informalmente, pode ser verificado que, se *t'* é uma instância de *t"*, então *t'* é, também, uma instância de *t1* e de *t2*. Inversamente, se um termo *t'* é uma instância de *t1* e, também, de *t2*, então *t'* é uma instância de *t"*.

Supondo que *t1* e *t2* são lados esquerdos de regras de redução, *t"* pode ser reescrito de duas formas diferentes; logo, *t"* **é um termo crítico**. Sejam *t1 -> t1'* e *t2 -> t2'* regras, *S* o resultado do processo de casamento de *t1* e *t"*, *S'* o resultado do processo de casamento de *t2* e *t"*; logo, *t1'[S]* e *t2'[S']* são duas reescritas de *t"*, como mostra a figura 12.19. As setas representam a relação de redução e seus rótulos, o lado esquerdo das regras usadas na normalização.

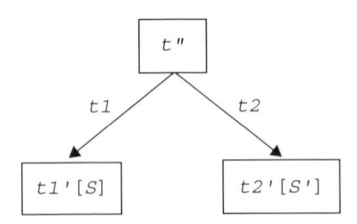

figura 12.19 O termo crítico *t"* tem duas reescritas: *t1'[S]* e *t2'[S']*.

Mas, esta não é única forma de encontrar termos críticos. Na figura 12.18, `t1` é unificado com `t2`, mas, em outros casos, `t1` pode ser unificado com um **subtermo** de `t2`, o termo `t3`, como mostrado na figura 12.20.

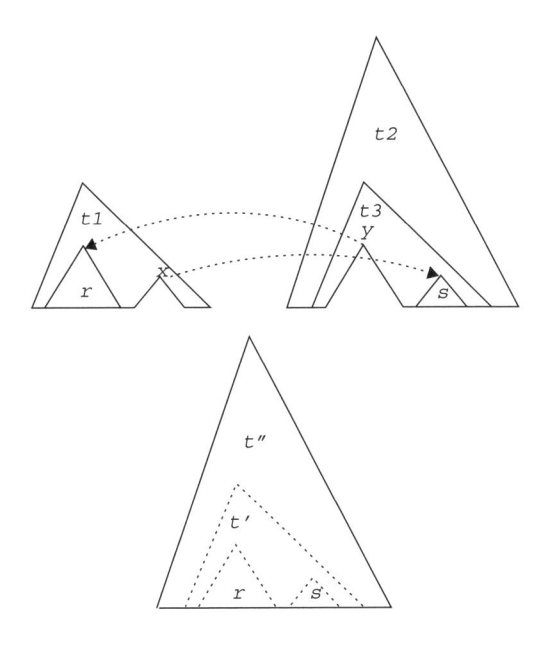

forma unificada

figura 12.20 Outra forma de obter a forma unificada de `t1` e `t2`.

Na figura 12.20, `t1`, `t2`, `t3`, `r`, `s`, `t'` e `t"` são termos. `x` e `y` são variáveis. A unificação de `t1` e um subtermo de `t2`, o termo `t3`, produz a substituição $S = r\backslash y, s\backslash x$. Neste caso, `t"` tem uma instância de `t1`, $t' \geq_t t1$, e é uma instância de `t2`, $t" \geq_t t2$. `t2` pode ser unificado com `t"` e `t1` com um subtermo de `t"`, o termo `t'`. Toda instância de `t"` é uma instância de `t2` **e tem uma instância** de `t1`. Logo, sobre `t"` podem ser aplicadas duas regras, `t1` e `t2`, resultando em duas formas diferentes de reescritas. Assim, `t"` é um **termo crítico** e único.

Em qualquer caso, suponha que `p1` é a reescrita de `t"`, pela aplicação da regra de redução que tem `t1` no seu lado esquerdo, e `p2` a reescrita de `t"` pela aplicação da regra de redução que tem `t2` no seu lado esquerdo, como mostra a figura 12.21. `p1` e `p2` formam um par $\langle p1, p2 \rangle$, chamado **par crítico**, e o processo para obtê-lo é chamado de **superposição**.

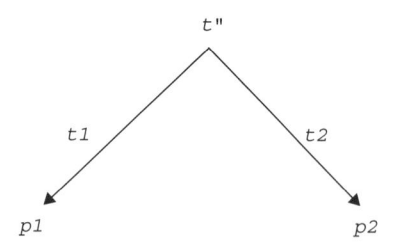

figura 12.21 Obtenção do par crítico ⟨p1, p2⟩.

A figura 12.22 mostra a redução de p1 e p2 às suas formas normais. Na figura (a), p1 e p2 têm **formas normais** diferentes, $p1_f$ e $p2_f$, respectivamente; em (b), p1 e p2 têm a mesma forma normal $p12_f$.

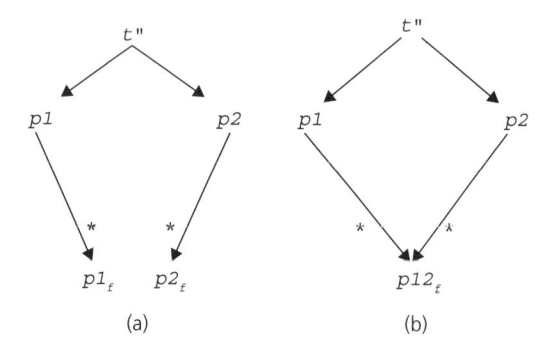

figura 12.22 Possibilidades de redução de um termo t".

Considerando a parte (b) da figura 12.22, claramente p1 ≡ p2, pois p1 e p2 têm uma prova de reescrita. Na parte (a), t" ≡ $p1_f$ e t" ≡ $p2_f$, e, por simetria e transitividade, $p1_f$ ≡ $p2_f$. Logo, incluir a equação $p1_f = p2_f$ no sistema de equações é redundante. No entanto, admitindo que $p1_f$ é mais complexo que $p2_f$, incluir a regra de redução

$$p1_f \rightarrow p2_f$$

no sistema de regras de redução não é redundante, porque $p1_f \not\twoheadrightarrow p2_f$. Ao incluir a regra de redução $p1_f \twoheadrightarrow p2_f$ no sistema de regras de redução, p1 e p2 têm um prova de reescrita, e o termo crítico t" é eliminado (figura 12.23 (a)). São eliminadas, também, todas as instâncias de t", t" [s] para qualquer s, como mostra a figura 12.23 (b).

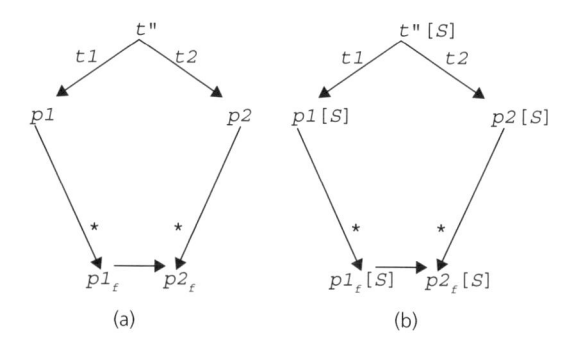

figura 12.23 Eliminação do termo crítico t".

Para eliminar todos os termos críticos, deve-se unificar o lado esquerdo de uma regra de redução com todos os lados esquerdos de todas as regras de redução, inclusive consigo mesmo. Assim, toda vez que um termo crítico é eliminado pela inclusão da regra $p1_f \to p2_f$, o lado esquerdo desta regra passa a ser considerado para fins de obtenção de novos pares críticos. Esse processo para quando todos os termos críticos forem eliminados. Terminado o processo, se dois termos t1 e t2 não têm uma prova de reescrita, t1 e t2 não são equivalentes.

Resumo.

Processo de obtenção de uma nova regra, sendo t1 → t1' e t2 → t2' regras.

1. Unificar t1 com um subtermo[19] de t2, obtendo a substituição s.
2. Obter o termo crítico t". (t" = t1[s] = t2[s]).
3. Obter o par crítico ⟨p1, p2⟩, onde p1 é a reescrita de t" pela regra t1 -> t1', e p2 é a reescrita de t" pela regra t2 -> t2'.
4. Encontrar as formas normais de p1, o termo $p1_f$, e de p2, o termo $p2_f$.
5. Admitindo que $p1_f$ é mais complexo que $p2_f$, então a nova equação, $p1_f$ -> $p2_f$, é incluída no sistema de regras de redução.

exemplo:

Aplicar o processo de superposição aos lados esquerdos das regras (335) e (341).[20] O termo t ∨ false é unificado com o subtermo (s ∨ v) do termo (s ∨ u) ∧ (s ∨ v). A substituição obtida é S = s\t, false\v. O termo crítico é (s ∨ u) ∧ (s ∨ false). O par crítico é ⟨(s ∨ u) ∧ s, s ∨ (u ∧ false)⟩. Reduzindo os pares críticos às formas normais, tem-se que o primeiro termo

---

[19] Lembrando que um termo é um subtermo de si mesmo.
[20] Para evitar conflito de variáveis, t em (341) é substituído por s.

do par está na forma normal. O segundo termo do par é reduzido a sua forma normal: $s \vee (u \wedge \text{false}) \to s \vee \text{false} \to s$ pela aplicação das regras (332) e (335), na sequência. A nova regra é, então:

$$(s \vee u) \wedge s \to s \qquad (344)$$

No exemplo da figura 12.12, o termo (not not $x \wedge$ not x) $\vee$ (not not $x \wedge x$) é um pico e, portanto, um termo crítico. Sobre ele podem ser aplicadas as regras (342) e (340).

A substituição obtida do processo de unificação do *lhs* da regra (340) com o *lhs* da regra (342) é $s = t \backslash u$, not $t \backslash r$ [21]. A forma unificada do *lhs* da regra (340) e o *lhs* da regra (342), o termo crítico, é (not $t \wedge t$) $\vee$ (not $t \wedge v$).[22] O par crítico obtido do processo de superposição é: ⟨false $\vee$ (not $t \wedge v$), not $t \wedge (t \vee v)$⟩. As normalizações desses termos são:

false $\vee$ (not $t \wedge v$)
                       $\to$ (not $t \wedge v$) $\vee$ false   pela (336)
                       $\to$ (not $t \wedge v$)   pela (335)
not $t \wedge (t \vee v)$ (está na forma normal)

Logo, a regra

$$\text{not } t \wedge (t \vee v) \to (\text{not } t \wedge v) \qquad (345)$$

pode ser introduzida no sistema de regras de redução. A prova not not $x \equiv$ not not $x \wedge x$ fica, agora, mais simples, como mostra a figura 12.24.

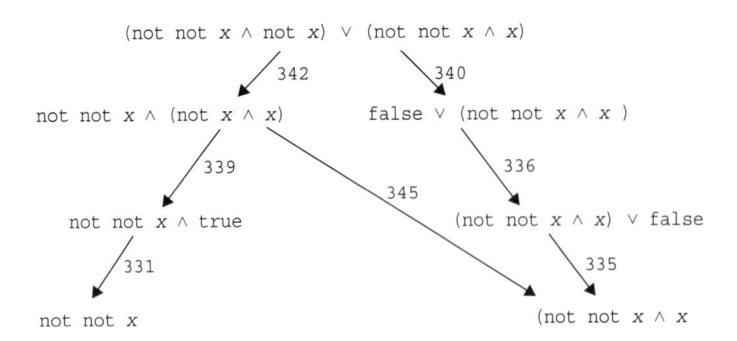

```
              (not not x ∧ not x) ∨ (not not x ∧ x)
                   /342                \340
    not not x ∧ (not x ∧ x)        false ∨ (not not x ∧ x )
         /339                           \336
                            345
   not not x ∧ true                (not not x ∧ x) ∨ false
         /331                                \335
   not not x                         (not not x ∧ x
```

figura 12.24 Eliminação do termo crítico (not not $x \wedge$ not x) $\vee$ (not not $x \wedge x$).

Com a nova equação, foi criado um "atalho" na prova (figura 12.24). Tem-se agora um novo pico, o termo crítico not not $x \wedge$ (not $x \vee x$). A unificação de (339) e (345) produz o par crítico ⟨not not $t \wedge t$, not not t⟩. As formas normais de ambos geram a seguinte regra:

$$\text{not not } t \wedge t \to \text{not not} \qquad (346)$$

---

[21] Na regra (342), a variável t foi renomeada para r para evitar conflitos de variáveis.

[22] O termo (not not $x \wedge$ not x) $\vee$ (not not $x \wedge x$) é uma subsunção de (not $t \wedge t$) (not $t \wedge v$).

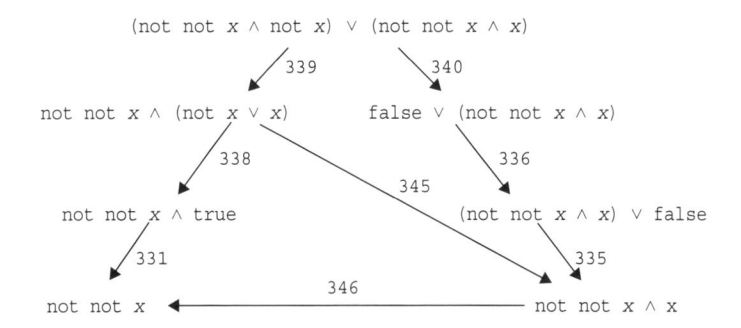

```
                    (not not x ∧ not x) ∨ (not not x ∧ x)
                           ╱ 339              ╲ 340
        not not x ∧ (not x ∨ x)         false ∨ (not not x ∧ x)
                    ╲ 338                          ╲ 336
                                  345
        not not x ∧ true   ─────────→  (not not x ∧ x) ∨ false
                  ╲ 331                          ╲ 335
                              346
        not not x  ←─────────────────────────  not not x ∧ x
```

figura 12.25 Eliminação do termo crítico not not x ∧ (not x ∨ x).

Com a inclusão da regra (346) no sistema de regras de redução, a prova do teorema not not x ≡ not not x ∧ x é direta. Ver figura 12.25.

▪ exercícios propostos 12.3

1. Na transformação da especificação do tipo TRUTH-VALUES em um sistema de regras de redução, para atender o algoritmo complex(t, t'), a equação t => u = (not t) ∨ u é transformada na seguinte regra: (not t) ∨ u -> t => u. Determinar todas as novas regras de redução tais que $t ≡ t'$, se t e t' têm uma prova de reescrita.
2. Encontrar novas regras de redução para o sistema de regras de redução da figura 12.6 tal que $t ≡ t'$, se t e t' têm uma prova de reescrita.

12.8 ⇢ confluência

Quando todos os pares críticos ⟨$t1$, $t2$⟩ têm uma prova de reescrita (figura 12.26), mais nenhuma regra necessita ser produzida, e o sistema de regras de redução é dito ser **localmente confluente**. -> é a relação de redução e ->* seu fecho reflexivo e transitivo.

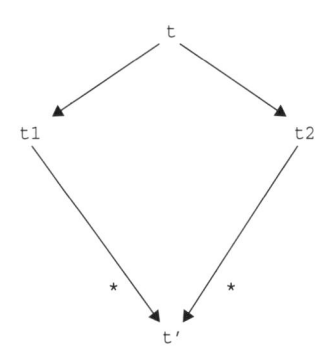

```
                    t
                  ╱   ╲
                t1     t2
                  ╲   ╱
                 *  *
                    t'
```

figura 12.26 Sistema de regra de redução localmente confluente.

Em geral, um sistema de regras de redução é confluente se sempre que um termo t puder ser reescrito em diferentes formas, $t1$ e $t2$, então $t1$ e $t2$ têm uma prova de reescrita. A figura 12.27 ilustra o conceito de **confluência**, muitas vezes conhecido como o "lema do diamante" devido à forma da figura.

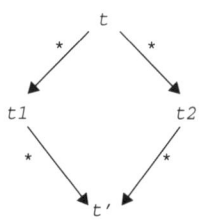

figura 12.27 Sistema de regra de redução confluente.

Sem perda de generalidade, a figura 12.28 mostra o ponto exato da divergência das duas sequências de reduções $t \to^* t1$ e $t \to^* t2$ da figura 12.27. t'' é o termo crítico e $\langle t1, t2 \rangle$ é o par crítico.

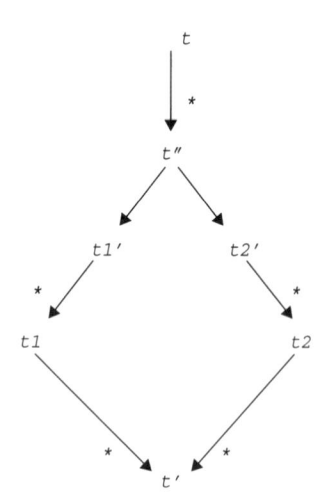

figura 12.28 Detalhe da confluência.

É fácil verificar que, em um sistema de redução *Noetheriano*, a confluência é equivalente à confluência local, conforme pode ser facilmente verificado nas figuras 12.26, 12.27 e 12.28.

12.9 ⋯→ forma canônica

Um sistema de redução Noetheriano e confluente é dito canônico no sentido de que cada termo t tem uma única forma normal, conhecida como sua **forma canônica**.

12.10 ⋯→ sistema de regras Church-Rosser

Um sistema de regras de redução Noetheriano e confluente é dito **Church-Rosser** no sentido de que quaisquer dois termos $t1$ e $t2$ são equivalentes sss $t1$ e $t2$ têm uma prova de reescrita. Assim, se um conjunto de regras é Noetheriano e confluente, a validade de qualquer teorema $t1 \equiv t2$ pode ser testada, reduzindo $t1$ e $t2$ às suas formas normais. Se suas formas normais forem iguais, então o teorema está provado; caso contrário, falha. E, ainda, a forma normal de termos pode ser encontrada pela aplicação de regras em qualquer ordem.

12.11 ⋯→ limitações

O algoritmo de Knuth e Bendix pode divergir, e não parar de produzir novas regras. Neste caso, o resultado é um sistema parcial de regras de redução. Pode acontecer, também, que o algoritmo não consiga determinar, dentre duas formas normais, qual a mais complexa. Por exemplo, nenhuma ordem de redução bem fundamentada pode orientar a equação da comutatividade, $t \wedge u = u \wedge t$, pois ambos os termos são igualmente complexos.

■ exercício proposto 12.4

No capítulo 9, é mostrado como um novo tipo de dado pode ser implementado como uma extensão de outro tipo e, no capítulo 10, é apresentada a semântica de uma linguagem de programação, a especificação SOMA, que mostra como computar a soma dos números naturais de 0 até n, bem como a implementação dessa especificação na linguagem de programação. Nat em soma é representado na IMPLEMENTACAO.[23]

---

[23] IMPLEMENTACAO é o nome da especificação que estende SEMANTICA.

A operação **op** soma : Nat ~> Nat . em IMPLEMENTACAO é implementada por:

```
soma': Nat -> Nat .
var 'j : Nat .²⁴

eq soma'('j) = image of loc 1 in
                        execute [let var 'i : Int in
                                 begin
                                     'i    := 0 ;
                                     'soma := 0 ;
                                     while 'i less 'n do
                                     begin
                                         'i    := 'i ++ 1 ;
                                         'soma := 'soma ++ 'i
                                     end
                                 end] 'n -> loc 0, 'soma -> loc 1, empty-env
                                     loc 0 -> 'j, loc 1 -> undefined,
                                     loc 2 -> unused, empty-sto .
```

Visto assim, SOMA' é outra forma de computar a soma dos números naturais de 0 a n.

A operação *soma*, definida na especificação SOMA, inclui os operadores _-_, _+_, etc., implementados em SEMANTICA como _--_, _++_ etc., respectivamente. A operação *soma'*, definida em IMPLEMENTACAO, inclui as operações _--_, _++_, etc.

É fundamental provar que o segmento de programa está correto, ou seja, que satisfaz sua especificação. A especificação ABSTRACTION, que inclui IMPLEMENTACAO e SOMA, estabelece uma relação entre as especificações incluídas, onde a operação soma em SOMA, corresponde à operação soma' em IMPLEMENTACAO. A operação de abstração phi, declarada em ABSTRACTION, **op** phi : Nat -> Nat ., é definida da seguinte forma:

phi *'j* = *'j*

As equações da especificação SOMA, apresentadas no Capítulo 10, são:

```
eq  soma(0) = 0 .
ceq soma(i) = i + soma(i - 1)       if i > 0 .
```

Analise os problemas decorrentes da transformação do sistema de equações de ABSTRACTION, *flat*, em um sistema de regras de reescritas, segundo o algoritmo de Knuth-Bendix, e da prova de implementação:

```
phi impl(soma(0)) ≡ phi impl 0 .
phi impl(soma(i)) ≡ phi impl(i + soma(i - 1))
                            if phi impl (i > 0) .
```

---

[24] A rigor, não se pode declarar qualquer constante QID (ex. *'j*) como variável, pois Maude interpreta a ocorrência da constante, em um termo, também como uma variável, gerando ambiguidade.

Aplicando a operação de impl:

a. phi soma'(0) ≡ 0   e
b. phi soma'('i) ≡ phi('i ++ soma'('i -- 1))   if phi('i greater 0)

A prova de (a) é trivial: maude> reduce soma'(0) ≡ 0.

■ exercício resolvido 12.2

A titulo de comparação, usando semântica axiomática, segue a prova da implementação, usando assertivas como especificação. Sejam Q e R predicados. $\{Q\}\, p\, \{R\}$ é um predicado e tem o seguinte significado: o predicado é true, se o programa p, começando em um estado válido de Q, termina em um estado válido de R, ou seja, se Q é true **antes** da execução de p, então, R é true **depois** da execução de p. A assertiva

$$'n >= 0 \textbf{ und } 'n = 'N \textbf{ und } 'i >= 0 \textbf{ und } 'soma = \sum_{'j=0}^{'i} 'j$$

é uma **invariante**, onde $'N^{25}$ é o valor inicial de $'n$. A invariante, como define a abordagem axiomática da semântica de linguagens de programação (Barnett; Leino; Schulte, 2005; Gries, 1981), deve ser verdade em todos os estados, na inicialização, antes da iteração (após a inicialização), durante a iteração e após a iteração. No segmento de programa abaixo, após a inicialização, a invariante (2) deve ser verdade. Logo, a assertiva (1) é a condição necessária para iniciar o algoritmo. A assertiva (3) é a invariante adicionada da condição de entrada na iteração ('i less 'n). Após cada iteração, a invariante (4) deve ser verdade. A assertiva (5), saída da iteração, é a invariante que, adicionada à negação da condição de entrada na iteração, deve ser verdade.

        begin
1. $'n >= 0$ **und** $'n = 'N$
        $'i := 0;$
        $'soma := 0;$
2. $'n >= 0$ **und** $'n = 'N$ **und** $'i >= 0$ **und** $'soma = \sum_{'j=0}^{'i} 'j$
        while $'i$ **less** $'n$ **do**
        begin
3. $'i$ **less** $'n$ **und** $'n >= 0$ **und** $'n = 'N$ **und** $'i >= 0$ **und** $'soma = \sum_{'j=0}^{'i} 'j$
        $'i := 'i ++ 1;$
        $'soma := 'soma ++ 'i$
4. $'n >= 0$ **und** $'n = 'N$ **und** $'i >= 0$ **und** $'soma = \sum_{'j=0}^{'i} 'j$
        end
5. $'i >= 'n$ **und** $'n >= 0$ **und** $'n = 'N$ **und** $'i >= 0$ **und** $'soma = \sum_{'j=0}^{'i} 'j$
        end

---

[25] 'N é uma constante. Os operadores <=, >= e = não foram implementados na linguagem.

Provado que as assertivas de (1) a (5) são verdadeiras – ver exercício 1 do exercício proposto 12.5 –, restaria provar que o segmento de programa não entra em `loop`. **Variante** é uma função inteira k, definida para as variáveis do problema, que estabelece o limite superior do número de iterações. k diminui a cada iteração e, enquanto for maior do que zero, uma nova iteração deve ser realizada. Neste exemplo, a variante k é `'n -- 'i`, ou seja, a cada iteração `'n -- 'i` diminui de uma unidade.

■ exercícios propostos 12.5

1. Provar que as assertivas de (1) a (5) do exercício resolvido acima são verdades.
2. Provar que o segmento de programa

```
let var 'i : Int in
    begin
        'i := 0;
        'soma := 0;
        while 'i less 'n do
        begin
            'i := 'i ++ 1;
            'soma := 'soma ++ 'i
        end
    end
```

que implementa a operação soma de SOMA, não entra em `loop`.

Termos-chave

Church-Rosser, p. 249
confluência, p. 248
estratégia, p. 221
forma canônica, p. 249
forma unificada, p. 241
grafo de alcançabilidade, p. 222
invariante, p. 251
Knuth-Bendix, p. 229
normalização, p. 231

par crítico, p. 243
prova de reescrita, p. 233
regras de redução, p. 231
relação bem fundamentada, p. 230
relação de ordenação, p. 229
relação de redução, p. 231
relação de redução bem fundamentada, p. 231

relação de subsunção, p. 239
sistema de redução Noetheriano, p. 232
sistema localmente confluente, p. 247
superposição, p. 243
termo *crítico*, p. 236
variáveis decorativas, p. 223

referências

BARNETT, M.; LEINO, K. R. M.; SCHULTE, W. Construction and analysis of safe, secure, and interoperable smart devices. In: BARTHE, G. et al. (Ed.). International Workshop CASSIS, 2., 2005, Nice. Proceeding… Berlin: Springer-Verlag, 2005. p. 49-69. (Lectures Notes in Computer Science, 3362).

BERGSTRA, J. A.; HEERING, J.; KLINT, P. *Algebraic specification*. New York: ACM Press, 1989.

BIDOIT, M.; MOSSES, P. D. *CASL user manual*: introduction to using the common algebraic specification language. Berlin: Springer-Verlag, 2004. (Lecture Notes in Computer Science, 2900).

CLASZEN, I.; EHRIG, H.; WOLZ, D. *Algebraic specification techniques and tools for software development*: the ACT approach. Singapore: World Scientific, 1993. (AMAST Series in Computing, 1).

CLAVEL, M. et al. *All about Maude*: a high-performance logical framework: how to specify, program, and verify systems in rewriting logic. Berlin: Springer-Verlag, 2007. (LNCS sublibrary. SL 2, Programming and software engineering).

CLAVEL, M. et al. *Maude manual (version 2.6)*. Menlo Park: [s.n.], 2011. Disponível em: <http://maude.cs.uiuc.edu/maude2-manual/maude-manual.pdf>. Acesso em: 18 jul. 2011.

COHEN, B.; HARWOOD, W. T.; JACKSON, M. I. *The specification of complex systems*. Reading: Addison-Wesley, 1986.

DERSHOVITZ, N. Termination of rewriting. *Journal of Symbolic Computation*, v. 3, n. 1-2, p. 69-115, 1987.

DICK, A. J. J. An introduction to Knuth-Bendix completion. *The Computer Journal*, v. 34, n. 1, p. 2-15, 1991.

EDELWEISS, N.; GALANTE, R. *Estrutura de dados*. Porto Alegre: Bookman, 2009. (Série Livros Didáticos UFRGS, 18).

EHRIG, H.; MAHR, B. *Fundamentals of algebraic specification 1*: equations and initial semantics. Berlin: Springer-Verlag, 1985. (EATCS Monographs on Theoretical Computer Science, 6).

EHRIG, H.; MAHR, B. *Fundamentals of algebraic specifications 2*: module specifications and constraints. Berlin: Springer-Verlag, 1990. (EATCS Monographs on Theoretical Computer Science, 6).

GOGUEN, J.; GRANT, M. (Ed.). *Software engineering with OBJ*: algebraic specification in action. Boston: Kluwer Academic, 2000.

GRIES, D. *The science of programming*. New York: Springer-Verlag, 1981

HOREBEEK, I. V.; LEWI, J. *Algebraic specifications in software engineering*: an introduction. Berlin: Springer-Verlag, 1989.

HUET, G.; OPPEN, D. Equations and rewrite rules: a survey. In: BOOK, R. V. (Ed.). *Formal language theory*: perspectives and open problems. New York: Academic, 1980. p. 349-405.

HUTH, M.; RYAN, M. *Lógica em ciência da computação*: modelagem e argumentação sobre sistemas. 2. ed. Rio de Janeiro: LTC, 2008.

KIMM, R. et al. *Einführung in software engineering*. Berlin: De Gruyter, 1979.

KLAEREN, H. A. *Algebraische spezifikation*: eine einführung. Belin: Springer-Verlag, 1983.

KNUTH, D. E.; BENDIX, P. B. Simple word problems in universal algebras. In: LEECH, J. (Ed.). *Computational problems in abstract algebra*. Oxford: Pergamon, 1970. p. 263-297.

LOGRIPPO, L.; FACI, M.; HAJ-HUSSEIN, M. An introduction to LOTOS: learning by examples. *Computer Networks and ISDN Systems*, v. 23, n. 5, p. 325-342, 1992.

MENEZES, P. B. *Matemática discreta para computação e informática*. 3 ed. Porto Alegre: Bookman, 2010. (Série Livros Didáticos UFRGS, 16).

MOSSES, P. D. *Action semantics*. Cambridge: Cambridge University, 1992. (Cambridge Tracts in Theoretical Computer Science, 26).

PALSBERG, J. (Ed.). *Semantics and algebraic specification*: essays dedicated to Peter D. Mosses on the occasion of his 60th birthday. New York: Springer-Verlag, 2009. (Lecture Notes in Computer Science, 5700).

ROBINSON, J. A. A machine-oriented logic based on resolution principle. *Journal of the ACM*, v. 12, n. 1, p. 23-41, 1965.

TANENBAUM, A. M.; LANGSAM, Y.; AUGENSTEIN, M. J. *Estruturas de dados usando C*. São Paulo: Makron Books, 1995.

THE OBJ family. [S.l.]: Joseph Goguen, 2005. Disponível em: <http://cseweb.ucsd.edu/~goguen/sys/obj.html>. Acesso em: 10 nov. 2010.

WATT, D. A; THOMAS, M. *Programming language*: syntax and semantics. Upper Saddle River: Prentice Hall, 1991.

WEISS, M. A. *Data structures & algorithm analysis in C++*. 2nd ed. Reading: Addison-Wesley, 1999.

WIRSING, M. Algebraic specification. In: VAN LEEUWEN, J. (Ed.). *Handbook of theoretical computer science*. Amsterdam: MIT Press, 1990. p. 675-788. (Formal Models and Semantics, B).

ZIVIANI, N. *Projeto de algoritmos com implementações em Java e C++*. São Paulo: Thomson Learning, 2007.

índice

A
Álgebra(s), 201-217
  dissortida, 203
  inicial, 208-212
  lixo e confusão, 212-216
  monossortida, 202
  multissortida, 202
  quociente, 208
Algoritmo de prova de teoremas, 221-223
Ambiente (environment), 199
Ambiguidade, 7-12
ARRAYS, 128
Árvore, 7
  de termos, 7
Assinatura, 2-5, 205
  Σ, 205
Atributos do operador, 2
Avaliação
  ávida, 31
  preguiçosa, 31
Axiomas de pertinência, 75-77

B
BTREES, 158-160

C
Casamento, 25
  de termos, 25
  t := t, 78
Church-Rosser, 249
Classe, 62, 208
  de congruência, 208
  de equivalência, 62
Complexidade de termos, 229-230
Componentes ligados, 62, 67-68
Condição de equação, 52
Confluência, 247-248

Confusão, 213
Conjuntos portadores, 203
Constantes, 5
Contradomínio do operador, 2

D
Declaração, 50
  global de variáveis, 50
  local de variáveis, 50
Diagrama de Hasse, 63
Diferentes estratégias, 32
Domínio do operador, 2

E
Equação(ões), 14-15, 52, 48-50, 51-53, 77-81, 129-130
  condicional, 51-53
  e pertinências condicionais, 77-81
  interpretação das, 48-50
    t := t, 77
Espécies, 61-85
  axioma de pertinência, 75-77
  componente ligado, 67-68
  conceito de (kind), 68-75
  equações e pertinências condicionais, 77-81
  operadores de comparação, 82
  operadores polimórficos, 81
  OWISE, 84-85
  predicado de pertinência, 82-84
  subsortes, 62-67
Especificações, 1-17, 58-59, 88, 185-199
  algébricas, 1-17, 185-199
    ambiguidade, 7-12
    assinatura, 2-5
    e linguagens de programação, 185-199
    equação, 14
    operações do tipo truth-values, 16-17
    operações totais e parciais, 15-16

operador gerador e sorte, 13
subtermo, 12
termo, 5-6
parametrizadas, 88
predefinidas, 58-59
Estratégia, 30-35, 58, 221
de reescrita, 30-35, 58
efeitos da, 58
Extending, 216
Extensão, 37-43, 98-99
de tipos, 37-43, 98-99
parametrizados, 98-99
primitivos, 37-43
completeza, 40
consistência, 40
hierarquia de inclusão, 41-42

F

Fecho, 27-28, 54
de instanciação, 27, 54
de troca de termos, 27, 54
reflexivo, 28, 54
simétrico, 28, 54
transitivo, 27, 54
Forma, 28, 41, 241, 249
canônica, 249
derivada, 41
normal, 28
sequencial, 41
unificada, 241
Função, 173, 206
de abstração, 173
de avaliação, 206

G

Grafo de alcançabilidade, 222

H

Hierarquia de inclusão, 41-42
Homomorfismo, 213

I

Identificadores, 4
Implementação abstrata de tipos abstratos de dados, 171-183
SYMTABS, 178-183
Including, 216
Instanciação, 21-22, 89-95
de variáveis, 21-22
Interface de especificação, 41, 90

Interpretações ambíguas, 7
Invariante, 251

K

Knuth-Bendix, 229

L

Limitações, 249-252
Linguagens de programação, 185-199
LISTS, 118-125
Lixo, 213

M

MAPPINGS, 151-153
Memória (Store), 190
Modelo da especificação, 203

N

Normalização, 231

O

Operações, 15-16, 21, 35, 81, 95-98
auxiliares, 35
com mesmo símbolo, 95-98
de substituição, 21
observadores, 13
parcialmente definida, 15
polimórficos, 81
totalmente definida, 15
Operador, 13, 64, 81, 82, 147
como parâmetro, 147
de comparação, 82
diferente _=/=_, 82
formal, 140
gerador e sorte, 13
if_then_else_fi, 81
igual _==_, 82
sobrecarregado, 64
ORDERED-PAIRS, 88-89
OWISE, 84-84-85

P

P-STACKS, 141-142
Padrões de agrupamento, 11
Par crítico, 243
Pertinência, 77
Polimorfismo, 64
Precedência do operador, 10
Predicado de pertinência _: :s, 82-84

Protecting, 216
Prova, 219-252
  de reescrita, 233
  de teoremas, 219-252
    algoritmo de, 221-223
    complexidade de termos: relação de ordenação, 229-230
    confluência, 247-248
    forma canônica, 249
    limitações, 249-252
    relação de redução, 231-233
    relação de subsunção, 239-247
    sistema de regras Church-Rosser, 249
    termos críticos e prova de reescrita, 233-239
    variáveis decorativas, 223-229

Q

QUEUES, 136-137
Quocientação, 208

R

Reescrita de termos, 19-35
  casamento de termos, 25
  estratégia de reescrita, 30-35
  fecho de instanciação, 27
  fecho de troca de termos, 28
  fecho reflexivo, 28
  fecho simétrico, 28
  fecho transitivo, 27
  instanciação de variáveis, 21-22
  operações auxiliares, 35
  relação de equivalência, 28
  troca de iguais por iguais, 20-21
  unificação, 22-25
Regras de redução, 231
Relação, 28, 172, 229, 230, 231-233, 239-247
  bem fundamentada, 230
  de equivalência, 28
  de ordenação, 229
  de redução, 231-233
  de redução Noetheriano, 232
  de representação, 172
  de subsunção, 239-247
Representação gráfica, 99-106

S

Semânticas, 188
Sentenças da especificação, 14
SETS, 153-158
Sintaxe abstrata, 188

Sistema, 247, 249
  de regras Church-Rosser, 249
  localmente confluente, 247
Sorte(s), 13, 47, 67, 70, 88, 125-127
  estruturados, 125-127
  formais, 88
  máximo, 70
  mínimo, 67
  natural, 47
SPARSE-ARRAYS, 143-145
STACKS, 135-136
Subsorte, 62-67
Substituição, 21
Subtermo, 12
Superposição, 243
SYMTABS, 178-183

T

Teoria, 89, 204
  equacional, 204
Termo(s), 5-6, 47, 48, 78, 139, 233-239
  como parâmetro, 139
  crítico, 233-239
  do sorte natural, 47
  do sorte Truth-Value, 48
  padrão, 78
Tipos compostos, 88
Tipos parametrizados, 87-137, 139-145, 147-169
  operadores como parâmetros, 147-168
    BTREES, 158-160
    MAPPINGS, 151-153
    SETS, 153-158
    visões entre teorias, 160-169
  sortes como parâmetros, 87-137
    ARRAYS, 128
    equações, 129-130
    especificação, tipo ORDERED-PAIRS, 88-89
    extensão, 98-99
    instanciação, 89-95
    LISTS, 118-125
    operações com mesmo símbolo, 95-98
    ORDERED-PAIRS, 88-89
    QUEUES, 136-137
    representação gráfica, 99-106
    sortes estruturados, 125-127
    STACKS, 135-136
    união disjuntiva, 107-118
    visões parametrizadas, 130-134
  termos como parâmetros, 139-145
    P-STACKS, 141-142
    SPARSE-ARRAYS, 143-145

Tipos primitivos, 1-17, 45-59
   especificação, tipo `Naturals`, 45-59
      declaração de variáveis locais, 50-51
      efeitos da estratégia de reescrita, 58
      equações, 48-50, 51-53
         condicionais, 51-53
         interpretação, 48-50
      especificações predefinidas, 58-59
      fecho de instanciação, 54
      fecho de troca de termos, 54
      fecho reflexivo, 54
      fecho simétrico, 54
      novos termos do sorte `Truth-Value`, 48
      termos do sorte `natural`, 47
   especificação, tipo `Truth-Values`, 1-17
      ambiguidade, 7-12
      assinatura, 2-5
      definição das operações `Truth-Values`, 16-17
      equação, 14-15
      operações totais e parciais, 15-16
      operador gerador e sorte, 13
      subtermo, 12
      termo, 5-6
Troca de iguais por iguais, 20-21
`Truth-Values`, 2, 48

U

União disjuntiva, 107-118
Unificação de termos, 22-25

V

Valores do sorte, 13
Variáveis, 6, 223-229
   decorativas, 223-229
Visão(ões), 90, 130-134, 160-169
   entre teorias, 160-169
   parametrizadas, 130-134